suhrkamp taschenbuch 1213

Der Autor, promovierter Fertigungsingenieur und habilitierter Technikphilosoph, lehrt Allgemeine Technologie an der Universität Frankfurt.

Die gegenwärtige Technikdebatte leidet an einer unversöhnlichen Frontenbildung. Radikale Technikkritiker verwerfen das Industriesystem in Bausch und Bogen und setzen auf eine »andere Technik«, mit der romantische Wunschträume von harmonischen Natur- und Gesellschaftsverhältnissen in Erfüllung gehen sollen. Unbedachte Macher in Industrie und Politik dagegen hängen noch immer dem naiven Fortschrittsoptimismus an, die Technik, die wir haben, sei die beste aller möglichen, und wie bisher müsse es weitergehen, um allen Menschen Wohlstand und Glück zu bescheren.

Dieses Buch will zeigen, daß die Wahrheit in der Mitte liegt. Es kritisiert die logischen und ideologischen Schwächen der pauschalen Technikkritik. Statt dessen plädiert es für eine differenzierte Technikkritik, die anerkennt, was gelungen ist, ohne die Augen vor den wirklichen Mängeln der Technik zu verschließen. Denn tatsächlich ist die Technik unvollkommen; sie ist verbesserungsbedürftig, ergänzungsbedürftig und entwicklungsfähig.

Aber die zukünftige Entwicklung der Technik muß von den Menschen planmäßig und bewußt gestaltet werden, indem sie um das ergänzt wird, was ihr bis heute fehlt: die ökologische Einbettung in die Natur, die technologische Aufklärung der einzelnen und die technopolitische Organisation der Gesellschaft. Dahinter steht ein neues, umfassendes Verständnis der Technik: Technik beschränkt sich nicht auf die Produkte der Ingenieurarbeit, sondern umfaßt auch die ökotechnischen und soziotechnischen Systemzusammenhänge, in denen diese Produkte entstehen und verwendet werden.

Günter Ropohl

Die unvollkommene Technik

Suhrkamp

Das Umschlagbild zeigt einen Staubsauger, für den ein französischer Erfinder um 1900 ein Patent erhielt. Die Dienstmagd bekam Blasbälge, die sie an ihren Schuhen befestigen mußte. Die Blasbälge saugten Luft durch eine Düse ein, wenn das Mädchen im Zimmer herumlief. (aus: S. Strandh, Die Maschine. Freiburg/Basel/Wien 1980)

suhrkamp taschenbuch 1213
Erste Auflage 1985

Satz: Wagner GmbH, Nördlingen
Druck: Nomos Verlagsgesellschaft, Baden-Baden
Printed in Germany
Umschlag nach Entwürfen von
Willy Fleckhaus und Rolf Staudt

1 2 3 4 5 6 – 90 89 88 87 86 85

Für Ull und Ralph,
die alles, was sie vermochten,
unternommen haben, um die Arbeit
an diesem Buch zu verzögern.

Inhalt

Vorwort

Der gesellschaftliche Charakter der Technik und der technische Charakter der Gesellschaft enthüllen sich heute mit zunehmender Deutlichkeit. So ist es zu verstehen und zu begrüßen, daß Grundfragen der Technik in der Öffentlichkeit mit wachsendem Interesse bedacht werden.

Doch leidet die gegenwärtige Technikdebatte an einer unversöhnlichen Frontenbildung. Radikale Technikkritiker verwerfen das »Industriesystem« in Bausch und Bogen und setzen auf eine »andere Technik«, mit der romantische Wunschträume von harmonischen Natur- und Gesellschaftsverhältnissen in Erfüllung gehen sollen. Unbedachte Macher in Industrie und Politik dagegen hängen noch immer dem naiven Fortschrittsoptimismus an, die Technik, die wir haben, sei die beste aller möglichen, und wie bisher müsse es weitergehen, um allen Menschen Wohlstand und Glück zu bescheren.

Dieses Buch will zeigen, daß die Wahrheit in der Mitte liegt. Ich plädiere für eine differenzierte Technikkritik, die anerkennt, was gelungen ist, ohne die Augen vor den wirklichen Mängeln der Technik zu verschließen. Um aber solchen Mängeln wirksam begegnen zu können, muß man die Technik besser verstehen. Vor allem muß man begreifen, daß sich die Technik nicht auf die Produkte der Ingenieurarbeit beschränkt, sondern auch die ökotechnischen und soziotechnischen Systemzusammenhänge umfaßt, in denen diese Produkte entstehen und verwendet werden.

Ich will also für differenzierte Technikkritik eine bessere Verständnisgrundlage schaffen. Das geht alle an. Darum habe ich mich bemüht, auch verwickelte Zusammenhänge so einfach wie möglich darzustellen. In den vielen Beispielen versuche ich immer wieder, an die Alltagserfahrungen anzuknüpfen, die jedermann – und jede Frau – mit der Technik macht. Auch in der Technik gibt es nichts, was man nicht verstehen könnte; es gibt nur Leute, die schlecht erklären können – und zu denen nicht zu gehören, dafür habe ich mir alle Mühe gegeben. Ob es mir gelungen ist, muß ich natürlich dem Urteil des Lesers überlassen.

Ich habe also, während ich schrieb, stets an den aufgeschlossenen Laien gedacht. Doch an wen sonst hätte ich denken sollen, da es »Experten« für die fachübergreifenden Fragen der Technik noch kaum gibt? Die Ingenieure und Technikwissenschaftler jedenfalls gehören durchweg nicht dazu. Eine zu enge Ausbildung hat ihnen den Blick auf die umfassenden Wirkungszusammenhänge der Technik verstellt, und ich hoffe, daß sie durch dieses Buch besser verstehen lernen, was sie eigentlich tun!

Doch glücklicherweise muß ich nicht darüber klagen, mit meinen Überlegungen auf weiter Flur allein zu stehen. Zu viele haben mir dabei geholfen und mich darin bestärkt, als daß ich sie alle ausdrücklich nennen könnte. Ein erster Ansporn war es, daß die Thesen dieses Buches bei den Hessischen Ingenieurtagen 1980 mit großer Zustimmung aufgenommen wurden. Wichtige Anregungen verdanke ich J. Janzing, Furtwangen, und seinem Gesprächskreis. Vieles habe ich von meinen Frankfurter Studenten gelernt, ganz besonders von denen, die sich am »Hüttendorf« gegen die Startbahn West beteiligt hatten. Vor allem aber fühle ich mich den freundschaftlichen Streitgesprächen im technikphilosophischen Ausschuß »Grundlagen der Technikbewertung« des Vereins Deutscher Ingenieure verpflichtet; den Kollegen und Freunden H. H. Holz, A. Huning, W. König, H. Lenk, E. Oldemeyer, F. Rapp, G. Röhlke und H. Sachsse verdanke ich viel mehr, als ich in einzelnen Zitaten zum Ausdruck bringen konnte. Meinem Mitarbeiter R. Huisinga danke ich für weiterführende Gespräche und für die Mitwirkung bei den Korrekturarbeiten.

Tief hat es mich getroffen, daß ich einen ganz besonders wichtigen Dank nun nicht mehr abstatten kann. Frau I. Maring ist es nicht vergönnt gewesen, nun im Druck zu lesen, was sie mit so großer Sorgfalt in die Schreibmaschine geschrieben hat. Dabei hat sie den Fortgang des Manuskripts mit gespanntem Interesse verfolgt; sie war der erste aufgeschlossene Laie, der diesen Text kennenlernte und mir über meine Zweifel hinweghalf, ob ich mich wirklich verständlich auszudrücken vermöchte. Noch vor wenigen Monaten, als das Nachwort geschrieben war, hatten wir ein langes Gespräch über den bewältigten Tod als Stück des gelungenen Lebens. Jetzt muß ich mich damit abfinden, daß ein gelungenes Leben zu Ende ist. Was bleibt, ist die Erinnerung an einen vertrauten, lieben Menschen, der unsere Zusammenarbeit mit Verständnis, Herzlichkeit und Wärme zu erfüllen verstand.

Durlach, im März 1985 Günter Ropohl

Kurzgefaßte Übersicht

Einleitung

Die moderne Technik ist trotz aller Perfektion, die man ihr nachsagt, in vieler Hinsicht unvollkommen geblieben. Unübersehbare Nebenwirkungen der technischen Entwicklung wie Umweltschäden, Ressourcenverknappung, Unfallgefahren und die Verringerung von Arbeitsplätzen haben in jüngster Zeit eine pauschale Technikkritik wiederbelebt, die den technischen Fortschritt aufhalten will. Statt dessen hat eine differenzierte Technikkritik zu prüfen, wie die Technik dort *verbessert* werden kann, wo sie wirkliche Mängel zeigt; wie die Technik *ergänzt* werden kann, wo es gegenwärtig an Umweltschutz, an menschlichen Qualitäten und an politischer Kontrolle fehlt; wie sich schließlich die Technik in einem umfassenden Sinn zu *entwikkeln* vermag, wenn die Menschen sie mit aufgeklärtem Bewußtsein und mit verfeinerten Organisationsformen zu bewältigen lernen.

Erster Teil: Die verbesserungsbedürftige Technik

Erstes Kapitel

Die technische Entwicklung ist immer wieder von skeptischen Beobachtern beargwöhnt worden. Man hat der Technik vorgeworfen: sie lehne sich gegen die gottgewollte Ordnung auf; sie vergewaltige die Natur; sie entfremde den Menschen von sich selbst, von Natur und Mitmensch und entleere die Arbeit ihres Sinnes; sie entwurzele den Menschen und führe zur Verstädterung und Vermassung; sie versklave den Menschen mit ihrer seelenlosen Rationalität; der Schaden, den sie tatsächlich anrichte, sei größer als ihr vordergründiger oder gar vorgeblicher Nutzen. Die *pauschale Technikkritik* der Gegenwart glaubt diese kulturpessimistischen Verdächtigungen mit den aktuellen Nebenwirkungen der technischen Entwicklung belegen zu können und wendet sich vor allem gegen die moderne »Großtechnik«, die mit ihrer Undurchschaubarkeit, ihrem Zentralismus und ihrem ungehemmten Wachstum jedes menschliche Maß sprenge und eine totale Herrschaft über die Menschen und ihre Lebensformen ausübe.

Zweites Kapitel

Die *pauschale* Technikbewertung beruht auf schlichten *Denkfehlern* und ideologischen *Vorurteilen*. Man behandelt »die« Technik, als ob sie eine gleichförmige und selbständige Wesenheit wäre, man stilisiert bestimmte Vorzüge oder Fehler einzelner technischer Erscheinungen zum Segen oder Fluch »der« Technik schlechthin, und man überschätzt oder übersieht die selbstverständlich gewordenen Leistungen vieler technischer Errungenschaften. Ideologische Verzerrungen ergeben sich gleicherweise aus unbedachtem Fortschrittsglauben wie aus bewußtem oder unbewußtem Konservatismus. So zeigen sich konservative Vorurteile in der Annahme einer unveränderlichen »Natur des Menschen«, in romantischen Wunschträumen von harmonischen Natur- und Gesellschaftsverhältnissen, in einem asketischen Lebensprinzip und in tiefer Skepsis gegenüber Rationalität und Planung.

Drittes Kapitel

Statt »die« Technik pauschal zu verurteilen oder ebenso pauschal zu verherrlichen, muß eine *differenzierte* Technikkritik die *wirklichen Mängel* in Teilbereichen der gegenwärtigen Technosphäre nüchtern und vorurteilsfrei herausarbeiten. Dazu gehören von Fall zu Fall: die begrenzte Zuverlässigkeit und Lebensdauer technischer Systeme; die verspielte Überflüssigkeit vieler neuer Produkte; die Beeinträchtigungen der natürlichen Umwelt; die Belastungen und Gefährdungen der menschlichen Gesundheit; gewisse Einschränkungen des individuellen und gesellschaftlichen Handlungsspielraums; manche Begrenzungen der Persönlichkeitsentfaltung in Berufsarbeit und Freizeit; die übersteigerte Abhängigkeit des Laien vom Können, Wissen und Urteil der Experten; sowie der verbreitete Eindruck von der Undurchschaubarkeit der Technosphäre. Manche Unvollkommenheiten liegen in der Natur der Sachen. Die meisten Mängel dagegen wären vermeidbar, wenn sich Entwicklung und Gestaltung nicht auf die technischen Sachen beschränken, sondern deren umfassenden Wirkungszusammenhang einbeziehen würden.

Zweiter Teil: Die ergänzungsbedürftige Technik

Viertes Kapitel

Die Menschen haben sich die Technik geschaffen, weil sie sich anders gegen die Natur nicht hätten behaupten können. Die Menschen und ihre technischen Einrichtungen haben sich jedoch inzwischen derart vermehrt, daß aus der Naturbeherrschung die Ausplünderung und Zerstörung der Natur geworden ist: Im Kampf um Lebenssicherung und Lebensentfaltung hat man vergessen, die natürlichen Kreisläufe aufrechtzuerhalten, von denen letztlich auch das Überleben der Menschen abhängt. Die moderne Technik ist unvollständig, soweit ihr die *ökologische Einbettung* fehlt, und sie muß um ökotechnische Einrichtungen ergänzt werden, welche die Nebenwirkungen technischer Vorgänge in eine umweltfreundliche und naturverträgliche Form bringen. Neben rohstoff- und energiesparenden Produktkonzeptionen muß eine eigene Aufbereitungs- und Wiederverwendungstechnik geschaffen werden, die »Abfälle« in neue Rohstoffe umwandelt. Die Antwort auf die ökologische Herausforderung heißt also nicht: weniger Technik, sondern: mehr Technik!

Fünftes Kapitel

Die Technik erschöpft sich nicht in den künstlich gemachten Gegenständen. Die Maschinen, Apparate und Geräte bekommen erst Sinn, wenn Menschen sie verwenden und im Verwendungsakt eine Handlungseinheit mit ihnen eingehen. Daher muß die Technik mit den jeweiligen körperlichen, seelischen und geistigen Bedürfnissen und Fähigkeiten der Individuen abgestimmt werden, damit die Menschen ihre Souveränität bewahren. Vor allem aber erfordert die Technik eine *persönliche Kompetenz* der Benutzer, die der Potenz der technischen Gegenstände gewachsen ist. Persönliche Kompetenz bedeutet nicht nur, die technischen Gegenstände sachgemäß bedienen zu können, sondern darüber hinaus die Fähigkeiten: die Funktion und den Aufbau technischer Gegenstände zu durchschauen; bei deren Anschaffung eine begründete Auswahl zu treffen; in Wartungs- und Reparaturfällen nicht vollständig auf fremden Sachverstand angewiesen zu sein; besonders aber die Auswirkungen ihrer Nutzung auf Zielvorstellungen und Lebensformen zu begreifen und einzukalkulieren. Ohne solche Nutzungskompetenz bliebe die Technik unvollständiges Stückwerk.

Sechstes Kapitel

Lange Zeit ist die Technik als Privatangelegenheit der Erfinder und Unternehmer mißverstanden worden, woran der gemeine Mann lediglich durch Verkauf von Arbeitskraft und durch Kauf von Waren beteiligt war. Tatsächlich jedoch greifen technische Entwicklungen so nachhaltig in die Arbeitswelt und in die Lebenswelt der Betroffenen ein, daß die Technik eine gesellschaftspolitische Kraft geworden ist. Technische Neuerungen beeinflussen den Arbeitsmarkt, die Berufsqualifikationen und das Bildungssystem; sie verändern die Gestaltung und den Ablauf des privaten Alltags und des menschlichen Zusammenlebens; sie veranlassen wirtschaftlichen und sozialen Wandel und haben auf diese Weise eine Macht gewonnen, die nur noch politisch begriffen werden kann. Soll aber die politische Macht demokratisch legitimiert sein, dann bedürfen auch die weltverändernden Kräfte der Technik der *gesellschaftlichen Kontrolle.*

Dritter Teil: Die entwicklungsfähige Technik

Siebtes Kapitel

Die *sachtechnische Entwicklung* wird keineswegs zum Stillstand kommen, zumal eine wohlverstandene Umwelttechnik neue Ingenieuraufgaben stellt. Neue Techniken der Rohstoff- und Energiebereitstellung, effiziente Wiederverwendungstechniken sowie langlebigere, umweltverträglichere und reparaturfreundlichere Produktkonzepte werden an Bedeutung gewinnen. Die Innovationsschübe, die vom rapiden Fortschritt der Informationstechnik erwartet werden können, sind noch kaum abzuschätzen. Auf jeden Fall wird die Automatisierung, sowohl in der Produktion als auch im Dienstleistungsbereich, fortgeführt werden, zumal sie durchweg solche Arbeiten erfaßt, die man am besten dadurch humanisiert, daß man sie abschafft. Vorstellungen von einer sogenannten »alternativen Technik« werden die technische Entwicklung nicht völlig verändern, jedoch hier und da auf eine gewisse Dezentralisierung, Verkleinerung und Vereinfachung technischer Systeme hinwirken. Was »angepaßte Technik« im Einzelfall heißt, bestimmt sich durch die jeweiligen Herstellungs- und Verwendungsbedingungen.

Achtes Kapitel

Die Technik vervollständigen heißt, ihre Benutzer aufzuklären und mündig zu machen. Das beginnt mit technologischer Allgemeinbildung an den Schulen, die auch in der gewerblichen und in der akademischen Ausbildung für alle Berufe fortgeführt werden sollte. Arbeitnehmer in der Industrie müssen über die technischen Produkt- und Produktionszusammenhänge und über geplante Produktionsumstellungen viel gründlicher informiert werden. Die Medien, vor allem auch die Tages- und Wochenpresse, sollten sich der *technologischen Aufklärung* mit der gleichen Aufmerksamkeit zuwenden, die sie anderen Bereichen der Kultur seit jeher widmen. Informationen der Verbraucherverbände und des Warentests könnten und müßten noch wirksamer verbreitet werden. Hersteller sollten ihren Kunden zusammen mit dem Produkt erschöpfende Produktinformationen über Wirkungsweise und Aufbau sowie über Möglichkeiten und Grenzen allfälliger Eigenreparatur bereitstellen. Die Ingenieure schließlich sollten sich verstärkt darum bemühen, die Probleme, an denen sie arbeiten, einer interessierten Öffentlichkeit verständlich zu machen und auch publizistisch als verantwortungsbewußte Sachwalter der Technik hervorzutreten.

Neuntes Kapitel

Die Entwicklungsfähigkeit der Technik schließt die fortschreitende Ergänzung um entsprechende gesellschaftliche Einrichtungen ein. Einerseits bedürfen die vorhandenen politischen und gesellschaftlichen Institutionen zusätzlicher technopolitischer Planungs- und Steuerungskompetenz. Andererseits sind *neue Institutionen* wie Institute für Technikforschung und Ämter für Technikbewertung, wie betriebliche Mitbestimmung, überbetriebliche Investitionskoordination, kommunale und regionale Bürgerpartizipation und technische Jurisdiktion für diesen Zweck zu entwickeln und auszubauen. Solche Stellen müssen in dezentralen und pluralistischen Aktivitäten zusammenwirken, um die technische Entwicklung ihrer Naturwüchsigkeit zu entheben und einer demokratischen Kontrolle zu unterwerfen, ohne bürokratischer Erstarrung zu verfallen. Eine dementsprechende politisch-ökonomische Ordnung wird die Scheinalternative von Markt und Plan hinter sich lassen und rationale Koordination mit individueller Kreativität zu verbinden wissen, damit die technische Entwicklung an gesamtgesellschaftliche Wertvorstellungen angebunden werden kann, ohne persönliche Bedürfnisse zu vergewaltigen.

Nachwort

Auch wenn die Technik ihre gegenwärtigen Mängel hinter sich gelassen hat, wird sie kein Paradies auf Erden schaffen. Die *Grenzen der Hoffnung* liegen in der natürlichen Vergänglichkeit des menschlichen Körpers und in der immer noch ungebändigten Aggressivität gesellschaftlicher Großgruppen und Staatsverbände, denen eine kriegstechnische Vernichtungsmaschinerie gigantischen Ausmaßes zur Verfügung steht. Der individuelle Tod ist ein unentrinnbares Schicksal, das durch keinen Fortschrittsoptimismus verdrängt werden kann. Der kollektive Tod der Menschheit dagegen läßt sich nur verhindern, wenn Krieg, Gewalt und Waffentechnik weltweit geächtet und abgeschafft werden. Doch darauf zu hoffen, ist für einen nüchternen Wirklichkeitssinn nicht einfach!

Einleitung

Die moderne Technik ist trotz aller Perfektion, die man ihr nachsagt, in vieler Hinsicht unvollkommen geblieben. Unübersehbare Nebenwirkungen der technischen Entwicklung wie Umweltschäden, Ressourcenverknappung, Unfallgefahren und die Verringerung von Arbeitsplätzen haben in jüngster Zeit eine pauschale Technikkritik wiederbelebt, die den technischen Fortschritt aufhalten will. Statt dessen hat eine differenzierte Technikkritik zu prüfen, wie die Technik dort *verbessert* werden kann, wo sie wirkliche Mängel zeigt; wie die Technik *ergänzt* werden kann, wo es gegenwärtig an Umweltschutz, an menschlichen Qualitäten und an politischer Kontrolle fehlt; wie sich schließlich die Technik in einem umfassenden Sinn zu *entwikkeln* vermag, wenn die Menschen sie mit aufgeklärtem Bewußtsein und mit verfeinerten Organisationsformen zu bewältigen lernen.

»Das Industriesystem ist in die Krise geraten, bei manchen auch in Verruf. Plötzlich, über Nacht. Industriekritik ist keineswegs mehr beschränkt auf einige Kulturpessimisten. Schwer fortzudiskutierende Fakten, einleuchtende Vermutungen machen Industriekritik zum Diskussionsthema der siebziger und achtziger Jahre.«[1] Dies schrieb, im Februar 1975, Freimut Duve in der ersten Ausgabe der Taschenbuchserie »Technologie und Politik«, die er seitdem herausgibt und zum Sprachrohr der aktuellen Industrie- und Technikkritik gemacht hat. Natürlich ist es weiterhin umstritten, ob das technisch-industrielle System wirklich in eine Krise geraten ist. Die Diskussion darüber aber hat in den vergangenen Jahren tatsächlich an Umfang und Heftigkeit zugenommen; das ist in der zitierten Äußerung richtig vorausgesagt worden.

Ergebnisse aus der Meinungsforschung zeigen die Spuren dieser Technikdebatte. Nach Allensbacher Umfrageergebnissen war schon zwischen 1970 und 1973 der Anteil derer, die zum technischen Fortschritt rückhaltlos ja sagten, von 40% auf 30%, in der jungen Generation sogar von 53% auf 35% gesunken. Auf die Frage: »Glauben Sie, daß die Technik alles in allem eher ein Segen oder eher ein Fluch für die Menschheit ist?« entschieden sich 1966 noch 72% für den Segen; 1981 ist dieser Anteil auf 30% gesunken. Allerdings ist die Zahl derer, welche die Technik eher für einen Fluch halten, von 1966 bis 1981 lediglich von 3% auf 13% – bei den jungen Leuten allerdings auf 19% – gestiegen. Mehr als die Hälfte der Befragten, das sind rund dreimal so viele wie 1966, antworteten 1981 mit einem »Weder/noch«. Möglicherweise ist die Einsicht gewachsen, daß man die Technik nicht so pauschal bewerten kann; vielleicht aber spiegelt sich in dieser Unentschiedenheit auch nur die Verunsicherung wider, die durch die Ereignisse und die Diskussionen des letzten Jahrzehnts hervorgerufen wurde.

Der Meinungswandel, der sich in den Umfrageergebnissen ausdrückt, kann sich nämlich auf Informationen und Erfahrungen stützen, die zwar für die Eingeweihten nicht völlig unerwartet kamen, die aber erst in diesen Jahren breiteren Kreisen zugänglich wurden.

So brachte die erste Studie des Club of Rome, 1972 unter dem Titel »Die Grenzen des Wachstums« erschienen[2], der Öffentlichkeit zum Bewußtsein, daß die Rohstoff- und Energiereserven auf unserem Planeten prinzipiell begrenzt sind und durch eine ungehemmte technisch-industrielle Entwicklung in absehbarer Zukunft aufgezehrt werden könnten. Während der sogenannten Energiekrise im Herbst 1973 erlebte die Bevölkerung, angesichts rapide steigender Öl- und Benzinpreise, angesichts vorübergehender Versorgungsengpässe und angesichts der autofreien Sonntage, am eigenen Leibe, daß die Warnungen des Club of Rome nicht nur leere Spekulationen waren.

Aber auch die Umweltbelastungen, die von der fortschreitenden technischen Entwicklung ausgingen, hatten in den sechziger Jahren mehr und mehr zugenommen und inzwischen ein Ausmaß erreicht, das vom Durchschnittsbürger nicht mehr ignoriert werden konnte. Die nachteiligen Nebenfolgen der Technisierung machten sozusagen einen Sprung von der Quantität zur Qualität, indem sie, beim Namen genannt, nun für jedermann einsichtig wurden. Die zunehmenden Waldschäden sind ein besonders dramatisches Beispiel dafür.

Ferner stieg von 1973 bis 1975 die Arbeitslosenquote auf das Dreieinhalbfache und überschritt erstmals seit den frühen fünfziger Jahren wieder die Millionengrenze. Inzwischen ist man gezwungen, sich an zwei bis drei Millionen Arbeitslose zu gewöhnen. Ungleich größer war und ist die Anzahl derer, die um ihren Arbeitsplatz fürchten. Die Wirtschaftsexperten sind sich zwar immer noch nicht darüber einig, ob wirklich der technische Fortschritt an der Arbeitslosigkeit schuld ist. Im Bewußtsein der Betroffenen freilich waren es nur allzuoft konkrete technische Neuerungen, die als »Jobkiller« ihre Arbeitsplätze gefährdeten und »wegrationalisierten«.

Schließlich, und vielleicht sogar vor allem anderen, war es die Nutzung der Kernenergie, die das Unbehagen der Öffentlichkeit gegenüber dem technischen Fortschritt verstärkte und mehr und mehr Mißtrauen auf den Plan rief. Spektakuläre Protestaktionen von Kernkraftgegnern gegen geplante kerntechnische Anlagen – wie in Wyhl, Brokdorf oder Gorleben – trugen der Diskussion über das Pro und Kontra der Kernenergie breiteste Aufmerksamkeit ein. Nüchterne Beobachter dieser Diskussion mögen beklagen, daß die Kritik an der Kernenergienutzung eher von gefühlsmäßigen Ängsten als von sachverständigen Argumenten getragen war. Gerade darum aber konnte sich die Besorgnis, die einer bestimmten technischen Entwicklung gegenüber entstanden war – und durch den gefährlichen Zwischenfall im amerikanischen Kernkraftwerk Harrisburg 1979 bestätigt zu werden schien –, so leicht auf andere Bereiche der Technik übertragen und in eine allgemeine Kritik am technischen Fortschritt einmünden.

Die neue Technikdebatte

Die kritische Einstellung gegenüber der Technik, die sich in den letzten Jahren verbreitete, hat also einen realen Erfahrungshintergrund. Dann aber hat zweifellos auch die Publizistik ihren Teil dazu beigetragen, die öffentliche Meinung gegen die Technik skeptisch zu machen. In der Regel kann sich die Publizistik nur dann breitenwirksam entfalten, wenn sie die Funktion des Verstärkers übernimmt. Veröffentlichte Meinung findet beim breiten Publikum nur dann Resonanz, wenn sie an vorhandene Erfahrungen, Meinungen und Einstellungen anknüpfen kann. Dann aber fördert sie diesen Meinungsstrom, prägt ihm eigene Züge auf und speist weitergehende Auffassungen und Deutungen ein.

Genau dies geschah in der veröffentlichten Technikkritik der siebziger Jahre. Es erschienen nicht nur korrekte Darstellungen tatsächlicher Problemlagen, sondern es tauchten auch die altehrwürdigen kulturpessimistischen Verzerrungen wieder auf, die der »Dämonie einer unmenschlichen Technik« die angeblich heile

Welt von vorvorgestern entgegensetzten. Freilich kleideten sich derartige Ressentiments nicht selten in ein neues Gewand und gebärdeten sich höchst fortschrittlich. Es bedarf schon einer sehr gründlichen Analyse, um beispielsweise bei einem Autor wie Ivan Illich den trüben Bodensatz konservativer Sozialromantik herauszufiltern, der sich unter der Oberfläche einer pseudofortschrittlichen Rhetorik verbirgt.

Doch nicht nur rechte, auch linke Ideologie begann sich um den spröden Stamm technischer Entwicklungsschwierigkeiten zu ranken und trieb die seltsamsten Blüten. Einerseits besteht eine orthodoxe Linie unter Berufung auf Karl Marx darauf, daß nur die kapitalistische Anwendung der Technik, nicht aber die Technik selbst schlecht sei. Andererseits halten unorthodoxe Linke dem die spöttische Frage entgegen, ob denn ein sozialistisches Kernkraftwerk unbedenklicher sei als ein kapitalistisches. Schließlich wird gar ein ideologisches Verwirrspiel mit der Behauptung in Gang gesetzt, angesichts der Entwicklungsprobleme technisierter Gesellschaften verliere der Gegensatz zwischen Kapitalismus und Sozialismus seine frühere Bedeutung. Die wahren Fronten, so heißt es, verliefen jetzt quer zu den herrschenden politischen Systemen, und der wirkliche Gegner sei der Industrialismus, im Westen genauso wie im Osten. Nur auf der Grundlage solcher Behauptungen konnten sich »grüne« Parteien bilden, deren politisches Spektrum von der extremen Rechten bis zur extremen Linken reicht. Es bleibt abzuwarten, ob das Engagement für den Umweltschutz und die Kritik am technischen Fortschritt wirklich ausreichen, um einer politischen Bewegung genügend programmatische Kraft zu geben und sie über alle sonstigen Meinungsverschiedenheiten hinweg zusammenzuhalten.

Die aktuelle Technikkritik bietet also ein höchst schillerndes Bild. Sie reicht von nüchterner Analyse über kulturpessimistisches Ressentiment bis hin zur sektiererhaften Weltanschauung neurotischer Aussteiger. Spreu und Weizen sind in dieser Diskussion nur schwer voneinander zu trennen, und um so dringlicher wird die rationale Auseinandersetzung mit den Vorwürfen, den Anschuldigungen und den alternativen Vorschlägen dieser kritischen Bewegung.

Die angebliche »Perfektion der Technik«

Zu einer solchen rationalen Auseinandersetzung möchte ich mit diesem Buch beitragen. Schon mit dem Titel, den ich diesen Überlegungen gegeben habe, möchte ich deutlich machen, daß ich die gegenwärtige Technik keineswegs für die beste aller möglichen halte. Ich werde diese Meinung später ausführlich begründen und mich dabei auf manche Feststellungen und Überlegungen stützen können, mit denen die aktuelle Technikkritik zweifellos recht hat. Die »Perfektion der Technik« ist ein Mythos, der schleunigst zerstört werden muß, wenn wir die künftige technische Entwicklung vernünftig bewältigen wollen.

Die Vorstellung von der »Perfektion der Technik« findet sich aber nicht nur bei naiven Fortschrittsoptimisten. Seltsamerweise sind es auch immer wieder die Technikkritiker, die sich diesen Mythos zu eigen machen, um dann die Technik gerade wegen ihrer angeblichen Perfektion zu verurteilen. Beispiele dafür sind die Arbeiten von Friedrich Georg Jünger, von Helmut Schelsky und von Herbert Marcuse.

Friedrich Georg Jünger gab einer Streitschrift, die in den Jahren nach dem Zweiten Weltkrieg viel beachtet wurde und bezeichnenderweise 1980 neu aufgelegt worden ist, geradezu den Titel »Die Perfektion der Technik«. Diese Perfektion sieht Jünger in der vollendeten Zweckmäßigkeit der technischen Mittel, in der aufs äußerste getriebenen Rationalisierung technischer Abläufe und in der Gleichförmigkeit und Automatik der mechanischen Funktionen. Daß diese Technik in sich selbst von der Vollkommenheit nicht mehr weit entfernt sei, daran hat unser Autor nicht den geringsten Zweifel: »Die Technik ist – jede Beobachtung bestätigt es – ein durchaus intakter Bestandteil unserer Zeit. Sie hat eine neue, rationale Organisation der Arbeit geschaffen. Sie entfaltet diese Organisation mit Hilfe jenes mechanischen Automatismus, der ein Kennzeichen ihrer wachsenden Perfektion ist.«[3] Das einzige, was diese Perfektion gelegentlich ins Wanken bringt, ist der »Betriebsunfall«; aber das ist, nach Jüngers Ansicht, kein Versagen der Technik, sondern ein menschliches Fehlverhalten: »Der Betriebsunfall tritt dort ein, wo der Mensch ... nicht mehr in Übereinstimmung mit dem kausalen Mechanismus, den er steuert, handelt, wo er sich ihm gegenüber selbständig zu machen versucht, durch Unaufmerksamkeit, Ermüdung, Schlaf,

Beschäftigung mit nichtmechanischen Dingen.«[4] Der Technik wird also eine geradezu übermenschliche Vollkommenheit zugeschrieben, die nur dann brüchig wird, wenn das menschliche Rädchen im Getriebe den Anforderungen der Mechanik nicht gewachsen ist. So ist denn auch »die Vorstellung, daß in die Apparatur ein dämonisches Leben einzieht, daß sie einen eigenen Willen entfaltet, ... nicht so abwegig, wie sie auf den ersten Blick scheinen könnte«.[5]

Alles, was sich die Technik zum Zweck setzt, erreicht sie nach Jüngers Meinung mit größtmöglicher Vollendung, und diese angebliche Zwangsläufigkeit des Erfolges ist es, die unserem Autor beklommene Bewunderung abnötigt – eine Bewunderung freilich, wie man sie auch wütenden Naturgewalten entgegenbringen mag, denen man sich doch hilflos ausgeliefert fühlt. Und es versteht sich, daß solche Bewunderung mit ohnmächtiger Wut einhergeht, für die denn auch Friedrich Georg Jünger in seiner hemmungslosen Anklage gegen die Technik die kraftvollsten Worte findet. Von den Einzelthemen dieser Technikkritik wird noch ausführlich die Rede sein. Hier wollen wir lediglich festhalten, daß man der Technik zunächst eine überlebensgroße Perfektion andichtet, um ihre verhängnisvolle Allmacht alsdann um so wirkungsvoller anprangern zu können.

Nicht viel anders, wenn wohl auch in nüchternerer Redeweise, verfährt Helmut Schelsky. In seinem berühmt gewordenen Aufsatz »Der Mensch in der wissenschaftlichen Zivilisation« malt er die düstere Vision eines technokratischen Staates an die Wand. Der ideologische Streit um politische Ziele wird, so meint Schelsky, durch die Perfektionierung der technischen Mittel ersetzt. Und von diesen Mitteln »drängt die moderne Technik unvermeidlich das funktional Wirksamste auf«, »das Höchstmaß technischer Leistungsfähigkeit«, die einzig richtige technische Lösung (»the best one way«), die über jeden politischen Zweifel erhaben ist.[6] »Bei optimal entwickelten wissenschaftlichen und technischen Kenntnissen müßten über die gleiche Sachlage auch verschiedene Fachleute oder Fachgremien zu der gleichen Lösung, dem ›best one way‹, gelangen, und das hieße: Je besser die Technik und Wissenschaft, um so geringer der Spielraum politischer Entscheidung.«[7] »Das technische Argument setzt sich unideologisch durch.«[8] Die Vollkommenheit der Technik ist für Schelsky so selbstverständlich, daß es bei technischen Problemen nichts zu deuteln gibt. Die Optimallösung – vom Autor mit dem englischen Ausdruck für den einzigen besten Weg bezeichnet, als wäre das ein internationaler Fachausdruck der Techniker – läßt sich zweifelsfrei ermitteln und gewinnt damit eine Sachgesetzlichkeit, die alles politische Räsonieren bedeutungslos macht. Nach dem Muster mittelalterlicher Gottesvorstellungen wird aus der Vollkommenheit der Technik deren Allmacht gefolgert, die den Menschen zum Spielball der technischen Sachzwänge macht.

Während Friedrich Georg Jünger und Helmut Schelsky mit Sicherheit keiner »linken« Tendenzen verdächtig sind, muß es erstaunen, daß man die gleiche Denkfigur von der Vollkommenheit der Technik auch bei Herbert Marcuse wiederfindet, der gemeinhin als Neomarxist gilt. In seiner Schrift »Der eindimensionale Mensch« macht Marcuse die Perfektion der Technik unter den gegenwärtigen Herrschaftsverhältnissen der Industriegesellschaft für jegliche Unterdrückung und Vergewaltigung des Menschen verantwortlich. Gleichzeitig aber erwartet er von einer revolutionär verwandelten Technik der Zukunft das allseitig befreite Paradies auf Erden. »Einmal zum materiellen Produktionsprozeß schlechthin geworden«, so schreibt er, »würde Automation die ganze Gesellschaft revolutionieren. Zur Perfektion getrieben, würde die Verdinglichung der menschlichen Arbeitskraft die verdinglichte Form dadurch zerstören, daß sie die Kette durchschnitte, die das Individuum an die Maschinerie bindet – den Mechanismus, wodurch seine eigene Arbeit es versklavt.«[9] Auch hier also wird die perfekte Technik zum Rang einer Gottheit erhoben, von der aller gegenwärtige Fluch ausgeht, von der aber auch, nach einer revolutionären Umbesinnung der Menschheit, alles zukünftige Heil zu erwarten ist. Dem Erlösungsversprechen aber steht gegenwärtig ein »Logos der Technik« entgegen, der sich als »Logos fortgesetzter Herrschaft« erweist: »Heute verewigt und erweitert sich die Herrschaft nicht nur vermittels der Technologie, sondern als Technologie.«[10]

Technik bleibt unvollkommen

Das Denkmuster, das in den zitierten Stimmen zum Ausdruck kommt, möchte ich in diesem Buche umkehren. Die erwähnten Autoren und manche andere Technikkritiker glauben an eine unmenschliche Perfektion der Technik, die den Menschen entmündigt und vergewaltigt. Ich behaupte im Gegensatz dazu die menschliche Unvollkommenheit der Technik. Die Technik ist und bleibt Menschenwerk, und alles, was sie hervorgebracht hat und noch hervorbringen wird, leidet an der Widerständigkeit der Sachen, an der sprichwörtlichen Tücke des Objekts; dies übrigens ist eine »Sachgesetzlichkeit«, die nur solche Leute übersehen können, die von der technischen Praxis keine Ahnung haben! Vor allem aber teilt die Technik, da sie ja ein Stück menschlicher Praxis ist, die prinzipielle Fehlerhaftigkeit und Fehlbarkeit allen menschlichen Erkennens und Handelns.

Doch ist das kein Grund, die Technik in Bausch und Bogen zu verurteilen. Vieles ist trotz alledem gelungen. Wer, während er dieses liest, die wohnliche Wärme und die behagliche Beleuchtung der modernen Haustechnik genießt oder im komfortablen Schnellzugabteil in Windeseile durch die Landschaft gleitet, wird gar nicht so leicht bereit sein, die Technik für unvollkommen zu halten. Freilich weiß inzwischen jeder, wie abhängig solche Annehmlichkeiten von einer ungestörten Energieversorgung sind, und die Probleme der zukünftigen Energiesicherung verweisen uns dann doch gleich wieder auf die Unvollkommenheit der gegenwärtigen Technik – eine Unvollkommenheit allerdings, die zugleich eine Herausforderung zu neuen Problemlösungen darstellt. Solange nämlich die Technik unvollkommen ist, läßt sie Handlungsspielräume für die menschliche Souveränität offen. Statt eine angeblich perfekte Technik abzulehnen, plädiere ich dafür, die Technik zu bejahen, auch wenn sie unvollkommen ist.

Aber man kann nur für die Technik sein, wenn man zugleich einräumt, welche Fehler sie hat. Man kann der pauschalen Technikfeindlichkeit nur entgegentreten, wenn man darüber nachgedacht hat, wie sich die Technik vervollkommnen läßt. Es kann also nicht damit getan sein, alle Technikkritik als »Demagogie«, als »menschliche Schwäche« und als »Verantwortungslosigkeit« zu diffamieren, wie das beispielsweise Karl Steinbuch in seinem Buch »Diese verdammte Technik« gemacht hat. Freilich kommt auch Steinbuch nicht umhin, gewisse Elemente der aktuellen Technikkritik dennoch ernst zu nehmen; ganz so verantwortungslos kann diese denn wohl doch nicht sein. Insgesamt freilich überwiegt in Steinbuchs Darstellung die selbstgerechte Verherrlichung der Ingenieurarbeit und die unkritische Rechtfertigung technischer Praxis. Solche unsachlichen Abwehrversuche aber können die Technikdiskussion auch nicht weiterbringen. Übertreibungen, auf seiten der Ankläger wie auf seiten der Verteidiger, sind immer von Übel.

Ich wende mich mit diesem Buch also gegen beide Einseitigkeiten: gegen die naive Rechtfertigung der Technik ebenso wie gegen ihre pauschale Verurteilung. Die unüberlegte Hemmungslosigkeit, mit der bestimmte technische Neuerungen wie die Kernenergietechnik oder das Kabelfernsehen von ihren Urhebern angepriesen und vorangetrieben werden, erscheint mir ebenso fragwürdig wie der maschinenstürmerische Ungeist gewisser Bürgerbewegungen, die noch gegen das vernünftigste technische Projekt – beispielsweise den Ausbau des umweltfreundlichen Eisenbahnsystems – Himmel und Hölle in Bewegung setzen. Ich bin gegen den »technischen Fortschritt« um jeden Preis, aber ich bin auch gegen jene unbedachten Fortschrittskritiker, die den Nutzen des Erreichten verkennen und den Preis versäumter Fortentwicklungen vernachlässigen. Mit einem Wort: Es geht mir um differenzierte Technikkritik!

Es ist an der Zeit – und das müssen die Gegner der technischen Entwicklung genauso lernen wie die Befürworter –, dem Wort »Kritik« seinen guten alten Klang wiederzugeben. Kritik darf nicht mit Ablehnung gleichgesetzt werden, und Zustimmung braucht nicht kritiklos zu sein. In der »Literaturkritik« zum Beispiel hat sich diese Bedeutung erhalten: Es gibt »gute« und »schlechte Kritiken«. Kritik bedeutet Unterscheidung, abwägende Beurteilung, sachkompetente Bewertung. Der »Verriß« und die »Lobhudelei« können als Grenzfälle vorkommen, doch im Regelfall ist ein behutsames »Einerseits – Andererseits« angemessener. Ich wünsche mir, daß auch die »Technikkritik« einen solchen Sinn erhält, und ich möchte mit diesem Buch dazu beitragen.

Ich bin mir darüber im klaren, daß ich es mit diesem Programm des behutsamen Abwägens niemandem leichtmache: dem Leser nicht, weil er von den vertrauten Klischees der populären Schwarzweißmalerei Abschied nehmen muß; und mir selbst auch nicht, weil ich mich mit meiner differenzierten Technikkritik zwischen alle Stühle setzen werde. Mögen auch anspruchsvolle Menschen immer wieder darauf hingewiesen haben, daß dieser Platz besonders ehrenwert ist, so ist er doch auf keinen Fall gemütlich. Fortschrittsgläubige Optimisten werden mir vorwerfen, ich brächte ein doch im Grunde gutes Prinzip in Mißkredit, indem ich ein paar gewiß unschöne Begleiterscheinungen des technischen Fortschritts überbewerten würde; und vor allem diejenigen, die in der technisch-industriellen Praxis tätig sind, werden mich als »abgefallenen Ingenieur« einstufen, der nun als »philosophierender Spinner« gegen technisches Handeln und seine Ergebnisse Argwohn stiftet. Darum will ich es ganz deutlich sagen: Dieses Buch ist keine Anklage gegen die Ingenieure und Techniker. Die tun ihre Arbeit so gut sie können, und die Ergebnisse dieser Arbeit sind so gut oder so schlecht wie die Gesellschaft, in deren Auftrag sie arbeiten.

Auf der anderen Seite werde ich aber auch in der Glaubensgemeinschaft der eingeschworenen Technikgegner keine Freunde finden können. Immerhin doch Ingenieur der Herkunft nach, werde ich in diesen Kreisen das Vorurteil kaum entkräften können, alles was ich zugunsten der Technik anführen werde, entspringe meiner unüberwindbaren »technizistischen Borniertheit«. Tatsächlich gedenke ich zu zeigen, daß die Technikfeindlichkeit, also jene Minderheitsmeinung, der die Technik insgesamt als Fluch erscheint, ein gehöriges Stück aufklärungsfeindlicher Ersatzreligion enthält. Und wer die Sozialpsychologie von Sektierern kennt, der weiß, daß sie jede Abschwächung ihrer Prinzipien mit bitterer Enttäuschung und tiefem Groll beantworten. So kann ich also nur auf jene Leser hoffen, die bereit sind, mit mir nachzudenken, meine Argumente vorurteilsfrei zu prüfen und sich dann ihr Urteil zu bilden. Mit einem Wort: dieses Buch ist für Leser geschrieben, denen kritische Rationalität kein leeres Wort ist.

Ich behaupte also die Unvollkommenheit der Technik, und bevor ich mit den Begründungen im einzelnen beginne, muß ich kurz erläutern, was ich mit dieser »Unvollkommenheit« eigentlich sagen will. Der Ausdruck nämlich ist mehrdeutig, und tatsächlich meine ich alle Bedeutungen des Wortes.

Verbesserungsbedürftigkeit der Technik

Erstens heißt Unvollkommenheit soviel wie Fehlerhaftigkeit und verweist darauf, daß das Unvollkommene verbesserungsbedürftig ist. Auch die fortgeschrittenste Technik ist keineswegs frei von Mängeln. Das geben übrigens sogar viele Experten zu, die an bestimmten technischen Entwicklungen arbeiten. Nur in der aufgeregten Schwarzweißmalerei öffentlicher Debatten treten auch gewisse Jubelrufer auf, die von der Verbesserungsbedürftigkeit der Technik nichts wissen wollen. Sonst aber sind sich wohl alle Beteiligten und Betroffenen darüber einig, daß die Technik nach wie vor von Fehlern und Mängeln durchsetzt ist. Nur selten wird geleugnet, daß die Technik verbesserungsbedürftig ist. Ob allerdings die moderne Technik auch verbesserungsfähig sei: an dieser Frage scheiden sich die Geister. Die extremen Spielarten der pauschalen Technikkritik jedenfalls bestreiten dies; der »Fluch der Technik« stecke in ihren Prinzipien und könne nur dadurch abgewendet werden, daß man auf die Resultate der modernen technischen Entwicklung verzichte. Einen solchen technologischen Revisionismus halte ich für sehr bedenklich, zumal er an sehr fragwürdige Traditionen der abendländischen Kulturkritik anknüpft. Das wird im ersten Kapitel dieses Buches zu erläutern sein, nicht zuletzt darum, weil vielen heutigen Technikgegnern die geistesgeschichtlichen Vorläufer dieses Standpunktes und deren zweifelhafte Wurzeln gar nicht bekannt zu sein scheinen. Jede pauschale Technikbewertung, sowohl die Technikfeindlichkeit wie die Verherrlichung der Technik, lebt von Denkfehlern und Vorurteilen. Darum wird sich das zweite Kapitel mit den logischen und ideologischen Schwächen der pauschalen Technikbewertung beschäftigen.

Allerdings kann die pauschale Technikkritik – und auch das muß immer wieder betont werden! – nur darum so viele offene Ohren finden, weil sie mit ihren überzogenen Attacken an unbestreitbare Mängel der Technik anknüpfen kann. Darum wird im dritten Kapitel auf die wirklichen Mängel der modernen Technik einzugehen sein. Aber im Gegensatz zu den technologischen Revisionisten vertrete ich die Ansicht, daß solche Fehler und Mängel, sind sie erst einmal erkannt, auch korrigiert und behoben werden können.

Erst vor kurzem habe ich mich selbst mit der Unvollkommenheit der Technik herumplagen müssen, als ich die häusliche Waschmaschine auseinanderzunehmen hatte, um einen verstopften Wasserzufluß zu reinigen. Die Verstopfung selbst war in wenigen Minuten beseitigt, doch die gesamte Reparatur dauerte fast zwei Stunden, weil das Gehäuse der Maschine so unglücklich gestaltet ist, daß man es nur mit größter Mühe öffnen und wieder schließen kann. Der Konstrukteur der Maschine hatte nicht daran gedacht – oder auch nicht daran denken dürfen –, daß bei jedem technischen Gebilde von Zeit zu Zeit Wartungs- und Reparaturarbeiten fällig sind und daß alle störanfälligen Teile einer Maschine für diesen Fall leicht zugänglich sein sollen. Ich erwähne dieses Beispiel, weil das weiß Gott kein Einzelfall ist; Millionen von Arbeitsstunden werden in der Bundesrepublik Jahr für Jahr vergeudet, Unsummen von Reparaturkosten Jahr für Jahr bezahlt, bloß weil die Reparaturfreundlichkeit der technischen Gebilde bei der Konstruktion unnötigerweise vernachlässigt wird. Doch ebenso augenfällig wie der Mangel ist hier auch die Verbesserungsfähigkeit der Technik. Im Beispiel könnte selbst ich, obwohl ich kein Fachmann der Hausgerätetechnik bin, mühelos angeben, was an der Konstruktion verbessert werden muß.

Das werde ich natürlich nicht für alle Beispiele in Anspruch nehmen können, die im dritten Kapitel behandelt werden sollen. Im Grundsatz jedoch glaube ich, daß fast überall, wo die Technik verbesserungsbedürftig ist, auch Möglichkeiten bestehen und gefunden werden können, die Mängel zu überwinden. Im übrigen gehört sehr viel mehr Optimismus dazu, ein besseres Leben von der Abschaffung der modernen Technik zu erhoffen als auf ihre allmähliche Verbesserung zu setzen.

Ergänzungsbedürftigkeit der Technik

Unvollkommenheit heißt aber nicht nur Fehlerhaftigkeit, sondern auch Unvollständigkeit und macht darauf aufmerksam, daß das Unvollkommene ergänzungsbedürftig ist. Dieser zweite Gesichtspunkt ist fast noch wichtiger als der erste, denn zweifellos ist es nicht damit getan, mit besseren Ingenieurleistungen allein die technischen Gegenstände zu verbessern. Eine Kernthese dieses Buches lautet: Die Technik ist viel zu komplex, als daß man sie allein den Ingenieuren und Industriemanagern überlassen dürfte! Schaut man sich nämlich die wirklichen Mängel in der Technik einmal genauer an, so wird man sehr bald feststellen, daß nur ein begrenzter Teil davon allein mit ingenieurtechnischen Mitteln zu beheben ist.

Am ehesten mag dies wohl noch bei den ökologischen Mängeln der gegenwärtigen Technik gelingen, denn hier ist die Technik bislang in einem ingenieurtechnischen Sinn unvollständig. Weithin fehlen bisher ergänzende technische Einrichtungen, mit denen die schädlichen Nebenwirkungen der Maschinen, Apparate und Geräte auf die natürliche Umwelt aufgefangen und neutralisiert werden. So hat man lange Zeit Anlagen zur Papierherstellung gebaut, ohne sich um die Reinigung der verschmutzten Abwässer zu kümmern, die bei einem solchen Produktionsprozeß anfallen. Man war froh, das gewünschte Produkt zu erhalten und die lästigen Abfälle auf die leichtestmögliche Art loszuwerden, indem man sie einfach in die natürlichen Gewässer ableitete. Heute müssen wir uns angewöhnen, eine derartige Produktionsanlage für unvollständig zu halten, solange ihr die Abwasserkläranlage fehlt. Wir müssen, mit anderen Worten, die Beseitigung der schädlichen Nebenwirkungen als notwendige Teilfunktion der Produktionsanlage erkennen und anerkennen. Mit solchen Formen der Ergänzungsbedürftigkeit wird sich das vierte Kapitel dieses Buches beschäftigen.

Aber Ergänzungsbedürftigkeit meint sehr viel mehr. Wir würden die Technik völlig unzureichend verstehen, wenn wir uns auf die technischen Gegenstände, die Maschinen, Apparate, Geräte, Fahrzeuge oder Bauwerke beschränken würden. Mit Nachdruck verfolge ich die Absicht, ein derartig verengtes Technikverständnis mit diesem Buche zu überwinden. Technik ist mehr als die technischen Gegenstände. Wie ich im fünften und sechsten Kapitel ausführlich begründen will, gehören auch die Herstellung und die Verwendung der technischen Gegenstände zur Technik. Und es wird sich zeigen, daß gerade in diesen Zusammenhängen die Technik auf menschliche Qualifikationen und auf gesellschaftliche Institutionen angewiesen ist. Es genügt nicht, eine Geige zu besitzen; man muß sie auch spielen können. Ohne die persönliche Fähigkeit, mit der Geige richtig umzugehen, wäre der technische Gegenstand selbst völlig sinnlos. Und beim Fernsehen ist das grundsätzlich nicht viel anders. Auch für diesen technischen Gegenstand sind menschliche Qualifikationen erforderlich, die über das Einschalten des Gerätes hinausgehen, aber bis heute leider in keiner Bedienungsanleitung beschrieben werden. Wer nicht bewußt Programme auswählt, wer vergißt, das Gerät auch einmal abzuschalten, wer Kleinkinder stundenlang beliebigen Darbietungen aussetzt, der treibt Mißbrauch mit dem technischen Gegenstand, weil er ihn nicht wirklich beherrscht.

Wenn sich technische Gegenstände massenhaft verbreitet haben, reichen die Fähigkeiten des einzelnen nicht mehr aus. Dann braucht man zum Beispiel technische Überwachungsvereine, um die Sicherheitsrisiken von Dampfkesseln, Kraftfahrzeugen oder Fahrstühlen unter Kontrolle zu halten. Und man wird weitere gesellschaftliche Einrichtungen benötigen, um etwa die produktionstechnische Entwicklung in Zukunft so zu steuern, daß sie auch auf die Bedürfnisse der arbeitenden Menschen Rücksicht nimmt. In diesem Sinne also ist die Technik ergänzungsbedürftig, daß ihr zahlreiche menschliche Qualitäten und gesellschaftliche Einrichtungen fehlen, ohne deren Entwicklung die technischen Gegenstände unvollständiges Stückwerk bleiben.

Entwicklungsfähigkeit der Technik

Drittens schließlich kann Unvollkommenheit auch soviel wie Unabgeschlossenheit meinen und zum Ausdruck bringen, daß das Unvollkommene entwicklungsfähig ist. Offensichtlich zweifelt niemand daran, daß Wissenschaftler und Ingenieure auch in Zukunft eine Fülle technischer Lösungen hervorbringen können. Nachdem wir beispielsweise erkannt haben, wie dringend wir neue regenerative Energiequellen, vor allem die Sonnenenergie, erschließen müssen, werden uns die Ingenieure mit Sicherheit in den nächsten Jahren zahlreiche Erfindungen und Innovationen vorschlagen können, die zur Lösung dieser Probleme beitragen. Soweit die Technikkritik der letzten Jahre nüchtern und realistisch argumentierte, hat sie eine ganz wichtige Einsicht populär gemacht: die Einsicht nämlich, daß keine technische Entwicklung zwangsläufig und unvermeidlich zu sein braucht, daß es vielmehr zu jedem Entwicklungskonzept auch Alternativen gibt. Unzurechnungsfähig ist, wer nicht anders handeln kann, schreibt Robert Musil in seinem Roman »Der Mann ohne Eigenschaften«. Davon sind die Ingenieure glücklicherweise weit entfernt, denn im Prinzip können sie immer auch anders. Nur haben das die Ingenieure durch die Macht der Gewohnheit und den Druck wirtschaftlicher Interessen oft vergessen, und es ist gewiß ein großes Verdienst der Technikkritik, daran erinnert zu haben, daß es für nahezu jedes technische Problem mehrere alternative Lösungsmöglichkeiten gibt. Die technokratische Behauptung, zur gegenwärtigen technischen Entwicklung gäbe es keine Alternative, ist also falsch. Ebenso falsch aber ist die Vorstellung mancher Technikkritiker, es gäbe eine ganz bestimmte Alternative zur gegenwärtigen Technik, eben die »alternative Technik«, die »sanfte Technik«, die »mittlere Technik« oder die »angepaßte Technik«. Das ist nichts anderes als der Irrglaube vom »einzigen besten Weg« mit umgekehrtem Vorzeichen. Statt dessen, damit werde ich mich im siebten Kapitel beschäftigen, wird die technische Entwicklung in Zukunft ein pluralistisches Konzept verfolgen müssen, in dem die verschiedenartigsten Lösungsstrategien und Lösungsprinzipien Platz haben.

Nun befürchtet die gegenwärtige Technikkritik auch gar nicht, daß den Wissenschaftlern und Ingenieuren die Ideen ausgehen könnten; sie ist vielmehr besorgt, daß uns zu viele Neuerungen überschwemmen würden und Folgen heraufbeschwören könnten, die ein menschenwürdiges Leben in Frage stellen. Tatsächlich hat die ingenieurtechnische Entwicklung bislang wenig Rücksicht darauf genommen, ob auch die ökologischen, die humanen und die sozialen Vorbedingungen für die Einführung bestimmter Neuerungen erfüllt waren. Technische Innovationen wurden hemmungslos verbreitet, und es blieb dem Zufall überlassen, ob und wie die Menschen damit zu Rande kommen würden. Der amerikanische Soziologe W. F. Ogburn hat diese Beobachtung zu einer Theorie der »kulturellen Verzögerung« verdichtet. Ogburn faßt die technischen Neuerungen als das treibende Moment gesellschaftlicher Veränderung auf und nimmt an, daß die Menschen darauf erst nach einer gewissen Weile, eben nach jener »kulturellen Verzögerung«, mit der Anpassung ihres Wissens, ihrer Einstellungen und ihrer Wertvorstellungen auf die technische Neuerung reagieren.

Betrachtet man den bisherigen Gang der Dinge, so scheint an dieser Theorie manches Wahre zu sein. Ich glaube sogar, daß gewisse Stimmen der pauschalen Technikkritik gar nichts anderes sind als ein Symptom solcher kulturellen Verzögerung: Sie verurteilen die Technik nicht etwa darum, weil diese selbst durch und durch schlecht wäre, sondern aus dem einfachen Grund, weil es ihnen bislang nicht gelungen ist, sich selbst mit dieser Technik vertraut zu machen. Und wenn man den Tatbestand der »kulturellen Verzögerung« feststellt, erheben Technikkritiker wie O. Ullrich sogleich den Vorwurf, man wolle die Vorherrschaft der Ingenieurtechnik ein für allemal hinnehmen[11]; als wenn es nicht einen beachtenswerten Unterschied zwischen der Beschreibung und der Bewertung eines Tatbestandes gäbe.

Denn natürlich will ich nicht der blinden Anpassung an eine ständig vorauseilende Ingenieurtechnik das Wort reden. Vielmehr plädiere ich in den letzten beiden Kapiteln dieses Buches für technologische Aufklärung und die Entwicklung neuer gesellschaftlicher Institutionen, damit wir die technische Entwicklung endlich einholen. Die Entwicklungsfähigkeit der Ingenieurtechnik erscheint mir nur unter der Voraussetzung wünschenswert, daß sie mit der Entwicklung eines aufgeklärten Bewußtseins und verfeinerter gesellschaftlicher Organisationsformen Hand in Hand geht. Dazu freilich müssen wir zunächst den immer noch vorhandenen soziokulturellen Entwicklungsrückstand überwinden. Wir können den dahineilenden Zug nicht unter Kontrolle bringen, indem wir ihm wohlgemeinte Warnungen nachrufen; wir müssen schon auf den fahrenden Zug aufspringen, um ihn in unsere Gewalt zu bringen und in geordnete Bahnen zu lenken.

Wir haben in der Vergangenheit nur die technischen Gegenstände entwickelt und die gesellschaftlich-kulturellen Momente, die auch zur Technik gehören, sträflich vernachlässigt. Hier ist ein großer Nachholbedarf an technologischer Aufklärung und soziotechnischer Organisation entstanden, der endlich befriedigt werden muß. Ich setze also auf die Entwicklungsfähigkeit der Menschen und ihrer gesellschaftlichen Einrichtungen – dies nicht, weil sie der ingenieurtechnische Entwicklung ständig nacheilen sollten, sondern weil sie sich endlich instand setzen müssen, die ingenieurtechnische Entwicklung bewußt zu steuern.

Freilich liegt es mir fern, die heile Welt in Aussicht zu stellen. Gewisse Unvollkommenheiten in der soziotechnischen Verfassung der Gegenwart werden wir überwinden können, indem wir die Ingenieurtechnik verbessern und indem wir sie zu einer Technik im umfassenden Sinn ergänzen und entwickeln. Eine wirklich vollkommene Technik jedoch wird Utopie bleiben wie der vollkommene Mensch. Die pauschale Technikkritik tut so, als könnten wir das goldene Zeitalter eröffnen, wenn wir uns nur von der industriellen Technik befreien würden. Eine differenzierte Technikkritik dagegen wird zu zeigen haben, daß wir uns nicht durch romantische Wunschgebilde ablenken lassen dürfen, wenn wir die technische Entwicklung vernünftig bewältigen wollen.

Erster Teil:
Die verbesserungsbedürftige Technik

Erstes Kapitel

Die technische Entwicklung ist immer wieder von skeptischen Beobachtern beargwöhnt worden. Man hat der Technik vorgeworfen: sie lehne sich gegen die gottgewollte Ordnung auf; sie vergewaltige die Natur; sie entfremde den Menschen von sich selbst, von Natur und Mitmensch und entleere die Arbeit ihres Sinnes; sie entwurzele den Menschen und führe zur Verstädterung und Vermassung; sie versklave den Menschen mit ihrer seelenlosen Rationalität; der Schaden, den sie tatsächlich anrichte, sei größer als ihr vordergründiger oder gar vorgeblicher Nutzen. Die *pauschale Technikkritik* der Gegenwart glaubt diese kulturpessimistischen Verdächtigungen mit den aktuellen Nebenwirkungen der technischen Entwicklung belegen zu können und wendet sich vor allem gegen die moderne »Großtechnik«, die mit ihrer Undurchschaubarkeit, ihrem Zentralismus und ihrem ungehemmten Wachstum jedes menschliche Maß sprenge und eine totale Herrschaft über die Menschen und ihre Lebensformen ausübe.

Die aktuelle Technikkritik hat in manchen Einzelpunkten recht; davon wird später noch ausführlich die Rede sein. Viele Technikkritiker haben freilich der Versuchung nicht widerstehen können, aus berechtigter Einzelkritik ein umfassendes Gebäude von Ansichten und Vorstellungen zu entwickeln, das fast schon den Charakter einer Weltanschauung angenommen hat. In diese Weltanschauung aber sind unterderhand Ideen eingeflossen, die auf eine höchst fragwürdige geistesgeschichtliche Tradition zurückblicken können. Viele Einwände gegen die Technik, die heute vorgebracht werden, sind gar nicht so neu, wie ihre Verfechter das glauben. Immer schon sind gegen die technische Gestaltung der Welt Vorbehalte angemeldet worden, und diese Vorbehalte, wie sachlich oder unsachlich sie auch immer sein mögen, sind zu festen Bestandteilen unserer kulturellen Tradition geronnen. Niemand, der in diesem Kulturkreis aufgewachsen ist, bleibt von solchen Vorstellungsmustern unberührt, auch wenn sie ihm nicht ausdrücklich bewußt werden.

Ich bin davon überzeugt, daß der weltanschauliche Überbau der aktuellen Technikkritik von solchem kulturellen Erbe stärker geprägt ist, als deren Anhänger das glauben. Tatsächlich wissen vor allem junge Menschen viel zu wenig davon, was früher schon alles über und gegen die Technik gesagt worden ist. Aber auch wenn sie es nicht ausdrücklich wissen, sind sie natürlich doch in ihrem Bildungsgang irgendwann davon beeinflußt worden. Darum halte ich es für notwendig, diese geistesgeschichtliche Tradition wenigstens mit einigen knappen Strichen zu skizzieren. Dabei wird sich herausstellen, daß die pauschalen Vorwürfe der aktuellen Technikkritik den traditionellen Einwänden überraschend ähnlich sind.

Die »zwei Kulturen«

Zunächst freilich müssen wir uns klarmachen, daß unsere kulturelle Tradition bis auf den heutigen Tag gespalten ist. Der britische Physiker und Schriftsteller Charles P. Snow glaubte sogar »zwei Kulturen« ausmachen zu können, die einander beziehungs- und verständnislos gegenüberstehen, eine Kultur der Güterproduktion und eine Kultur der Sinnproduktion. Dabei fällt sogleich auf, daß die Sinnproduktion, also Religion, Philosophie, Kunst, Literatur und die zugehörigen Wissenschaften, ein regelrechtes Kulturmonopol errichtet haben. Jedenfalls im deutschen Sprachgebrauch nämlich ist das Wort »Kultur« ausschließlich den Hervorbringungen der Sinnproduktion vorbehalten. Daß man auch von einer Kultur der Güterproduktion oder von einer materiellen Kultur sprechen kann, gilt breiteren Kreisen noch heute als ungewöhnlich; so als ob die technisch-praktische Lebensbewältigung »kulturlos« wäre.

Diese Einschätzung, die mit den Bezeichnungen selbstverständlich Bewertungen verbindet, läßt sich bis auf die Sinnproduzenten der griechischen Antike zurückverfolgen. Arbeit und Technik waren zu jener Zeit die Sache der Sklaven und Handwerker. Sklaven galten bekanntlich als reine Produktionsmittel und wurden nicht als menschliche Personen anerkannt. Handwerker waren großenteils zugezogene »Gastarbeiter«, denen die vollen Bürgerrechte von den griechischen Stadtstaaten ebenfalls versagt wurden. Wie die Handwerker in der Tradition der griechischen Antike eingeschätzt wurden, kann man noch heute am Sprachgebrauch ablesen: Der »Banause«, als Schimpfwort für einen kleinlich denkenden, nur auf das Nützliche bedachten Menschen verwendet, ist der Wortbedeutung nach nichts anderes als der Handwerker. So notiert denn auch in der ersten Hälfte des 4. Jahrhunderts vor unserer Zeitrechnung der griechische Schriftsteller Xenophon: »Was man mechanische Künste nennt, trägt ein gesellschaftliches Brandmal und wird in unseren Städten gänzlich mißachtet.« Platon und Aristoteles billigen zwar der »techne« einen gewissen Rang zu, soweit sie mit theoretischer Einsicht gepaart ist, doch fällt ihr Urteil über die Alltagsroutine der Handwerkstätigkeit keineswegs günstiger aus. »Die Handwerker«, schreibt Aristoteles, »sehen wir wie gewisse unbeseelte Objekte an, die zwar Dinge ausführen, aber ohne zu wissen, was sie tun.« Und noch im ersten Jahrhundert nach Christus schreibt der griechische Schriftsteller Plutarch über Archimedes, den berühmten Naturforscher und Erfinder des dritten vorchristlichen Jahrhunderts: »Archimedes hatte bei seinem Reichtum an Erfindungen einen so erhabenen Geist und eine so hohe Gesinnung, daß er von diesen Künsten, die ihm den Ruhm eines übermenschlichen und göttlichen Verstandes erwarben, nichts Schriftliches hinterlassen wollte. Er hielt die praktische Mechanik und überhaupt jede Kunst, die man der Notwendigkeit wegen triebe, für niedrig und handwerksmäßig. Sein Ehrgeiz ging nur auf solche Wissenschaften, in denen das Gute und Schöne einen inneren Wert für sich selbst hat, ohne der Notwendigkeit zu dienen.«[1]

Was man vor zweitausend Jahren über Sklaven und Handwerker, die damaligen Träger der Güterproduktion, gedacht hat, wäre heute sicherlich nicht besonders interessant, wenn nicht die griechische Tradition von der deutschen Klassik um 1800 zu neuem Leben erweckt worden wäre. Mehr noch: in Form des Neuhumanismus wurde sie zum Leitbild der sogenannten höheren Bildung. Es mag dahingestellt bleiben, ob Wilhelm von Humboldt, der solche pädagogischen Vorstellungen in die Tat umsetzte, selber die erwähnten Einseitigkeiten mitgetragen hat. In der Folgezeit jedenfalls setzte sich die Technikfremdheit und Technikfeindlichkeit in der gymnasialen Bildung weithin durch und erreichte dadurch fast alle, die in Geisteswissenschaft und Literatur, in Politik und Verwaltung, vor allem aber auch in der Publizistik und im Erziehungswesen als Meinungsführer wirksam wurden.

Aus der Fülle von Belegen seien hier nur ganz wenige herausgegriffen. So stellte der Philosoph Max Scheler zu Beginn dieses Jahrhunderts eine Werterangordnung auf, in der die Werte des Nützlichen, also Technik und Wirtschaft, den niedrigsten Rang einnehmen. Ein anderer Philosoph namens Richard Kroner veröffentlichte ein Buch mit dem Titel »Die Selbstverwirklichung des Geistes«, in dem er die Kultur mit einem Haus verglich und der Wirtschaft und Technik das Kellergeschoß zuwies.[2] Noch 1971 führt ein Wörterbuch der Pädagogik unter den Bildungsgütern wohl »Sprache, dichterische, künstlerische, wissenschaftliche, religiöse Werke, geschichtliche Denkmäler, Volkstümer und so fort« auf, erwähnt jedoch die technischen Werke mit keinem Wort.[3] Und während fast jede Tageszeitung im sogenannten Feuilleton den Betrieb der Sinnproduktion regelmäßig darstellt und kommentiert, vermißt man bei knapp der Hälfte aller bundesdeutschen Zeitungen eine eigene Rubrik für die Technik.

In einem solchen kulturellen Klima sind Philosophen, Geistes- und Sozialwissenschaftler verständlicherweise nur selten auf den Gedanken gekommen, sich überhaupt mit der Technik auseinanderzusetzen. Und wenn sie es taten, dann blieben sie nur allzuoft in den überlieferten antitechnischen Vorurteilen befangen, zumal sie auf keinerlei technologische Allgemeinbildung zurückgreifen konnten. So zeigen die bekannteren deutschsprachigen Philosophen unseres Jahrhunderts in den wenigen Texten, in denen sie sich überhaupt damit beschäftigt haben, ein sehr gebrochenes Verhältnis zur Technik; das gilt gleichermaßen für Heidegger und Jaspers, für Horkheimer und Adorno, für Herbert Marcuse und Ernst Bloch. Die größere Breitenwirkung freilich hatten kulturpessimistische Schriftsteller wie Oswald Spengler und Friedrich Georg Jünger, die mit ihren Anklagen gegen die Technik eine Leserschaft erreichten, die nach Hunderttausenden zu zählen ist. Diese antitechnische Kulturkritik blieb bis zum Ende der fünfziger Jahre lebendig. Wer also heute in der Mitte des Lebens steht, hat deren Ausstrahlungen während seiner Gymnasialzeit mit hoher Wahrscheinlichkeit noch erlebt. So ist es ganz und gar nicht abwegig, die antitechnische Kulturkritik der Vergangenheit mit der aktuellen Technikkritik in Verbindung zu bringen. Im Gegenteil wäre es höchst unwahrscheinlich, daß jene Traditionen ihren Einfluß binnen so kurzer Zeit völlig verloren haben sollten. Vollends zur Gewißheit wird diese Vermutung, wenn man sich die Übereinstimmung in den Inhalten vor Augen führt. Das möchte ich auf den folgenden Seiten versuchen.

Auflehnung gegen die Götter

Ein sehr alter Vorwurf gegen die Technik lautet, sie lehne sich gegen die gottgewollte und naturgemäße Ordnung auf. Dieses Motiv findet sich bereits in der griechischen Sagenwelt. Prometheus, an der Erschaffung der Menschen beteiligt und Schöpfer der menschlichen Technik, tritt als Anwalt der Menschen gegen die Opferansprüche des Zeus auf. Er überlistet den Zeus bei der Verteilung der Opfergabe und raubt später mit einem Kunstgriff vom Himmel das Feuer, das Zeus nach jenem Betrug den Menschen vorenthalten wollte. Die Anmaßung des Technikers wird grausam bestraft: Zeus schickt den Menschen Krankheit und Plage auf die Erde, und Prometheus wird für Jahrhunderte an einen Felsen geschmiedet, an dem er ständige Qualen erdulden muß.

Auch Hephäst, der Gott der Schmiede und Handwerker, erscheint in der Sage in höchst zweifelhaftem Licht. Hinkend von Geburt an, wird er zweimal vom Olymp gestoßen. Während er beim ersten Fall noch vom Ozean aufgefangen wird, bricht er sich beim zweiten Fall beide Beine und muß nun mit Hilfe selbstgefertigter Krücken laufen. Körperliche Unvollkommenheit, man erinnert sich, galt den Griechen als Persönlichkeitsfehler, und so muß man auch in dieser Figur ein Symbol für die Fluchbeladenheit der Technik sehen.

»Es ist offenbar, daß die Götter den Homo faber nicht lieben«, folgert Friedrich Georg Jünger, der diese Sagen genüßlich zitiert, um die »Anmaßung« und das »exzentrische Machtstreben« der Techniker zu illustrieren. »Die Kraft des Prometheus«, schreibt er, »besteht im Aufruhr, in der Empörung, in dem Bestreben, den Zeus von seinem goldenen Thronsessel herabzuwerfen, die Welt zu entgöttern, sich selbst zu ihrem Herren zu machen.« Und mit Bezug auf Hephäst und seine einäugigen Helfer fügt Jünger hinzu: »Der Techniker ist auch in seinem geistigen Wissen ein Hinkender. Er ist einäugig wie alle Kyklopen.«[4]

Das Verhältnis zwischen Technik und Christentum ist sicherlich zu vielschichtig, als daß ich es hier in wenigen Zeilen angemessen behandeln könnte. Immerhin hielten es viele Naturforscher und Erfinder der beginnenden Neuzeit für nötig, ausdrücklich den Einklang ihrer Arbeit mit der göttlichen Schöpfungsabsicht zu betonen, um sich vor kirchlicher Unterdrückung und Verfolgung zu schützen. Noch 1931 schreibt Oswald Spengler in seinem Buch »Der Mensch und die Technik«: »Selbst eine Welt erbauen, selbst Gott sein – das war der faustische Erfindertraum, aus dem von da an alle Entwürfe von Maschinen hervorgingen, die sich dem unerreichbaren Ziel des Perpetuum mobile so sehr als möglich näherten. ... Wer nicht selbst von diesem Willen zur Allmacht über die Natur besessen war, mußte das als teuflisch empfinden, und man hat die Maschine stets als die Erfindung des Teufels empfunden und gefürchtet.«[5] Zur gleichen Zeit bemühte sich der spätere evangelische Bischof Hanns Lilje in seinem Buch »Das technische Zeitalter« zwar um ein differenzierteres Urteil über die Technik, sieht sie aber jedenfalls doch als doppeldeutig und glaubt eine »eigenartige Dämonie der Technik« erkennen zu können, die als menschliche »Erbschuld« erscheint. Ähnlich gespalten ist die Einstellung katholischer Theologen, die in dem 1964 erschienenen Sammelband »Wissen und Gewissen in der Technik« zum Ausdruck kommt. Zwar könne die Technik für den gläubigen Menschen zur natürlichen Erfüllung des Schöpfungsauftrages werden, zum anderen aber sei sie »tiefster Verrat daran, da sie als Verwirklichung selbstherrlichen Dünkens und Handelns nicht nur die Unterordnung unter Gott aufgekündigt, sondern auch dem Menschen seinen Auftrag, Mensch zu werden bzw. zu sein verfehlen läßt«.[6] Noch deutlicher läßt sich 1952 beim Darmstädter Gespräch ein Pfarrer namens Gestrich vernehmen: er liest aus der Bibel heraus, »daß die Technik kainitischen Ursprungs ist«, also jener »Unheilslinie« zugehört, die auf den Brudermörder Kain zurückgeht.[7]

Die Dämonisierung der Technik liegt bei solchen religiösen Deutungen sehr nahe. Wenn sich die Technik gegen den Schöpfer auflehnt, dann muß die Macht des Bösen dahinterstehen, und es sind finstere, außermenschliche Kräfte, die das Heil der Menschheit bedrohen. Dies ist der tiefere Sinn, wenn vom »Fluch der Technik« gesprochen wird. Vor allem in den ersten Jahren nach dem Zweiten Weltkrieg ist die Dämonie der Technik ein beherrschendes Thema; Buchtitel wie »Das Übel in der Welt«, »Fluch und Segen der Technik«, »Vom Aufstand der technischen Sklaven« oder »Technik, Macht und Tod« legen ein beredtes Zeugnis davon ab.[8] Ausdrücklich heißt es in dem letztgenannten Buch, verfaßt von einem gewissen Robert Dvorak: »Die Technik ist die eigentliche Form, in der und durch die das Dämonische die Zeit beherrscht.«[9] Wenn auch solch krasse Äußerungen heute nicht mehr zu finden sein dürften, so ist doch das Gleichnis vom Zauberlehrling, der die herbeigerufenen dämonischen Geister nicht mehr zu beherrschen vermag, bei Technikdebatten immer noch in aller Munde.

Vergewaltigung und Ausbeutung der Natur

Inzwischen ist die Verweltlichung unserer Gesellschaft so weit fortgeschritten, daß ausdrücklich theologische Argumente gegen die Technik kaum noch ins Feld geführt werden. Ein zweiter Vorwurf gegenüber der Technik jedoch lautet, sie vergewaltige die Natur. Und bei genauerem Hinsehen stellt man fest, daß auch hinter diesem Vorwurf häufig religiöse Motive zu finden sind. Indem man die Natur – was immer das im einzelnen sei – als unantastbaren Bestand bewahrt sehen möchte, betrachtet man sie im Grunde doch als etwas Heiliges, das durch menschliche Technik nicht berührt werden sollte. Solche Naturfrömmigkeit muß nicht unbedingt auf den Schöpfungsgedanken zurückgreifen, um doch sozusagen religiöse Absolutheitsansprüche aufzustellen. Die Verherrlichung der Natur reicht im neuzeitlichen Denken mindestens bis Jean-Jacques Rousseau zurück, der sie bekanntlich mit dem schlechthin Guten gleichsetzte. Alle menschliche Kultur, und die Kultur der Güterproduktion allemal, bedeutet Abkehr und Entfernung von der Natur und mithin den zivilisatorischen Sündenfall, den Verlust des Paradieses. Die Vorstellung vom sozusagen heiligen Naturzustand beherrschte dann vor allem das Denken der Romantik und trat seit Beginn unseres Jahrhunderts mit der ersten Jugendbewegung erneut auf den Plan. Inzwischen haben Teile der sogenannten ökologischen Bewegung – gewissermaßen als neue Jugendbewegung – dieses Erbe angetreten. Sie haben zwar »Naturfrömmigkeit« durch »ökologisches Bewußtsein« ersetzt, aber im Kern kann man die gleiche religiöse Verklärung der Natur erkennen, die auch den früheren Naturanbetern eigen war.

Es ist dies eine Geistesströmung, aus der sich die Kulturkritik historisch geradezu definiert. Gewiß ist das Verhältnis der Technik zur Natur problematisch; in den folgenden Kapiteln werde ich noch ausführlich darauf zu sprechen kommen. Die romantisierende Vergötterung der Natur jedoch, die aller Kulturkritik zugrunde liegt, hat immer wieder den Gegensatz der Technik zur Natur als Naturfeindlichkeit verstanden und dementsprechend die ökologischen Auswirkungen der Technik in schärfstem Licht gesehen. »Alles Organische«, schreibt Oswald Spengler, »erliegt der um sich greifenden Organisation. Eine künstliche Welt durchsetzt und vergiftet die natürliche.«[10] Und Friedrich Georg Jünger findet für die Gewaltsamkeit der Technik gegenüber der Natur so eindrucksvolle Worte, daß es sich lohnt, ihn etwas ausführlicher zu zitieren: »Ohne die Nötigung mechanischer Naturkräfte läßt sich keine Maschine denken. Genötigt werden die Naturkräfte zu Wirkungen, und diese Wirkungen werden durch ein Prinzip erreicht, in dem sich Zwang und List verbinden. ... Die Nutzwiderstände, die sich der geforderten Arbeitsleistung widersetzen, ... sind, wie der ganze Bau der Maschine, der Ausdruck des gewaltsamen Verfahrens und der Widerwilligkeit, welche die Naturkräfte in dem zusammengekoppelten Werk, das sie einfängt, zu erkennen geben. ... Eingeschlossen in das eiserne Zuchthaus der Konstruktionen beginnen die Naturkräfte sich wirksamer zu widersetzen und müssen ohne Unterlaß bewacht, kontrolliert, in ihrer Sklaverei erhalten werden.«[11] »Die elementare Natur wird durch das mechanische Werk gebändigt, sie wird gewaltsam zusammengepreßt und überwunden, sie wird auf eine künstliche Weise ausgenutzt.«[12] »Es ist ein beständiger, stets wachsender, immer gewaltiger werdender Verzehr, der hier stattfindet. Es ist ein Raubbau, wie ihn die Erde noch nicht gesehen hat. Der rücksichtslose, immer gesteigerte Raubbau ist das Kennzeichen unserer Technik.«[13]

Man könnte gewiß eine Fülle weiterer Belege für diese Auffassung beibringen; hier will ich nur noch eine Stelle aus Ernst Blochs »Prinzip Hoffnung« anführen, um zu zeigen, daß Auffassungen der konservativen Kulturkritik auch bei Denkern mit ganz anderer Grundposition zu finden sind. Freilich – und hier ist der bemerkenswerte Unterschied – lastet Bloch nicht der Technik schlechthin, sondern der Profitwirtschaft »jene Gewaltsamkeit« an, »welche aus der Natur, gleich einer gezähmten, bewachten Kolonie, nur unter der Bedingung der Herrschaft Wohltat zieht. Der kapitalistische Begriff der Technik ... zeigt dergestalt mehr von Domination als von Befreundung, mehr von Sklavenaufseher und ostindischer Kompanie als vom Busen eines Freunds.«[14]

Ich muß noch einmal betonen, daß in derartigen Äußerungen

keineswegs nur ein wohlverstandener Naturschutz als Mittel zum Zweck besserer Lebensqualität zur Debatte steht. Vielmehr wird die Natur als etwas Heiliges, als etwas Beseeltes, als partnerschaftliches Subjekt betrachtet, das um seiner selbst willen vor technischen Zugriffen zu bewahren ist. Genau dies fordern auch heute wieder gewisse Theoretiker der ökologischen Bewegung. Robert Spaemann etwa lehnt jede Güterabwägung zwischen technisch-wirtschaftlichen Interessen der Menschen und der Erhaltung natürlicher Arten ab; die Erhaltung einer möglichst großen Artenvielfalt in der Natur genieße absoluten Vorrang. Diese Forderung wird übrigens ausdrücklich mit dem Schöpfungscharakter der Natur begründet.[15] Und auch Klaus Meyer-Abich ist der Ansicht, wir könnten nur dadurch »Frieden mit der Natur« machen, daß wir zu einer neuen »Naturfrömmigkeit« fänden.[16] Der weltanschauliche Hintergrund ist also heute wie früher letztlich der gleiche. Von »Vergewaltigung der Natur« kann nur der sinnvoll sprechen, der in der Natur oder hinter der Natur eine übermenschliche Wesenheit sieht, die ihren eigenen Willen hat und den Respekt der Menschen erheischt.

Indem der Mensch die Natur vergewaltigt und die »Seele der Natur« mißachtet, verhält er sich nicht mehr als Teil der Natur, sondern wie ein fremder Eindringling. So schreitet der Mensch »fort in wachsender Entfremdung gegenüber der ganzen Natur. ... Künstlich, widernatürlich ist jedes menschliche Werk vom Anzünden des Feuers bis zu den Leistungen, die wir in hohen Kulturen als eigentlich künstlerisch bezeichnen. ... Der schöpferische Mensch ist aus dem Verbande der Natur herausgetreten und mit jeder neuen Schöpfung entfernt er sich weiter und feindseliger von ihr. Das ist seine ›Weltgeschichte‹, die Geschichte einer unaufhaltsam fortschreitenden, verhängnisvollen Entzweiung zwischen Menschenwelt und Weltall, die Geschichte eines Empörers, der dem Schoß seiner Mutter entwachsen die Hand gegen sie hebt.«[17]

Entfremdung der Arbeit

Wie hier Oswald Spengler der Technik die Entfremdung des Menschen von der Natur vorwirft, so taucht die Idee der Entfremdung in der technikkritischen Literatur immer wieder auf. Seit Hegel diesen Begriff zur Deutung der menschlichen Arbeit eingeführt und seit Marx ihn auf die besonderen Arbeitsbedingungen der kapitalistischen Produktion angewandt hat, sind die verschiedenartigsten Vorstellungen daran geknüpft worden. Allen gemeinsam ist die Idee, daß zwischen dem Menschen und seiner Umwelt ein Verhältnis der Zusammengehörigkeit und Vertrautheit ursprünglich bestanden oder doch letztlich zu bestehen habe, das jetzt durch menschliche Hervorbringungen gestört werde. Durchgängig wird Entfremdung negativ bewertet. Was sie freilich im einzelnen jeweils bedeutet, hängt davon ab, wie man sich den Idealzustand der Vertrautheit und Zusammengehörigkeit vorstellt. Darüber aber wird selten etwas Genaues gesagt.

Am klarsten ist wohl noch der Entfremdungsbegriff bei Karl Marx. Für Marx besteht die Entfremdung darin, daß der Mensch in der arbeitsteiligen Industrieproduktion (a) mit Maschinen und Geräten umgeht, die ihm fremd bleiben, weil sie ihm nicht gehören und nicht von ihm geschaffen worden sind, und (b) technische Gegenstände erzeugt, die er weder selbst entworfen hat noch für eigenen Bedarf benötigt. Entfremdung ergibt sich demnach aus dem Privateigentum an Produktionsmitteln und aus der gesellschaftlichen Arbeitsteilung. Während orthodoxe Marxisten glauben, mit der Abschaffung des Privateigentums auch die Entfremdung zu beseitigen, halten andere Gesellschaftskritiker vor allem die Aufhebung der Arbeitsteilung für erforderlich. Schon Karl Marx und Friedrich Engels hatten in der »Deutschen Ideologie« das Ideal einer »kommunistischen Gesellschaft« ausgemalt, »wo jeder nicht einen ausschließlichen Kreis der Tätigkeit hat, sondern sich in jedem beliebigen Zweige ausbilden kann, die Gesellschaft die allgemeine Produktion regelt und mir eben dadurch möglich macht, heute dies, morgen jenes zu tun, morgens zu jagen, nachmittags zu fischen, abends Viehzucht zu treiben, nach dem Essen zu kritisieren, wie ich gerade Lust habe, ohne je Jäger, Fischer, Hirt oder Kritiker zu werden«.[18] Und heute schreibt Ivan Illich, der nun keineswegs als Marxist gelten kann: »Den Menschen ist die Fähigkeit angeboren, zu heilen, zu trösten, sich fortzubewegen, Wissen zu erwerben, ihre Häuser zu bauen und ihre Toten zu bestatten. Jeder dieser Fähigkeiten steht ein Bedürfnis gegenüber. Die Mittel zur Befriedigung dieser Bedürfnisse sind nicht knapp, solange die Menschen von dem abhängig bleiben, was sie, bei marginalem Rückgriff auf Fachleute, selbst machen und für sich selber machen können.«[19]

Hier wird in der Tat ein Ideal beschrieben, mit dem sich die arbeitsteilige Technik der Gegenwart nicht messen kann. Wenn man also mit Entfremdung eine Situation bezeichnet, in der die Menschen jene persönliche Allseitigkeit und Selbstgenügsamkeit nicht erfüllen, so leben die meisten heute wirklich in diesem Zustand; und die Technik ist gewiß nicht unschuldig daran, da sie mit Arbeitsteilung und Spezialisierung in engstem Zusammenhang steht. Freilich werden wir zu prüfen haben, ob der Bezugspunkt dieser Kritik auch realistisch ist, mit anderen Worten, ob die Vorstellung von der allseitig entwickelten und selbstgenügsamen Persönlichkeit jemals Wirklichkeit werden kann. Die pauschale Technikkritik gibt sich jedoch wenig Mühe, den jeweiligen Vergleichsmaßstab für ihre Verurteilungen deutlich zu machen. Offensichtlich wird vergessen, daß die Menschen – und sicherlich nicht zu Unrecht – schon immer über die Fron der Arbeit bittere Klage geführt haben. Das beginnt mit der alttestamentarischen Urteilsverkündung bei der Vertreibung der ersten Menschen aus dem Paradies: »Verflucht sei der Acker um deinetwillen, mit Kummer sollst du dich darauf nähren dein Leben lang. Dornen und Disteln soll er dir tragen... Im Schweiß deines Angesichts sollst du dein Brot essen.«[20] So ist die Arbeit durch die Jahrtausende als Gottesstrafe für den menschlichen Sündenfall verstanden worden, und tatsächlich war sie durchweg Zwangsarbeit zur Abwendung menschlicher Not.

Schon im 18. Jahrhundert, Jahrzehnte vor dem Einsetzen der industriellen Revolution, übertrug Jean Jacques Rousseau diese Klage auf die technische Arbeit. In einer Anmerkung zu seiner »Abhandlung über den Ursprung und die Grundlagen der Ungleichheit unter den Menschen« lastete er dem zivilisatorischen Fortschritt »die Menge der ungesunden Handwerke« an, »die entweder die Tage der Arbeiter verkürzen oder ihre Gesundheit verderben«, insbesondere »auch jene gefährlichen Berufe, die täglich eine Menge Handwerksleute das Leben kosten, ich meine die Dachdecker, die Zimmerleute, Maurer und Steinmetzen«. Folgerichtig zählt Rousseau die mechanischen Künste, also bereits die handwerkliche Technik, zu den »unnützen Dingen«, die ins »Verderben« führen.[21]

Die Industrialisierung im 19. Jahrhundert gab dann verstärkten – und gewiß berechtigten! – Anlaß, die Arbeitsbedingungen der breiten Massen zu beklagen. Schilderungen des Arbeitslebens in der Zeit der Frühindustrialisierung, wie wir sie von Robert Owen, Friedrich Engels und Karl Marx besitzen, lesen sich heute in der Tat wie Schauermärchen. Es scheint, als ob die menschlichen Arbeitsbedingungen, nach der Sklavenarbeit im Altertum, in dieser Zeit einen neuen Tiefpunkt erreicht hätten. Freilich besaß aber gerade Karl Marx auch den Scharfsinn, dieses Elend nicht der Technik selbst anzulasten, sondern der Art und Weise, wie sie sozioökonomisch verwendet wurde.

Die pauschale Technikkritik unseres Jahrhunderts hat jedoch diese Unterscheidung bis in die Gegenwart hinein nicht wahrhaben wollen und wirft ungeniert der Technik vor, was in Wirklichkeit der wirtschaftlichen Organisation der Arbeit zuzuschreiben ist. So behauptete Friedrich Georg Jünger ausdrücklich eine zwangsläufige »Entsprechung zwischen mechanischer Apparatur und Organisation der Arbeit des Menschen«.[22] »Was er« (der Arbeiter) »ablehnte, war nicht die Ausbeutung, welche die Technik trieb, es war der Ausbeuter, der die Produktionsmittel in der Hand hatte... Sein Glaube war, daß alles sich ändern müsse, wenn die Apparatur auf ihn selbst übertragen würde. ... Was der Arbeiter nicht erkannte, war, daß die Methoden sich nicht änderten. Sie sind nicht auf eine bestimmte Schicht von Kapitalisten, Erfindern, Ingenieuren zugeschnitten, sondern lassen sich von diesen ohne Mühe ablösen, weil die Methoden dem technischen Denken eigentümlich sind. ... Auch dann, wenn er Herr der Maschine geworden ist, wird die Gebrochenheit seines Denkens fortbestehen. Festgeschmiedet an die starren und mächtigen Prothesen, die das Instrument seiner Arbeit sind, wird er überall auf sie angewiesen sein. Wenn wir die Gebrochenheit seines Denkens bis in ihre letzten Voraussetzungen untersuchen, in ihrer Verbindung mit existentieller Armut, Eigentumslosigkeit, Schutzbedürftigkeit, Sicherungsbedürftigkeit, dann zeigt sich, daß sie dem Umgang mit der Maschine entstammt. ... Die Technik muß als das riesenhafte Tretrad erkannt werden, in dem der Mensch sich fruchtlos abmüht, in einem Arbeitsgange, der um so sinnloser wird, je mehr er zweckmäßig, umfassend, allgemein wird.«[23] In diesem ausführlichen Zitat sagt also Jünger mit aller Deutlichkeit, daß es ausschließlich an der Technik liegt, wenn menschliche Arbeit nicht sinnerfüllt ist.

In ganz dem gleichen Sinn äußert sich auch Ivan Illich: »Die Frage, wie eine dem Interesse der Allgemeinheit entsprechende

Ausübung der Kontrolle zu organisieren sei, ist sekundär: Sie wird erst lösbar für eine Gesellschaft, die strukturell entfremdende Werkzeuge bewußt beschränkt. Gewisse Werkzeuge sind immer zerstörerisch, ganz gleich wer sie kontrolliert, die Mafia, die Kapitalisten, ein multinationaler Konzern, der Staat oder sogar ein Arbeiterkollektiv.«[24] Und Otto Ullrich schreibt in seinem Buch »Technik und Herrschaft« trotz mancher abwägenden Nuancen schließlich doch auch: »Mir kommt es darauf an, zu zeigen, wie in einer kapitalistischen Gesellschaft die wissenschaftliche Technik durch ihre eigene Entwicklungsgeschichte und Logik und durch die strukturelle Affinität zum Kapital ein widersinniges Produktions- und Herrschaftsverhältnis *auch von sich aus* ermöglicht, unterstützt und stabilisiert.«[25]

Entwurzelung des Menschen

Wie die Technik der menschlichen Arbeit ihren Sinn nimmt, so soll sie auch die Bindungen der Menschen an ihren angestammten Ursprung zerstören. Schon Rousseau hatte die Landflucht der Menschen beklagt, die sich in den Städten den technischen Gewerben zuwandten. Oswald Spengler charakterisiert »die steinerne Stadt als das Gehäuse des ganz künstlichen, von der mütterlichen Erde getrennten, vollkommen gegennatürlich gewordenen Lebens, die Stadt des wurzellosen Denkens, welche die Ströme des Lebens vom Lande an sich zieht und verbraucht«.[26] Gewiß ist es eine Tatsache, daß die technische Entwicklung zur Konzentration der Bevölkerungen in Ballungszentren geführt hat. Bemerkenswert jedoch ist das einseitige Urteil der pauschalen Technikkritik über die Verstädterung, die immer auch gleich als Vermassung verstanden wird. »Masse gibt es und hat es zu allen Zeiten nur in den großen Städten gegeben«, sagt Friedrich Georg Jünger, und er erklärt, »daß technischer Fortschritt und Massenbildung Hand in Hand gehen und einander bedingen ... Technischer Fortschritt und Massenbildung sind gleichzeitig, sie stehen in der engsten Zuordnung zueinander.«[27] Und auch Karl Jaspers schreibt 1931 in seinem Buch »Die geistige Situation der Zeit«: »Technik und Masse haben einander hervorgebracht. Technische Daseinsordnung und Masse gehören zusammen.«[28]

Sinnentleerung, Verstädterung und Vermassung aber bedeuten Entwurzelung des Menschen. In seinem 1955 erschienenen Buch »Vom Ursprung und Ziel der Geschichte« faßt Jaspers diesen Gedankengang so prägnant zusammen, daß ich ihn ausführlich zitieren möchte. Der Mensch »als Maschinenteil ... wird entwurzelt, verliert Boden und Heimat, um an einen Platz an der Maschine gestellt zu werden, wobei selbst Haus und Landstück, die ihm zugewiesen werden, wie Maschinentypen sind, schnell vergehend, auswechselbar... Die Erdoberfläche wird zusehends eine Maschinenlandschaft. Das Leben des Menschen gewinnt einen ungemein verengten Horizont in bezug auf Vergangenheit und Zukunft, er verliert die Überlieferung und das Suchen nach dem Endziel, er lebt nur in der Gegenwart... Die Arbeit wird bloße Anstrengung, in Anpassung und Hast, der Kraftleistung folgt die Erschöpfung, beides unbesinnlich. In der Ermüdung bleiben nichts als Triebhaftigkeiten, Bedürfnis nach Genuß und Sensation.«[29] Und wieder variiert, zwanzig Jahre später, Ivan Illich das gleiche Thema mit ähnlichen Worten: »Die Natur ist denaturiert, der Mensch, entwurzelt und in seiner Kreativität kastriert, ist in seiner individuellen Kapsel eingeschlossen. ... Das Bestreben, Verhaltensmuster und Waren dauernd zu erneuern, läuft auf eine Beschleunigung des Wandels hinaus, welche den Rückgriff auf das Vorhergegangene als Richtschnur des Handelns ausschließt.«[30] Auch im Vorwurf der Entwurzelung sind sich also traditionelle Kulturkritik und neue Technikkritik einig.

Herrschaft der Technik

Eines der häufigsten Themen in der pauschalen Technikkritik ist der Gedanke, die Technik mache den Menschen, statt ihm zu dienen, zu ihrem Sklaven. In den verschiedensten Versionen wird die Vorstellung entwickelt, die Technik sei zu einer allumfassenden Macht geworden, die den Menschen ihrer totalen Herrschaft unterwerfe. So schreibt Oswald Spengler: »Die Schöpfung erhebt sich gegen den Schöpfer: wie einst der Mikrokosmos Mensch gegen die Natur, so empört sich jetzt der Mikrokosmos Maschine gegen den nordischen Menschen. Der Herr der Welt wird zum Sklaven der Maschine. Sie zwingt ihn, uns, und zwar alle ohne Ausnahme, ob wir es wissen und wollen oder nicht, in die

Richtung ihrer Bahn. Der gestürzte Sieger wird von dem rasenden Gespann zu Tode geschleift.«[31]

Auch Friedrich Georg Jünger beklagt, »daß die fortschreitende Technik ... den Bezirk der individuellen Freiheit« einschränkt. »Die Technik hegt keine Abneigung gegen das Individuum, wenn es sich nur der technischen Organisation bedingungslos unterwirft.« Aber der Mensch wird auch dadurch »dem weitreichenden mechanischen Zwange unterworfen«, daß »mit jedem Akte der Technisierung ... die Technik ihren kausalen Mechanismus in den Staat hinein« schiebt; »jeder Zuwachs der Technik bedeutet eine Vermehrung der mechanischen Determinationen, die das Wesen des Staates von Grund auf verändern, und den Automatismus in ihm ausbreiten, dem alles Maschinenwesen zustrebt, damit aber der Erstarrung, die eins ist mit beschleunigter, vermehrter mechanischer Bewegung. ... Wo immer der Staat diesem Zwange erliegt, dort triumphiert die Technik über ihn, dort setzt sie anstelle der staatlichen Organisation die technische.«[32]

Unschwer erkennt man in Jüngers Formulierungen bereits das Modell des technischen Staates vorgeprägt, mit dem dann Helmut Schelsky zwei Jahrzehnte später die sogenannte Technokratie-Debatte auslösen sollte. Hatte man unter Technokratie ursprünglich die politische Herrschaft technischer Fachleute verstanden, so hat sich der Begriff vor allem im Anschluß an Schelsky weitgehend von persönlicher Herrschaftsausübung abgelöst und meint nun die Herrschaft der Technik selbst. Schelsky betont zwar die Ungenauigkeit dieser Redeweise, weil die Technik »ja kein in sich ruhendes, dem Menschen gegenüber stehendes absolutes Sein« bedeutet.[33] Dessenungeachtet behauptet er: »Der Mensch ist den Zwängen unterworfen, die er selbst als seine Welt und sein Wesen produziert«, »und zwar in der Art, daß dem Menschen eine Sachgesetzlichkeit, die er selbst in die Welt gesetzt hat, nun als soziale, als seelische Forderung entgegentritt, die ihrerseits gar keine andere Lösung zuläßt als eine technische.«[34] Das führt den Verfasser zu seiner Kernthese: »Wir behaupten nun, daß durch die Konstruktion der wissenschaftlich-technischen Zivilisation ein neues Grundverhältnis von Mensch zu Mensch geschaffen wird, in welchem das Herrschaftsverhältnis seine alte persönliche Beziehung der Macht von Personen über Personen verliert, an die Stelle der politischen Normen und Gesetze aber Sachgesetzlichkeiten der wissenschaftlich-technischen Zivilisation treten, die nicht als politische Entscheidungen setzbar und als Gesinnungs- oder Weltanschauungsnormen nicht verstehbar sind.«[35] Damit widerspricht er auch ausdrücklich der verbreiteten Vorstellung, die Macht sei nun auf die Techniker übergegangen; denn diese Techniker »herrschen ja gar nicht, sondern sie führen nur aus, ... was sich im Widerspiel von Apparaturgesetzlichkeit und jeweiliger Lage als Sachnotwendigkeit ergibt«.[36] So sind die Menschen unausweichlich dem »Sachzwang der technischen Mittel« unterworfen, und wir müssen »den Gedanken fallen lassen, als folge diese wissenschaftlich-technische Selbstschöpfung des Menschen und seiner neuen Welt einem ›universalen Arbeitsplan‹..., den zu manipulieren oder auch nur zu überdenken in unserer Macht stünde«.[37] Ganz offensichtlich gewinnt hier in der nüchternen Sprache des Sozialphilosophen die Geschichte vom Zauberlehrling neues Leben: Die Mächte, die der Mensch selbst gerufen hat, wachsen ihm nun über den Kopf, verselbständigen sich und zwingen dem Menschen ihre eigene Gesetzlichkeit auf.

Immerhin hat die Technokratie-Diskussion, die im Anschluß an Schelsky geführt wurde, eine ganze Reihe von wichtigen Klarstellungen und Unterscheidungen erbracht.[38] Davon freilich scheinen die jüngsten Vertreter der pauschalen Technikkritik nichts wissen zu wollen. Unbekümmert behauptet Ivan Illich, der Industrialismus beschere dem Menschen das verkehrte Bedürfnis, »Befriedigung in der Unterwerfung unter die Logik des Werkzeugs zu finden«. Es ist für ihn »offenbar, daß das ... Werkzeug den Menschen zu seinem Sklaven macht«.[39] In immer neuen Wendungen beschreibt er den Menschen als »Anhängsel der Mega-Maschine«, als »Rädchen im Getriebe«, als vom »Werkzeug... beherrscht«, als »Zauberlehrling«, der »durch die Omnipotenz des Werkzeugs bedroht« ist.[40]

Kontraproduktivität

In all diesen Abhandlungen über die Technik findet man nur selten ein Wort über deren möglichen Nutzen. Selbst wenn alle genannten Vorwürfe zutreffen sollten, könnte man ja immer noch auf Güterabwägung plädieren. Man könnte sich auf den Standpunkt stellen, daß einige Nachteile wohl in Kauf zu nehmen sind, wenn die Technik andererseits vielfachen Nutzen bringt.

Aber die pauschale Technikkritik kommt diesem Verteidigungsversuch zuvor, indem sie von vornherein das Übergewicht der Nachteile behauptet, mehr noch, indem sie einen möglichen Nutzen der Technik überhaupt nicht gelten läßt.

Auch dieses Muster der Technikbewertung hat eine ansehnliche Tradition. Schon Jean Jacques Rousseau schreibt in der erwähnten zivilisationskritischen Abhandlung: »Betrachtet man auf der einen Seite die unbeschreibliche Arbeit, die die Menschen gehabt haben, so viele Wissenschaften zu ergründen und so viele Künste zu ersinnen, und die Kräfte, die sie haben anwenden müssen, Gräben aufzufüllen, Berge niederzureißen, Steine zu brechen, Flüsse schiffbar zu machen, Land anzubauen, Teiche zu graben, Moraste auszutrocknen, ungeheure Gebäude auf dem trockenen Lande aufzuführen und das Meer mit Schiffen und Bootsleuten zu bedecken, und erwägt man hingegen auf der anderen Seite mit einiger Überlegung, was für wahren Nutzen alles dieses zu der menschlichen Glückseligkeit gehabt hat, so muß man über die gewaltige Ungleichheit des Verhältnisses zwischen diesen beiden Dingen erstaunen...«[41]

Trotz tiefgreifender Unterschiede im Menschenbild kommt dennoch Oswald Spengler fast zwei Jahrhunderte später zum gleichen Urteil über die Technik: »Das Tempo der Erfindungen wächst ins Phantastische und trotzdem, es muß immer wieder gesagt werden, es wird dabei nichts von menschlicher Arbeit gespart. Die Zahl der notwendigen Hände wächst mit der Zahl der Maschinen, weil der technische Luxus jede andere Art von Luxus steigert und weil das künstliche Leben immer künstlicher wird.«[42] Friedrich Georg Jünger wiederholt diesen Gedankengang in immer neuen Wendungen. »Die Maschinenarbeit führt, auf das Ganze gesehen, nicht zu einer Abnahme der Handarbeit, so groß immer die Zahl der Arbeiter wird, die mechanisch beschäftigt werden... Die Last aber, die ihm (dem Handarbeiter) hier abgenommen wird, verschwindet nicht auf den Befehl des technischen Zauberers, sie verlagert sich an jene Stellen, wo Arbeit nicht mechanisch bewältigt wird. Sie vermehrt sich in dem Maße, in dem sich das mechanische Arbeitsquantum vermehrt... Es bedarf keiner komplizierten Berechnungen, um das zu erkennen«; vielmehr ist es offensichtlich, »daß jeder Fortgang in der Mechanisierung eine Vermehrung der manuellen Arbeit zur Folge hat, welche im Dienst der Mechanik steht«.[43] Diese kühne

These wird natürlich besonders den verwundern, der die komplizierten Berechnungen unserer heutigen Wirtschaftsforschungsinstitute kennt; denen aber scheint bislang keine schlüssige Antwort darauf gelungen zu sein, ob die fortschreitende Technisierung nicht doch Arbeitskraft in zunehmendem Maße freisetzt. Und manche gegenwärtigen Technikkritiker werfen, hier ausnahmsweise einmal im Gegensatz zu Jünger, der Technik gerade die Zerstörung von Arbeitsplätzen vor.

Jünger freilich zieht zum Beweis für seine Behauptung sogar den zweiten Hauptsatz der Thermodynamik heran, wonach bei jeder Energiewandlung Verluste an Nutzarbeit auftreten.[44] Offenbar bemerkt Jünger nicht, daß er hier der Vieldeutigkeit des Arbeitsbegriffes erliegt und den physikalischen Arbeitsbegriff mit dem Begriff der menschlichen Arbeit verwechselt. Er scheint übersehen zu haben, daß sich das physikalische Arbeitsvermögen des Menschen auf höchstens 75 Watt beläuft. Aus dem jährlichen Endenergieverbrauch, bezogen auf die Zeiteinheit und auf die arbeitsfähige Bevölkerung, läßt sich jedoch leicht errechnen, daß auf jeden der 40 Millionen arbeitsfähigen Bundesdeutschen ein technisch bereitgestelltes Arbeitsvermögen von 6000 Watt entfällt. Mit anderen Worten: In einem Industrieland wie dem unseren stehen jedem rund 80 technische »Energiesklaven« zu Gebote. Rein physikalisch betrachtet bietet uns also tatsächlich die Technik heute das Achtzigfache der menschlichen Arbeitsleistung.

Natürlich hat sich in diesem Zusammenhang ein nicht unbeträchtlicher Teil der menschlichen Arbeit von der körperlichen auf die geistige Anstrengung verlagert, so daß die physikalische Energiebilanz nur von begrenztem Aussagewert ist. Aber wie jede Wirtschafts- und Beschäftigungsstatistik zeigt, sind auch der materielle Wohlstand und die Freizeit spürbar gewachsen. Friedrich Georg Jünger allerdings ist nicht bereit, diese Auswirkungen der Technik anzuerkennen. Die freie Zeit verschaffe dem Durchschnittsmenschen keine wirkliche Muße, und der materielle Wohlstand sei ohnehin nicht der wahre Reichtum.[45] Die wahre Muße und der wahre Reichtum, zu denen die Technik angeblich nichts beiträgt, erweisen sich freilich bei genauerem Hinsehen als Persönlichkeitswerte einer privilegierten Oberschicht, an denen die breite Masse bis in unser Jahrhundert hinein ohnehin keinen Anteil haben konnte. Die handfesten Verbesserungen der materiellen Lebensbedingungen werden also darum nicht gewürdigt, weil sie für Jüngers aristokratische Wertvorstellungen bedeutungslos erscheinen.

Ivan Illich scheint dagegen eher ein mönchisches Lebensideal zu verfolgen. Doch in der Beurteilung der Technik kommt er zum gleichen Ergebnis und spricht von der »historischen Wasserscheide«, »an der marginale Schadenzuwächse den fallenden Grenznutzen übertreffen«.[46] Mit dieser den Wirtschaftswissenschaften entliehenen Ausdrucksweise will Illich sagen, daß für jeden zusätzlichen Schritt im industriellen Wachstum der jeweilige Nutzen sinkt und der jeweilige Schaden steigt, so daß sich insgesamt eine negative Bilanz ergibt. Er nennt daher solche zusätzlichen Entwicklungsschritte kontraproduktiv, weil sie, seiner Meinung nach, mehr kosten, als sie einbringen. Die Kontraproduktivitätsthese ist heute in aller Munde, obwohl auch Illich keinen strengen Beweis dafür beibringt, sondern sich auf mehr oder minder plausible Beispiele beschränkt. Berühmt geworden ist die Milchmädchenrechnung für das Personenauto: Rechnet man zur eigentlichen Fahrzeit auch all jene Zeiten hinzu, die der Besitzer für Wartung und Pflege benötigt und die er arbeiten muß, um die Kosten des Autos finanzieren zu können, dann braucht er eine Lebensstunde, um eine Fahrstrecke von 6 Kilometern zurücklegen zu können. Die »verallgemeinerte Geschwindigkeit« des Autos liegt also spürbar unter der des Fahrrades. Gewiß mag diese Rechnung manchem Autofahrer zu denken geben, der die wirklichen Kosten seines Fahrzeuges nicht zur Kenntnis nehmen will. Trotzdem nenne ich sie eine Milchmädchenrechnung, weil die Qualität der Fortbewegung – Geschwindigkeit, Komfort etc. – natürlich nicht berücksichtigt ist. Selbstverständlich fehlt auch jeder Nachweis, daß dieses Einzelbeispiel repräsentativ für die gesamte Technik wäre. Und eine nachvollziehbare Gesamtbilanz der Technikfolgen vermag auch Ivan Illich nicht vorzulegen. Die allgemeine Behauptung, der Schaden der Technik sei größer als ihr Nutzen, wird also nirgendwo überzeugend begründet.

Alte und neue Technikkritik

Man sieht: die Vorwürfe der pauschalen Technikkritik sind heute dieselben wie gestern. Besonders deutlich hat sich das beim Vergleich konservativer Kulturkritiker mit Ivan Illich gezeigt.

Sicherlich ist Illich ein besonders extremes Beispiel der aktuellen Technikkritik. Aber nicht viel anders argumentiert E. F. Schumacher[47], und all die anderen heutigen Technikkritiker berufen sich fast ausnahmslos auf diese Autoren, ohne Abschwächungen oder Einschränkungen zu machen. So muß man den Eindruck gewinnen, daß sie Illich und Schumacher wie Päpste anerkennen, selbst wenn sie im Grunde differenziertere Anschauungen zur Technik entwickeln. Wer aber kein distanziertes Verhältnis zu diesen Autoren erkennen läßt, der muß sich den Vorwurf gefallen lassen, die konservative Kulturkritik noch längst nicht überwunden zu haben.

Otto Ullrich zum Beispiel wehrt sich zwar heftig dagegen, die neuere Technikkritik in die »Schublade der Kulturkritik« zu packen, räumt aber andererseits ein, »daß bei den konservativen Autoren Freyer und Schelsky zutreffendere Analysen über die ›Logik der Technik‹ zu finden waren« als in anderen Arbeiten[48], glaubt in den kulturkritischen Thesen von F. G. Jünger »einen rationalen Kern« erkennen zu können[49] und will Ivan Illich keinesfalls als Reaktionär bezeichnet wissen.[50] Und Ullrich selbst spricht der heutigen Technik mit Nachdruck ab, »die Mühseligkeit der menschlichen Existenz zu erleichtern« und die »Produktivkraft der Entfaltung menschlicher Lebenschancen« zu sein.[51] Da sehe ich wirklich keinen Unterschied mehr zur Technikfeindlichkeit der herkömmlichen Kulturkritik.

Aber ich will nicht ungerecht sein. Die neuen Technikkritiker, und auch Otto Ullrich, beschränken sich nicht darauf, die Themen der alten Kulturkritik bewußt oder unbewußt wieder aufzugreifen. Viele von ihnen haben ihren kritischen Blick bei konkreten technopolitischen Auseinandersetzungen gewonnen und dabei manche sehr berechtigten Einwände formuliert. In der Energiepolitik, in der Umweltpolitik und in der technischen Entwicklungshilfe – um nur drei Beispiele zu nennen – hat sich gezeigt, daß es Schelskys einzigen besten Weg in der Technik nicht gibt. Aber selbst der relativ beste Weg ist nicht unbedingt der, den bestimmte herrschende Gruppen zunächst durchsetzen wollen. Von solcher differenzierten Technikkritik sollen, wie angekündigt, spätere Kapitel dieses Buches handeln.

Allerdings haben die meisten dieser Technikkritiker nicht der Versuchung widerstanden, negative Erscheinungen, die bei einer bestimmten Technikanwendung durchaus festzustellen sind, sogleich wieder der Technik schlechthin zum Vorwurf zu machen. So ist es zu jenen plakativen Schlagworten gekommen, mit denen heute zwei verschiedene Arten von Technik gegeneinander ausgespielt werden: die »harte« und die »sanfte Technik«, die »Großtechnik« und die »mittlere Technik«, die »etablierte« und die »alternative Technik«. Während der jeweils erstgenannte Ausdruck für den »Fluch« der gegenwärtigen Technik steht, beschwört der andere Ausdruck des Begriffspaars jeweils die Vision einer ganz anderen, segensreichen und endlich menschenfreundlichen Technik.

Typisch für diese Schwarzweißmalerei ist eine Liste, die den Unterschied zwischen einer künftigen »sanften technischen Gesellschaft« und der gegenwärtigen »harten technischen Gesellschaft« zu verdeutlichen sucht, indem sie zahlreiche Gegensatzpaare zusammenstellt; diese Liste geht auf den Engländer Robin Clarke zurück und wird gegenwärtig in der Technikdebatte allenthalben zitiert.[52] Die »harte« Technik, so liest man, ist zentralistisch, d. h. in großen Produktions- und Organisationseinheiten konzentriert; sie ist kapitalintensiv, erfordert also für Maschinen und Anlagen höheren Aufwand als für menschliche Arbeit; sie ist hochspezialisiert und auf Massenproduktion ausgerichtet; sie zerstört lokale Kultur, ist überwiegend städtisch geprägt und bringt Entfremdung von der Natur mit sich. Die erwünschte »sanfte« Technik dagegen trägt alle jene Merkmale, die auch der traditionellen Kulturkritik als Ideal vorschwebten: dezentrales Wirtschaften, möglichst wenig arbeitsteilige Spezialisierung, handwerkliche Arbeit, dörfliche Lebensform und Naturverbundenheit.[53]

Seit mehr als zweihundert Jahren tauchen also immer wieder die gleichen Vorwürfe gegen die Technik auf. Das muß erklärt werden. Was schon so lange und so oft gesagt wurde, könnte man vermuten, muß doch wohl zutreffen. Gegen diese Vermutung spricht jedoch, daß sich die Ausprägungen der Technik während dieser Zeitspanne außerordentlich gewandelt haben. Das, was kritisiert wird, ist längst nicht mehr das gleiche, doch die Argumente sind dieselben geblieben. Rousseau – ich muß noch einmal daran erinnern – griff mit denselben Gründen die handwerkliche Technik an, mit denen heutige Technikkritiker gegen die industrielle Technik die Rückkehr zur handwerklichen Produktionsweise empfehlen. So drängt sich der Gedanke auf, daß es nicht die schlechte Wirklichkeit ist, sondern ein falsches Denken, das der Kulturkritik immer wieder neue Nahrung gibt.

Ehe ich mich daher dem Hauptthema dieses Buches, der differenzierten Technikkritik zuwende, muß ich im nächsten Kapitel erst die ganze Fragwürdigkeit dieser Kulturkritik bloßlegen. Man muß erst die falschen Klischees beiseite räumen, um dann die wirklichen Probleme zutreffend erfassen zu können.

Zweites Kapitel

Die pauschale Technikbewertung beruht auf schlichten *Denkfehlern* und ideologischen *Vorurteilen.* Man behandelt »die« Technik, als ob sie eine gleichförmige und selbständige Wesenheit wäre, man stilisiert bestimmte Vorzüge oder Fehler einzelner technischer Erscheinungen zum Segen oder Fluch »der« Technik schlechthin, und man überschätzt oder übersieht die selbstverständlich gewordenen Leistungen vieler technischer Errungenschaften. Ideologische Verzerrungen ergeben sich gleicherweise aus unbedachtem Fortschrittsglauben wie aus bewußtem oder unbewußtem Konservatismus. So zeigen sich konservative Vorurteile in der Annahme einer unveränderlichen »Natur des Menschen«, in romantischen Wunschträumen von harmonischen Natur- und Gesellschaftsverhältnissen, in einem asketischen Lebensprinzip und in tiefer Skepsis gegenüber Rationalität und Planung.

Es sind immer noch dieselben Vorwürfe, die man der Technik macht, heute genauso wie in der Kulturkritik vergangener Jahrzehnte. Als ich diese Vorwürfe im letzten Kapitel darstellte, habe ich bereits auf einige Fragwürdigkeiten hingewiesen. Im folgenden will ich nun versuchen, die tieferen Wurzeln jener hartnäckigen Pauschalurteile freizulegen. Einige Denkfehler und Vorurteile freilich, die sich hinter der Technikfeindlichkeit verbergen, können auch das umgekehrte Pauschalurteil bewirken: die unkritische Technikgläubigkeit nämlich, jede Art von Technik sei grundsätzlich zu begrüßen.

Das klingt zunächst verwirrend. Aber in Wirklichkeit kommt es immer wieder vor, daß sich höchst verschiedene Weltbilder auf sehr ähnliche Denkformen stützen. Wahrscheinlich kann man die ideologischen Systeme überhaupt auf eine begrenzte Zahl immer wiederkehrender Denkfehler zurückführen. Bei der Technik jedenfalls haben die negativen und positiven Pauschalurteile zum Teil sehr ähnliche Hintergründe. Da ich einer differenzierten Technikkritik den Weg ebnen möchte, will ich auf den nächsten Seiten wenigstens beiläufig immer wieder anmerken, welche Grundstrukturen technikfeindlichen Denkens auch bei der unkritischen Verherrlichung der Technik auftreten können.

Falsche Wesensdefinition »der Technik«

Der analytischen Philosophie verdanken wir die Einsicht, daß es häufig die Sprache ist, die das Denken in die Irre führt. Ein kleines Kind fragt: »Was tut der Wind, wenn er nicht weht?« und muß erst lernen, daß »der Wind« kein Ding ist, sondern nur die Bezeichnung für den Vorgang des Wehens. Es gibt keinen Wind an sich, der als andauernde Wesenheit auch dann existieren würde, wenn er nicht wehend in Erscheinung tritt. Und es gibt auch nicht den Wind schlechthin, denn die Luftbewegung, die man »Wind« nennt, kann stark oder schwach sein, kann aus dieser oder jener Richtung kommen. Doch da wir die Substantive zunächst als konkrete Dingwörter gelernt haben, mit denen ganz bestimmte Gegenstände benannt werden, verfallen wir immer wieder in den Fehler, bei allen Substantiven, und seien sie noch so abstrakt, solche fest umrissenen und eindeutig bestehenden Wesenheiten zu unterstellen.

Genau dies gilt auch für »die« Technik. So behauptet die pauschale Technikkritik: »Die Technik beherrscht den Menschen.« Wer aber ist denn das, der mich da angeblich beherrscht? Beherrscht mich mein Stuhl? Mein Federhalter? Oder mein Diktiergerät? Beherrscht mich das Fernsehgerät, oder beherrscht mich das Programm, das mir andere Menschen mit Hilfe der Fernsehtechnik vorführen? Beherrscht mich das Kernkraftwerk, oder beherrschen mich die Wissenschaftler und Ingenieure, die das Kraftwerk geplant und gebaut haben? All diese Erscheinungen gehören zur Technik, gewiß aber sie sind nicht die Technik schlechthin. Kann man überhaupt sagen, was die Technik schlechthin ist?

Tatsächlich haben das manche Philosophen der Technik geglaubt, und die diesbezüglichen Fehler in der gegenwärtigen Technikdiskussion gehen auf einen Irrtum zurück, der die gesamte abendländische Denktradition belastet. Wahrscheinlich ist der griechische Philosoph Platon an alldem schuld. Wenn wir eine Blume schön finden, wenn wir eine Frau schön finden und wenn wir den Sternenhimmel schön finden, so Platon, dann müssen wir eine Vorstellung vom Schönen an sich haben, das wir in den schönen Gegenständen wiedererkennen. Die Gegenstände unserer Erfahrung können wir nur darum als schön erkennen, weil sie am Wesen des Schönen Anteil haben. Und dieses Schöne an sich ist eine ewig währende Idee, deren Abglanz wir an den Gegenständen unserer Erfahrung wahrnehmen. Was also das Kind mit dem Wind machte, das macht Platon mit der Schönheit und anderen allgemeinen Grundbegriffen: Den Kürzeln unserer Sprache, die wir zu Benennungs- und Verständigungszwecken für die verschiedenartigsten Erscheinungen verwenden, ordnet er eigene Wesenheiten zu, die an sich bestehen sollen.

Das ist die Wurzel der Wesensphilosophie, die auch vor der Technik nicht halt gemacht hat. Weil wir den allgemeinen Ausdruck »Technik« für die verschiedensten Erscheinungen in der Welt des Gemachten verwenden, muß es auch das eine und ewige Wesen der Technik geben, an dem alle einzelnen technischen Gegenstände Anteil haben. Nun sind allerdings sehr verschiedenartige Wesensbestimmungen der Technik formuliert worden, und die etwas mehr als einhundertjährige Geschichte der Technikphilosophie ist auf weite Strecken nicht viel mehr als die Geschichte unterschiedlicher und einander widersprechender Wesensbestimmungen.[1] Schon daraus muß man folgern, daß es die eine und in sich einheitliche, gleichbleibende Technik gar nicht gibt. »Technik«, so sieht es die moderne Technikphilosophie, ist zunächst nichts weiter als eine Benennung für eine Vielzahl höchst unterschiedlicher Erscheinungen. Gewiß weisen all diese Erscheinungen auch bestimmte Gemeinsamkeiten auf, und ich werde im weiteren Verlauf dieses Buches versuchen, den Begriff der Technik klarer zu machen.

Die pauschale Technikbewertung jedoch, ganz gleich, ob sie verteidigt oder anklagt, ist nicht nur pauschal in ihrem Werturteil; sie ist vor allem pauschal in ihrer Vorstellung von der Technik. Bezeichnenderweise geben sich beide Parteien keine sonderliche Mühe, präzise darzulegen, was sie denn unter Technik verstehen. In den zahlreichen Zitaten der alten und der neuen Technikkritik, die ich im letzten Kapitel angeführt habe, ist durchgängig immer von der Technik schlechthin die Rede; nie wird gesagt, welche bestimmte einzelne Erscheinungsform von Technik diesen oder jenen Nachteil aufweist. Und die gleiche Redeweise findet sich auch bei den unkritischen Apologeten der Technik.

Dieser liederliche Umgang mit der Sprache, der in vorschneller Verallgemeinerung das Besondere vernachlässigt und der Verallgemeinerung eine eigenständige Wesenheit andichtet, ist es vor allem, der an den Fehlurteilen über die Technik schuld ist. Dieser Sprachgebrauch nämlich verhindert die differenzierende Betrachtung und verleitet zur Dämonisierung der Technik.

Wer sich angewöhnt hat, fortwährend Aussagen über die Technik schlechthin zu machen, wird dazu verführt, den Begriff schließlich mit einer lebendigen Wesenheit zu verwechseln und dieser außermenschlichen Wesenheit dämonische Züge zuzuschreiben. Die Redeweise, die Technik entfremde oder entwurzele oder versklave den Menschen, kann doch letztlich nur so verstanden werden, als wäre die Technik ein dämonisches Subjekt, das dem Menschen selbständig und eigenwillig gegenüberträte. Wer so verfährt, bewegt sich in den unaufgeklärten Bahnen naiver Weltbilder: Er macht aus dem Wehen des Windes den übermenschlichen Windgott, und er macht aus den vielfältigen Erscheinungen und Ergebnissen technischen Handelns den Dämon Technik.

Doch auch wenn man die Technik nicht zu einem bösen Geist hochstilisiert, bleibt die verallgemeinernde Redeweise gefährlich. Denn in jedem Fall überspielt sie Unterscheidungen, die unbedingt gemacht werden müssen, wenn man zu einem angemessenen Verständnis technischer Erscheinungen vordringen will.

»Technik«: Vielfalt der Bedeutungen

Da ist zunächst zwischen der Technik im allgemeinen Sinne und der Technik im besonderen Sinne zu unterscheiden. Ich will hier nicht auf die wechselvolle Geschichte des Wortes »Technik« im Laufe der Jahrhunderte eingehen.[2] Jedenfalls sind im gegenwärtigen Sprachgebrauch zwei Grundbedeutungen bestehen geblieben, die man auseinanderhalten muß. Im allgemeinen Sinn meint »Technik« jede planvoll und zweckmäßig ausgeübte Fertigkeit, sei es die Technik des Weitsprungs, die Technik der Staatsverwaltung oder die Technik des Kopfrechnens. Im besonderen Sinn dagegen bezieht sich der Ausdruck »Technik« nur auf denjenigen Teil menschlicher Praxis, der es mit künstlich gemachten, nutzenorientierten, gegenständlichen Gebilden zu tun hat. Wenn wir heute von Technik sprechen, meinen wir durchweg die Technik im besonderen Sinn. Schon Anfang des Jahrhunderts hat der Ökonom Friedrich von Gottl-Ottlilienfeld dafür die Bezeichnung »Realtechnik« vorgeschlagen, um sie von der »Individualtechnik«, der »Sozialtechnik« und der »Intellektualtechnik« abzugrenzen.[3] In der Umgangssprache werden diese weiter gefaßten Technikbegriffe gewiß nicht zu unterdrücken sein; mir scheint es jedoch zweckmäßig – und ich werde das in diesem Buch so halten –, das Wort »Technik« ausschließlich im Sinn der Realtechnik zu verwenden, also nur dann zu benutzen, wenn künstlich gemachte Gegenstände wie Maschinen, Apparate oder Geräte im Spiele sind.

Aber auch innerhalb der Realtechnik muß man verschiedene Teilbereiche auseinanderhalten. Realtechnik umfaßt (a) die Menge der nutzenorientierten, künstlichen, gegenständlichen Gebilde (Artefakte); (b) die Menge menschlicher Handlungen und Einrichtungen, in denen Artefakte entstehen; und (c) die Menge menschlicher Handlungen, in denen Artefakte verwendet werden. Solange es allein um die künstlich gemachten Gegenstände geht, steht die Anwendung naturwissenschaftlicher Gesetze und die Gestaltung nach ingenieurwissenschaftlichen Grundsätzen und Regelmäßigkeiten im Vordergrund. Anders dagegen verhält es sich mit den Entstehungs- und Verwendungszusammenhängen der künstlich gemachten Gegenstände. Hier greifen wirtschaftliche, gesellschaftliche und politische Faktoren in die Technik ein und nehmen Einfluß sowohl auf die Entwicklung technischer Lösungen wie auch auf die Art ihrer späteren Verwendung.

Schon im letzten Kapitel habe ich Beispiele dafür angeführt, daß der Zusammenhang zwischen den genannten Teilbereichen der Realtechnik in der Technikkritik umstritten ist. Die pauschale Technikkritik liebt es, zwischen den technischen Gegenständen und den sozioökonomischen Bedingungen, unter denen sie hergestellt und verwendet werden, überhaupt nicht zu unterscheiden oder doch zu behaupten, daß diese Bedingungen voll und ganz von den technischen Gegenständen bestimmt würden. So entwikkelt beispielsweise der amerikanische Kulturhistoriker Lewis Mumford die Vorstellung von einer alles beherrschenden Megamaschine, die er als Einheit von Realtechnik und staatlicher Bürokratie versteht. Diese »Megatechnik« hat sich, Mumford zufolge, erstmals in den vorderorientalischen Dynastien im zweiten Jahrtausend vor unserer Zeitrechnung ausgeprägt, als Gottes-königtum, Priesterbürokratie, disziplinierte Heeresorganisation und großräumige Bewässerungstechnik zusammentrafen. Heute sieht Mumford die Megatechnik durch einen staatlich-militärisch-industriellen Komplex verwirklicht, dessen Herrschaft sich niemand entziehen kann.[4] Wie immer diese historischen und gesellschaftskritischen Auffassungen im einzelnen zu beurteilen sein mögen, so liegt ihre Schwäche doch von vornherein darin, daß die Realtechnik und die Regierungs»technik« der staatlichen Herrschaftsausübung in einem Technikbegriff zusammengefaßt werden. Dadurch nämlich wird der Eindruck erweckt, Realtechnik und Politik seien in unauflösbarer Weise miteinander verknüpft und man könne die politischen Verhältnisse nicht ändern, ohne die vorherrschende Realtechnik abzuschaffen.

Eine weitere Vergröberung, die der pauschalen Redeweise von »der« Technik anzulasten ist, läßt sich ebenfalls bei Mumford erkennen, wenn er vorschnelle Parallelen zwischen der landwirtschaftlichen Bewässerungstechnik früherer Jahrtausende und der industriellen Technik der Gegenwart zieht. Allzu häufig wird »die« Technik als sozusagen geschichtslose Erscheinung aufgefaßt, die, trotz unterschiedlicher Ausprägungen im Laufe der Zeit, in ihrem Wesen doch unverändert bleibt. Die geschichtliche Kontinuität einer in ihrem Wesen gleichbleibenden Technik wird auch gerne zur Verteidigung der Technik behauptet, besonders, wenn man die Technik als anthropologische Grundbestimmung des Menschen auffaßt und daraus folgert, jede Art von Technik müsse allein schon darum bejaht werden, weil die Technik zum Menschen gehöre wie das Ei zur Henne. Hans Sachsse zum Beispiel, sonst in vieler Hinsicht eher ein differenzierender Technikphilosoph, ist dieser anthropologischen Täuschung erlegen, wenn er eine durchgängige Linie vom vorgeschichtlichen Werkzeuggebrauch zur modernen Industrieproduktion zieht und das heute erreichte Ausmaß arbeitsteiliger Spezialisierung auf eine Art naturwüchsiger Gesetzmäßigkeit zurückführt.[5] In Wirklichkeit jedoch kann man weder die industrielle Technik aus der landwirtschaftlichen oder handwerklichen Technik früherer Zeiten rechtfertigen noch die heutige industrielle Technik als Argument gegen jede weitere realtechnische Entwicklung anführen. Es gibt eben nicht die Technik schlechthin, sondern sehr unterschiedliche und wohl zu unterscheidende geschichtliche Entwicklungsphasen technischer Praxis und technologischer Theorie.

Was im geschichtlichen Längsschnitt gilt, trifft selbstverständlich auch für den gegenwärtigen Querschnitt der Realtechnik zu. Die Teilgebiete der Technik sind heute so zahlreich und vielgestaltig, daß ein angemessener Überblick nur mit Mühe zu gewinnen ist. So ist es nicht verwunderlich, wenn sich die gegenwärtige Technikdiskussion im allgemeinen auf wenige Teilgebiete der Technik konzentriert und vieles andere außer acht läßt. Man spricht zwar über »die« Technik, meint aber im Grunde nur die Kernkraftwerke, die Mikroelektronik oder das Kabelfernsehen, wobei man auch von diesen Neuentwicklungen im allgemeinen nur unzureichende Vorstellungen besitzt. Beachtet werden von der Technikdiskussion also nur bestimmte Neuerungen, nicht jedoch all jene Techniken, die schon längst eingeführt sind. Diskutiert werden solche Entwicklungen der Realtechnik, mit denen alle, tatsächlich oder vermeintlich, in unmittelbare Berührung kommen, nicht jedoch die Vielzahl technischer Entwicklungsschritte, die sich tagtäglich unbemerkt von der Öffentlichkeit in den weit verästelten Gewinnungs- und Verarbeitungsprozessen abspielen. Man sieht nur einen kleinen Teil der Technik, tut aber so, als überschaue man das Ganze.

Wenn man also, ohne nachzudenken, immer »die« Technik im Munde führt, läuft man Gefahr, der Technosphäre ein selbständiges, gewissermaßen dämonisches Wesen anzudichten, die künstlich gemachten Gegenstände mit ihren sozioökonomischen Entstehungs- und Verwendungsbedingungen in eins zu setzen, die verschiedenartigen historischen Ausprägungen der Technik zu übersehen und die vielfältigen Erscheinungen der gegenwärtigen Technosphäre über einen Leisten zu schlagen. Das sind zunächst Fehler in der korrekten Erfassung technischer Sachverhalte, doch es folgen daraus leicht auch Fehler im Urteil und in der Bewertung.

Der falsche Schluß vom Teil auf das Ganze

Ein typischer Beurteilungsfehler besteht darin, aus dem Einzelfall ein allgemeines Gesetz abzuleiten und vom Teil auf das Ganze zu schließen. Solche Fehlschlüsse unterlaufen nicht nur dem ungeschulten Laien, sondern leider auch manchen »kritischen« Experten. Um nicht mißverstanden zu werden, will ich vorsorglich betonen, daß ich kompetente Selbstkritik technischer Experten für notwendig und erfreulich halte. Gerade der Fachmann nämlich kann, wenn er einen Sinn für die Folgen seines Tuns entwikkelt hat, die Schwächen und Gefahren, die in seinem Arbeitsgebiet stecken, viel besser beurteilen als ein Außenstehender. So ist es gewiß sehr bedenkenswert, was Klaus Traube, früher als Chefingenieur in der Planung von Kernkraftwerken tätig, über die Einseitigkeiten und Begrenztheiten derartig komplexer Entwicklungsprojekte ausführt. Hier hat ein Fachmann in seinem eigenen Arbeitsgebiet Schwachstellen entdeckt, die zu Fehlentwicklungen führen können, und er hat über die Ursachen dieser problematischen Entwicklung kritisch reflektiert. So weit, so gut. Leider jedoch überträgt Traube das, was er in seinem eigenen Fachgebiet bedenklich findet, recht leichtfertig auf andere Bereiche der Technik. Er kritisiert an der Kerntechnik, daß sie eine »Großtechnik« sei, verallgemeinert dann den Begriff der Großtechnik mit einer recht ungenauen Definition und reitet schließlich eine leidenschaftliche Attacke gegen jede Großtechnik, insbesondere auch die Mikroelektronik, obwohl diese ganz andere Eigenheiten aufweist als die Großtechnik der Kernkraftwerke. Andere »Großtechniken« dagegen, die Traubes Definition durchaus entsprechen, so die Eisenbahntechnik oder die Fernsprechtechnik, werden nicht erwähnt, weil natürlich auch Klaus Traube zu vernünftig ist, als daß er diese abschaffen wollte. Durch die Verallgemeinerung der Kerntechnik zur »Großtechnik« aber hat Traube, indem er den fehlerhaften Schluß von einem Teil auf das Ganze zog, einen Popanz aufgebaut, der nun zum Inbegriff der unmenschlichen Technik gemacht wird.[6]

In ähnlicher, wenn auch subtilerer Weise verfährt der Computerwissenschaftler Joseph Weizenbaum, der aufgrund seiner Arbeiten zur künstlichen Intelligenz Grenzen zu erkennen glaubt, jenseits derer die Verwendung von Computern unmenschlich und unmoralisch würde. Vor allem kritisiert er Anwendungsmöglichkeiten, bei denen der Computer die Einfühlsamkeit eines menschlichen Partners ersetzen und befähigt werden soll, nuancenreiche menschliche Sprachzusammenhänge zu »verstehen«. Auch hier erscheint die Kritik durchaus bedenkenswert, solange sie sich wirklich mit dem Gebrauch der Computer beschäftigt. Aber auch Weizenbaum neigt dazu, von den Computern auf »die« Technik schlechthin zu schließen, wenn er die Computerentwicklung als Modellfall für die beschränkte »instrumentelle Vernunft« der Naturwissenschaftler und Techniker hinstellt. Gewiß: Weizenbaum kritisiert differenzierter als Traube, hält sich enger an sein eigentliches Fachgebiet und vermeidet die demagogische Vereinfachung, mit der Traube seine Pauschalurteile vorträgt. Doch auch Weizenbaum legt den Schluß nahe, gewisse Auswüchse der Computertechnik seien charakteristisch für die Verfassung der gesamten modernen Technik.[7]

»Die« Technik als Ganze zu bewerten, ist ein Ding der Unmöglichkeit. Kein menschliches Denken ist in der Lage, sowohl die Totalität aller technischen Erscheinungen als auch die Vielfalt einschlägiger Bewertungsmaßstäbe gleichzeitig in den Blick nehmen und zu einer Gesamtbilanz der Technik auswerten zu können. So gesehen ist also die einleitend zitierte Frage aus der Meinungsforschung, ob die Technik »alles in allem eher ein Segen oder eher ein Fluch für die Menschheit« sei, natürlich barer Unsinn. Wer auch nur halbwegs redlich in seinem Urteil sein will, muß mit »weder/noch« antworten. Das aber tun, wie gesagt, nur 53% der Befragten, und es ist nicht einmal sicher, ob diesem Ergebnis ein wirklich differenziertes Urteilsvermögen oder lediglich Verunsicherung zugrunde liegt. Jedenfalls aber haben 43% der Zeitgenossen noch zu lernen, daß man es sich so einfach mit der Bewertung der Technik nicht machen kann.

Selbstverständlich gilt das für jene 30% der Bundesbürger, welche »die« Technik kritiklos für einen Segen halten. Ich fürchte, daß zu dieser Gruppe auch die Mehrzahl der Ingenieure gehört. Denn obwohl die Ingenieure aus ihrer praktischen Berufsarbeit eigentlich wissen sollten, daß es keine ideale technische Lösung gibt, daß nur allzuoft die erwünschten Effekte mit unerwünschten Nebenwirkungen bezahlt werden müssen, neigen sie doch in der Technikdebatte zu völlig unangemessenen positiven Pauschalurteilen. Vor mehr als einem Jahrzehnt schon hatte Gert Hortleder an den Selbstdarstellungen der Ingenieurverbände kritisiert, daß sie ganz unbesorgt immer wieder die Formel benutzen, »die« Technik stehe im Dienst »des« Menschen. In Wirklichkeit, so Hortleder damals, komme es auf eine sorgfältige Analyse an, welche Art von Technik welchen Menschen in welcher Art und Weise diene.[8] Dessenungeachtet wählte der Verein Deutscher Ingenieure für sein 125jähriges Jubiläum in Berlin 1981 wiederum das Motto »Technik im Dienste des Menschen«. Soweit das als ethische Forderung an die Ingenieurarbeit zu verstehen ist, mag man die Kurzformel akzeptieren, vor allem, wenn sie, wie geschehen, in einem sehr differenzierten Zielsystem konkretisiert wird.[9] Leider aber werden solche Formulierungen immer wieder als zutreffende Bewertungen des gegenwärtigen Zustandes der Technik mißverstanden und zur Abwehr jeglicher Kritik mißbraucht. Da ich mich im nächsten Kapitel mit berechtigter Kritik an Teilbereichen der Technik beschäftigen werde, kann ich es hier mit dem Hinweis bewenden lassen, daß die pauschale Verteidigung der Technik ebenso unangebracht ist wie die pauschale Verurteilung.

Hier geht es mir, wie gesagt, vor allem um das Technikverständnis und das Weltbild jener Zeitgenossen, die in »der« Technik ganz allgemein einen Fluch sehen. Besonders bedenklich erscheint es, daß – im Vergleich zu 13% der Gesamtbevölkerung – fast ein Fünftel der jungen Generation diesen technikfeindlichen Standpunkt einnimmt. Freilich bleibt es auch hier unklar, was die, die so urteilen, wirklich damit meinen. Kassettenrekorder, Mofas, elektrische Beleuchtung, Telefone und S-Bahnen scheinen auch diese jungen Leute durchweg ohne Gewissensbisse zu benutzen. So drängt sich der Eindruck auf, daß auch hier die verhängnisvolle Neigung zur Verallgemeinerung dem Urteil zugrunde liegt, einer Verallgemeinerung, in der sich eigentlich nur das Unvermögen spiegelt, die Komplexität der modernen Technosphäre wirklich zu bewältigen. »Die« Technik ist in ihren Erscheinungen und ihren Auswirkungen derart vielfältig und vielgestaltig, daß ein pauschales Werturteil den Einzelerscheinungen immer Gewalt antut.

Einäugigkeit der Bewertung

Aber in Wirklichkeit geht es nicht nur darum, daß verschiedene Teilbereiche der Technik unterschiedlich zu beurteilen sind. Es geht nicht nur darum, ob die Sonnenenergienutzung gut und die Kernenergienutzung schlecht ist. Tatsächlich nämlich hat jede einzelne Technik sowohl Vorteile wie Nachteile, und selbst das allseits, auch von radikalen Technikkritikern, gelobte Telefon hat in seiner gegenwärtigen Ausführung den Nachteil, daß es zu beliebigen Zeiten die häusliche Privatheit zu stören vermag; dies jedenfalls so lange, wie eine Zusatzeinrichtung fehlt, mit deren Hilfe man zeitweilig unerwünschte Anrufe verhindern kann. So ist denn besonders verwunderlich die Einäugigkeit, mit der technische Entwicklungen immer ausschließlich positiv oder ausschließlich negativ beurteilt werden. Befürworter der Kernenergie tun so, als wären 100 000 Tote bei einem größten anzunehmenden Unfall eine vernachlässigbare Größe; »grüne« Kritiker des Autoverkehrs dagegen scheinen nicht wahrhaben zu wollen, daß kein anderes Verkehrsmittel ein solches Maß an individueller Selbstbestimmung ermöglicht. Es gibt kaum ein technisches Mittel, das nicht neben dem erwünschten Zweck auch unerwünschte Nebenwirkungen hätte. Man macht es sich also entschieden zu einfach, wenn man entweder nur die erwünschte Zweckerfüllung in den Himmel lobt und darüber die schädlichen Nebenwirkungen vergißt; oder aber nur die schädlichen Nebenwirkungen brandmarkt und dabei die positiven Effekte des technischen Mittels unterschlägt.

Die Einäugigkeit des Technikpessimismus, der die traditionelle Kulturkritik ebenso wie die aktuelle Technikkritik kennzeichnet, scheint mir auf einer besonderen Art von Bewußtseinstäuschung zu beruhen. Die meisten Menschen neigen dazu, das, was gut und zufriedenstellend ist, für selbstverständlich zu nehmen, und sich lediglich darüber zu beunruhigen, was nicht nach Wunsch verläuft. Daß sich die materiellen Lebensbedingungen in den Industriegesellschaften gegenüber früheren Jahrhunderten ernorm verbessert haben, wird gar nicht mehr zur Kenntnis genommen, da man sich längst daran gewöhnt hat; daß gewisse Belastungen der natürlichen und psychosozialen Umwelt mit diesem unbestreitbaren Fortschritt einhergegangen sind, wird dagegen ins grellste Licht gerückt und zu der bereits erwähnten These von der Kontraproduktivität der Technik verdichtet. Eine solche Behauptung erinnert an den übersättigten Gourmant, der nach üppiger Mahlzeit über Magendrücken klagt und nun die ganze Kochkunst verurteilt. Das grundlegende Bedürfnis, das ihn zum Speisen veranlaßte, hat er längst vergessen, denn sein Hunger ist ja vollkommen gestillt. So hält er der Kochkunst das Hauptverdienst, seinen Hunger gestillt zu haben, gar nicht mehr zugute, sondern beklagt sich nur noch über eine Nebenfolge, die ein anderes Bedürfnis verfehlt – eine Nebenfolge übrigens, die auch noch vermeidbar wäre. Arnold Gehlen spricht von Hintergrunderfüllung, wenn Bedürfnisse gar nicht mehr zur Kenntnis genommen werden, weil ihnen regelmäßig und dauerhaft Befriedigung zuteil wird.[10] Dieser Bedürfnistäuschung erliegt meines Erachtens auch die pauschale Technikkritik, indem sie einfach nicht zur Kenntnis nimmt, welche Bedürfnisse von der Technik regelmäßig und dauerhaft befriedigt werden, und demgegenüber gewisse Nebenfolgen dramatisiert, die wohl gewiß nicht verschwiegen werden dürfen, aber auch nicht die radikale Verurteilung rechtfertigen, der die industrielle Technik heute vielfach ausgesetzt ist.

Im letzten Kapitel hatte ich die traditionelle Kulturkritik mit der gegenwärtigen Technikkritik verglichen und bemerkenswerte Übereinstimmungen festgestellt. Hier ist es nun an der Zeit, auch einen charakteristischen Unterschied hervorzuheben. Für die antitechnische Kulturkritik war die Technik schlechthin von Übel; Autoren unseres Jahrhunderts sehnten sich zwar gelegentlich nach der handwerklichen Technik früherer Jahrhunderte zurück, doch Jean Jacques Rousseau hat ja im 18. Jahrhundert auch diese vorindustrielle Technik bereits mit aller Entschiedenheit verurteilt. Die pauschale Technikkritik der Gegenwart dagegen unterscheidet zwischen der guten und der schlechten Technik; schlecht ist die Technik in ihrer gegenwärtigen, industriellen Verfassung, und gut kann sie werden, wenn sie eine radikale Verwandlung erfährt. Der negativen Einäugigkeit, mit der die bestehende Technik verurteilt wird, gesellt sich die positive Einäugigkeit zu, die von einer ganz anderen Technik der Zukunft nur noch Gutes erwartet.

Mit aller Deutlichkeit ist diese Form der Heilserwartung, diese Verlagerung des Paradieses in die zukünftige Welt der alternativen Technik, aus Hartmut Bossels Buch »Bürgerinitiativen entwerfen die Zukunft« abzulesen.[11] In diesem Buch werden für die verschiedensten Lebensbereiche, vor allem aber auch für die Technosphäre jeweils zwei denkbare Szenarien gegenübergestellt: ein Zukunftsbild, das sich dann ergibt, wenn man die gegenwärtigen Tendenzen in Technik und Gesellschaft fortschreibt, indem man sich den »Sachzwängen« unterwirft; und ein alternatives Zukunftsbild, das sich dann ergibt, wenn man neue Leitvorstellungen wie größtmögliche Sparsamkeit in der Energie- und Rohstoffverwendung, Schonung der Natur, Abkehr vom Wachstumsprinzip, internationale Solidarität usw. in Kraft setzt. Bossel unterzieht diese einander gegenübergestellten Zukunftsbilder einer zunächst recht differenziert wirkenden Bewertung. Wenn man jedoch genauer hinschaut, entdeckt man, daß Bossel für die ökologische Alternative nicht die geringste Schwäche erwartet: Während die Fortschreibung gegenwärtiger Tendenzen im schwärzesten Schwarz gemalt wird, erstrahlt die ökologische

Zukunft in makellosem Weiß. Obwohl die Alternativ-Szenarien ausdrücklich in realistischer Absicht entworfen sind, erweisen sie sich doch als Wunschgebilde: Für seine ökologischen Alternativen verteilt Bossel in allen Bewertungsdimensionen ausschließlich Pluspunkte. Da erscheint ein ökologisch gezähmtes Schlaraffenland: auskömmliche Bedarfsdeckung für alle, jetzt und immerdar; das Ende der Plackerei; nur Arbeit, die Spaß macht; Gemeinsinn, Edelmut und Friedfertigkeit bei allen Menschen; idyllische Siedlungen mit perfekter, aber unauffälliger Technik; und – so fühlt man sich versucht hinzuzusetzen – glückliche Kühe in arkadischen Gefilden – kurz, das Paradies auf Erden.

Wieder erkennt man den merkwürdig widersprüchlichen Glauben an die Perfektion der Technik, den ich einleitend bereits bei Herbert Marcuse dargestellt hatte. Während in der gegenwärtigen Technik alle Macht des Bösen wohnt, soll dermaleinst eine ganz andere Technik die heile Welt verwirklichen. Zu den inhaltlichen Varianten dieses Modells der heilen Welt werde ich später noch einiges zu sagen haben. Hier kritisiere ich allein die formale Einseitigkeit des Beurteilungsverfahrens, das gegen jede Erfahrung und gegen jede Logik technischen Entwicklungen entweder nur Nachteile oder aber nur Vorteile zuspricht, obwohl doch in Wirklichkeit jeder Gewinn seinen Preis hat und den meisten Kosten Erträge gegenüberstehen.

Unklare Bewertungsgrundlage

Schließlich besteht ein immer wieder auftretender Denkfehler der pauschalen Technikbewertung darin, daß die zugrundeliegenden Bewertungsmaßstäbe im unklaren bleiben und unversehens gewechselt werden. Ein Beispiel: Man kritisiert den Autoverkehr, indem man auf die vielen Opfer von Verkehrsunfällen, auf die Luftverschmutzung durch Auspuffgase und auf die störende Geräuschentwicklung hinweist; man bezieht sich dabei auf die Werte der Lebenserhaltung und der Gesundheit, die in unserer Gesellschaft wohl unumstritten sind. Auch Befürworter des Autos nehmen diese Kritik ernst, geben aber zu bedenken, daß nur das Auto dem einzelnen ermöglicht, schnell, bequem und geschützt gegen Wind und Wetter zu fahren, wann und wohin immer er will; sie sehen die Chance zur selbstbestimmten Mobilität als ein Stück individueller Selbstentfaltung an und beziehen sich damit ebenfalls auf einen Wert, der in unserer Gesellschaft einen hohen Rang genießt. Dem halten nun die Kritiker des Autos entgegen, daß die räumliche Mobilität in Wirklichkeit zur individuellen Selbstentfaltung gar nicht nötig sei, sondern den Menschen nur durch verfehlte Siedlungsformen und falsche Verhaltensmodelle aufgezwungen werde; nicht Mobilität, sondern Bodenständigkeit führe zur wahren Selbstentfaltung.

Was ist hier geschehen? Im ersten Teil der Diskussion halten sich beide Seiten an das herrschende Wertsystem und stoßen auf einen Wertkonflikt. In diesem Augenblick verläßt der Kritiker des Autos die gemeinsame Wertbasis und führt eine ganz neue Wertvorstellung ein, die gegenwärtig von den meisten Menschen nicht geteilt wird und auch nicht ohne weiteres verwirklicht werden könnte. Weil man dem Wertkonflikt entgehen möchte, ändert man die Bewertungsbasis: Urteilte man zunächst nach Kriterien der gegenwärtigen Gesellschaftsverfassung, so unterschiebt man schließlich Kriterien einer völlig anderen Gesellschaftsverfassung und wechselt damit unversehens auf eine ganz neue Ebene der Diskussion.

Als Denkfehler bezeichne ich natürlich nur den unbemerkten Wechsel der normativen Bezugsbasis und die undurchschaute Verwechslung verschiedener Wertsysteme. Ich wehre mich nicht dagegen, eine bestimmte Technik mit verschiedenen Wertsystemen zu beurteilen, wenn man sich jeweils im klaren ist und eindeutig angibt, welches Wertsystem man zugrunde legt; und ich wehre mich auch nicht dagegen, daß man über konkurrierende Wertsysteme diskutiert. Nur soll man nicht so tun, als diskutierte man über das Auto, während man in Wirklichkeit verschiedene Wertvorstellungen gegeneinander ausspielt.

Freilich fällt solche gedankliche Klarheit der pauschalen Technikbewertung auch darum besonders schwer, weil sie ungern zur Kenntnis nimmt, daß in unserer Gesellschaft mehrere Wertsysteme nebeneinander bestehen. Dieser Wertpluralismus bringt es mit sich, daß technische Entwicklungen, auch wenn alle zuvor genannten Denkfehler vermieden werden, doch ganz unterschiedlich beurteilt werden, je nachdem, welches Wertsystem der Urteilende zugrunde legt.

Ideologische Hintergründe: Fortschrittsglaube und Konservatismus

An dieser Stelle muß ich nun von den logischen Fehlern zu den ideologischen Fehlern der pauschalen Technikbewertung übergehen. Zwar glaube ich, daß den Denkfehlern, die ich aufgezählt habe, häufig ideologische Momente zugrunde liegen; sonst könnte man kaum verstehen, daß derart leicht durchschaubare Fehler immer wieder gemacht werden. Das gilt ganz sicher für den letztgenannten Punkt, für die mangelnde Fähigkeit, die Existenz unterschiedlicher Wertsysteme anzuerkennen. Immanuel Kant hat zwar gefordert, der einzelne solle sich nur solche Werte zu eigen machen, die auch für alle anderen gelten könnten, doch die meisten Menschen neigen umgekehrt dazu, für ihre persönlichen Wertvorstellungen allgemeine Geltung zu beanspruchen. Ich persönlich ziehe die Mobilität der Bodenständigkeit vor, doch ich darf nicht einfach sagen: Mobilität ist besser! Mit anderen Worten: Ich kann meine persönlichen Wertauffassungen nicht derart verallgemeinern, daß sie nun auch für alle anderen gelten müßten. Umgekehrt aber, und das müssen sich die Anhänger der ökologischen Bewegung sagen lassen, gilt das gleiche; auch Bodenständigkeit, bei der sich mancher ja recht wohl fühlen mag, kann nicht ohne weiteres zum allgemeinen Wert erhoben werden. Solche Verallgemeinerung persönlicher Wertauffassungen aber ist ein charakteristisches Merkmal jeder Ideologie.

Unter einer Ideologie verstehe ich ein System von Überzeugungen, in denen Menschenbild, Weltverständnis und Wertorientierung in vereinfachender und verallgemeinernder Weise zu einem Deutungs- und Rechtfertigungsmuster menschlichen Erlebens und Handelns zusammengefaßt sind. Da der einzelne solche Überzeugungssysteme durchweg aus seiner gesellschaftlichen Umwelt übernimmt, ohne sie selbst zu prüfen, kann man eine Ideologie auch als ein System von Vorurteilen bezeichnen. Es ist geradezu typisch für eine ideologische Position, sich gegen neue Erkenntnisse und Einsichten, die das liebgewordene Modell der Wirklichkeit stören könnten, abzuschirmen. Ich will es dahingestellt sein lassen, in welchem Umfang menschliche Lebenspraxis auf derartige Überzeugungssysteme angewiesen ist; jedenfalls einem feststehenden Modell der Wirklichkeit zufriedengeben und sich weder für neue Erfahrungen noch für neue Theorien offenhalten.

Immer schon hat es dagegen auch Denker gegeben, die gegen die Abgeschlossenheit ideologischer Überzeugungssysteme das Prinzip der kritischen Prüfung ins Feld geführt haben. Kritische Prüfung ist das kennzeichnende Merkmal wirklicher Rationalität und bedeutet, immer wieder von neuem zu fragen, ob die geltenden Modelle der Wirklichkeit mit den Regeln korrekten Denkens in Einklang sind und ob sie mit allen gemachten Erfahrungen verträglich sind. Seinen großen Durchbruch erfuhr dieses Prinzip der kritischen Prüfung allerdings erst durch die Aufklärung, jene geistesgeschichtliche Phase im 17. und 18. Jahrhundert, die mit Namen wie Descartes, Voltaire und Kant verbunden ist. »Aufklärung«, sagt Kant, »ist der Ausgang des Menschen aus seiner selbstverschuldeten Unmündigkeit. Unmündigkeit ist das Unvermögen, sich seines Verstandes ohne Leitung eines anderen zu bedienen. ... habe Mut, dich deines eigenen Verstandes zu bedienen! ist also der Wahlspruch der Aufklärung.«[12] Dieser Auftrag der Aufklärung gilt, so glaube ich, auch weiterhin. Immer wieder müssen wir die ideologischen Überzeugungssysteme mit theoretischen und empirischen Mitteln kritisch überprüfen.

Freilich gilt das auch für gewisse Überzeugungen, die von der Aufklärung, über das formale Prinzip der kritischen Prüfung hinaus, geprägt worden sind. Damit meine ich vor allem die Idee des Fortschritts, die Vorstellung also, daß die menschliche Geschichte sozusagen selbsttätig zu immer höheren Formen des Wohlstands, der Kultur und der Gesittung emporsteigen werde. So kritisch die Denker der Aufklärung sonst der Religion begegneten, so haben sie doch in diesem Punkt ganz offensichtlich mythisch-religiöse Vorstellungen in verweltlichter Form übernommen. Es ist der große alte Menschheitstraum vom goldenen Zeitalter, vom Paradies, vom Schlaraffenland, von der ewigen Seligkeit, oder wie immer die Namen für dieses ewige Wunschbild der heilen Welt heißen mögen. In der jüdisch-christlichen Religion hatte man ein zyklisches Geschichtsmodell entwickelt: Gewissermaßen kreisförmig bewegt sich die Menschheit vom paradiesischen Ursprung durch Sündenfall und irdisches Jammertal hindurch und zurück zu einem Endzustand wiedergewonnenen vollkommenen Heils. In der Aufklärung nun wurde dieser Kreis sozusagen halbiert und aufgebogen. Die vorherrschende Strömung begriff sich als Durchbruchsphase einer geradlinigen Entwicklung, die auf einen zukünftigen Idealzustand des Menschengeschlechts zuläuft: Jede Vermehrung des menschlichen Wissens und Könnens schien gleichbedeutend mit einer Verbesserung der menschlichen Lebensbedingungen; jedes Fortschreiten in Wissenschaft und Technik wurde als gesellschaftlicher Fortschritt begrüßt.

Allerdings war von jenem Kreismodell die andere Hälfte übriggeblieben, und tatsächlich dauerte es nicht lange, bis sich andere Denker in quasi-spiegelbildlicher Weise dieses Restmodells bemächtigten, um von ihrer Zeit eine gerade Linie zurück zum Ursprung zu ziehen. Erwarteten die einen die heile Welt vom Fortschritt in der Zukunft, so verlagerten die anderen das goldene Zeitalter in die Vergangenheit. Besonders konsequent war Jean Jacques Rousseau; ich erwähnte ihn bereits als Vater der Kulturkritik. Er meinte, wie gesagt, die heile Welt nur im Naturzustand der Menschen finden zu können, und verurteilte dementsprechend alle kulturelle Entwicklung, die seitdem stattgefunden hatte. Andere Denker wollten nicht so weit zurück, waren sich aber mit Rousseau doch darin einig, daß all jene Veränderungen zum Neuen, die von der herrschenden Strömung der Aufklärung eingeleitet wurden, von Übel seien. Dies ist die geistesgeschichtliche Wurzel des Konservatismus, der seither das liberalistische und später auch das sozialistische Fortschrittsdenken der Aufklärung bekämpft.

Nun ist der naive Fortschrittsoptimismus, der sowohl dem Liberalismus wie dem Sozialismus eigen ist, inzwischen unzweifelhaft in eine Krise geraten. Aus den politischen Irrwegen und Katastrophen dieses Jahrhunderts hat man gelernt, daß das Fortschreiten wissenschaftlicher Erkenntnis und technischer Fähigkeit nicht unbedingt den moralischen Fortschritt der Menschen mit sich bringt. Es ist fraglich geworden, ob jeder technische Fortschritt gleichzeitig auch ein sozialer Fortschritt ist. Und die ökologische Diskussion der letzten Jahre hat Zweifel daran aufkommen lassen, ob die technische Entwicklung überhaupt unbeschränkt fortschreiten darf. Schließlich hat man erkannt, daß das aufklärerische Fortschrittsmodell in der Tat selbst ideologische Züge trägt. Gewiß haben Wissenschaft und Technik in den letzten zweihundert Jahren den Menschen entscheidende Verbesserungen ihrer Lebenssituation gebracht; Wolfgang Büchel hat dies in einem eindrucksvollen Überblick zusammengestellt.[13] Trotz alledem muß man es wohl als ideologisches Wunschdenken ansehen, wenn man von derartigen Verbesserungen, und setzten sie sich noch so lange fort, schließlich das Paradies auf Erden erwarten wollte.

Mehr noch: Auch ein geschlossenes Wertsystem, das den Maßstab für paradiesische Zustände abgeben könnte, ist verlorengegangen. Der allgemeine Modernisierungsprozeß, der von der Aufklärung eingeleitet und in der Industrialisierung fortgesetzt wurde, hat ein solches Maß gesellschaftlicher Differenzierung bewirkt, daß inzwischen mehrere Wertsysteme nebeneinander bestehen und miteinander konkurrieren.

Dies alles hat viele Menschen sehr verunsichert; begreiflicherweise betrifft das vor allem junge Menschen, die gerade erst dabei sind, sich ihre Überzeugungssysteme aufzubauen. So scheint es nicht übertrieben, von einer allgemeinen gesellschaftlichen Orientierungskrise zu sprechen, in der vor allem der Sinn weiterer Veränderung fragwürdig geworden ist. Wenn aber technischer und gesellschaftlicher Wandel nicht mehr mit fortschreitender Verbesserung der menschlichen Lage gleichgesetzt werden kann, liegt es nahe, das Augenmerk verstärkt auf die Bewahrung des Erreichten zu richten oder gar das bessere Leben wieder in der Vergangenheit zu suchen. Die säkularisierte Heilserwartung des Fortschrittsoptimismus wird von der Zukunft abgezogen und zurück in die Vergangenheit verlegt. So gewinnt die Grundströmung des Konservatismus, die natürlich nie völlig versiegt war, ein neues Reservoir, aus dem sie seit der sogenannten Tendenzwende zu Beginn der siebziger Jahre immer kräftiger zu sprudeln beginnt.

Hier liegt die ideologische Ursache für die Neuauflage der pauschalen Technikkritik. Tatsächlich nämlich lebt die pauschale Technikkritik von konservativen Vorurteilen. Bevor ich dies im folgenden zeige, muß ich allerdings noch einmal klarstellen, daß ich damit nicht einen »formalen Konservatismus« meine, der mit guten Gründen bewahren will, was in der Vergangenheit bereits erreicht worden ist. Die demokratischen Werte der Französischen Revolution – Freiheit, Gleichheit und Brüderlichkeit – sind nun bald zweihundert Jahre alt und zu einem gewissen Teil in modernen Gesellschaften eingelöst worden. Diese Werte und die Einrichtungen, die ihre Verwirklichung garantieren, bewahren zu wollen, hat nichts mit dem Konservatismus zu tun, den ich meine. Erhard Eppler hat für dieses Festhalten am bereits erreichten Fortschritt den fragwürdigen Ausdruck »Wertkonservatismus« geprägt[14], doch ist dies irreführend, da sich der eigentliche Konservatismus gerade auch durch bestimmte Werte auszeichnet, die sich mit Demokratisierung, individueller Selbstbestimmung und gesellschaftlicher Mitbestimmung überhaupt nicht vertragen.

Diesen eigentlichen Konservatismus möchte ich als »historischen Konservatismus« bezeichnen, da er geschichtlich als Reaktion auf die Französische Revolution und die Aufklärung entstanden ist und seitdem nicht aufgehört hat, den historischen Prozeß der gesellschaftlichen Modernisierung rückgängig machen zu wollen. Wenn wir auch inzwischen gelernt haben, den Fortschrittsoptimismus der Aufklärung mit Skepsis zu betrachten, scheint es mir doch unbezweifelbar, daß jener Modernisierungsprozeß den Menschen im Durchschnitt mehr Wohlstand und mehr Freiheit gebracht hat. Der historische Konservatismus dagegen versucht diese Verbesserung der Lebensbedingungen zu leugnen und statt dessen die heile Welt in Lebensformen der Vergangenheit zu finden. Und da ihm bei der Aufklärung die ganze Richtung nicht paßt, verschließt er sich nicht nur gegenüber der möglicherweise überzogenen Idee des Fortschritts, sondern vor allem auch gegenüber dem Prinzip der kritischen Prüfung. Mehr noch: So wenig hält der Konservatismus vom rationalen Denken, daß er nicht einmal eine kritisierbare Theorie seiner selbst entwickelt hat; darin liegt, so Martin Greiffenhagen, das »Dilemma des Konservatismus«, daß er gegen die Aufklärung zu Felde zieht, ohne die geistigen Waffen, die von jener geschärft wurden, selbst zu akzeptieren.

So muß ich mich, wenn ich die konservativen Züge der pauschalen Technikkritik aufdecken will, auf eine Rekonstruktion des Konservatismus stützen, die ihrerseits in kritischer Absicht unternommen wurde.[15] Freilich – und auch dies muß ich noch einmal ausdrücklich erwähnen – ist nicht alle pauschale Technikkritik konservativ. Es gibt auch die utopisch-sozialistische Variante, wie sie bei Herbert Marcuse und Ernst Bloch auftritt; Autoren der aktuellen Technikdebatte in der Bundesrepublik wie

Hartmut Bossel, Otto Ullrich, Klaus Traube oder Johano Strasser lassen sich aber dieser Variante nur mit Vorbehalten zuordnen. Es kommt eben alles darauf an, ob man das goldene Zeitalter in der Zukunft oder in der Vergangenheit sucht. Vorherrschend scheinen mir freilich die konservativen Tendenzen zu sein, und das will ich nun zu begründen versuchen.

Das Vorurteil von der »Natur des Menschen«

Konservativ ist vor allem die Annahme, es gäbe eine unveränderliche »Natur des Menschen«. Diese Ausdrucksweise ist doppeldeutig. Einmal meint man damit die biologisch-organische Grundausstattung des Menschen, die, unabhängig von den kulturgeschichtlichen Aktivitäten des Menschengeschlechts, zumindest für überschaubare Zeiträume gleich zu bleiben scheint. Zum anderen aber kann der Ausdruck auch gleichbedeutend mit dem »Wesen des Menschen« sein, und es treten dann all jene Schwierigkeiten der Wesensphilosophie wieder auf, die ich schon bezüglich des »Wesens der Technik« erörtert hatte. Freilich fühlt sich konservatives Denken durch diese Doppeldeutigkeit gar nicht gestört. Vielmehr neigt es dazu, beide Bedeutungen in eins zu setzen, und das »Wesen des Menschen« aus dessen naturgegebenen Vorbedingungen zu verstehen oder gar abzuleiten. Es wird also eine »Natur des Menschen« festgeschrieben, von der man behauptet, sie mache das ewig gleichbleibende Wesen des Menschen aus, weil sie aller menschlichen Kulturgeschichte vorausgehe. Die Menschen zeichnen sich, so nimmt das konservative Menschenbild an, durch ein festes Inventar von Bedürfnissen und Fähigkeiten aus, das von Natur aus angelegt und daher auch von Natur aus richtig ist. Unschwer erkennt man in diesem Gedankengang übrigens die Lehre vom Naturrecht; diese Auffassung glaubt das, was sein soll, daraus ableiten zu können, was von Natur aus der Fall ist, also das Sollen aus dem Sein zu folgern. Obwohl die neuere Philosophie längst gezeigt hat, wie unhaltbar diese Lehre ist, tritt sie doch in kaum verhüllter Form bei der pauschalen Technikkritik wieder auf.

Ivan Illich beispielsweise behauptet, die technisch-industrielle Entwicklung habe mehrere lebensnotwendige Gleichgewichte zerstört. Eines davon, so Illich, ist das Gleichgewicht zwischen selbst erfahrenem und fremd vermitteltem Wissen.[16] Während in früheren Phasen der Geschichte die Menschen das meiste, was sie wußten, selbst erlebt und erfahren hatten, beziehen wir heute den größten Teil unseres Wissens sozusagen aus zweiter Hand: aus Zeitung und Buch, aus Rundfunk, Film und Fernsehen sowie aus den Bildungsinstitutionen. Illich behauptet nun, es müsse ein Gleichgewicht zwischen diesen beiden Quellen des Wissens, zwischen eigener Erfahrung und übernommener Information bestehen. Er sagt zwar nicht genau, wie hoch die Anteile sein müssen, doch hält er offensichtlich die vorindustriellen Verhältnisse, in denen die individuellen Erfahrungen den Vorrang hatten, für vorbildlich. Das, was sozusagen von Natur aus gewesen ist, wird also zum Maßstab dafür erhoben, was sein soll; nichts anderes nämlich bedeutet die Redeweise vom zerstörten Gleichgewicht. Was früher war, ist gut, weil es so war, und die gewaltige Steigerung unserer Informationsmöglichkeiten durch die moderne Kommunikationstechnik ist schlecht, weil sie jenen »natürlich« gewachsenen Idealzustand früherer Zeiten hinter sich gelassen hat.

Wenn man also eine gleichbleibende, unveränderliche »Natur des Menschen« annimmt, folgt daraus zwangsläufig die Vorstellung, jeder Wandel, jede Veränderung und jede neue Herausforderung für den Menschen belaste seine »Natur«, widerspreche ihr, sei widernatürlich und somit schlecht. Da aber kaum etwas die menschlichen Lebensverhältnisse in den letzten Jahrhunderten so verändert hat wie die technische Entwicklung, brachte sie zwangsläufig das konservative Menschenbild gegen sich auf.

Freilich ist es bemerkenswert, daß schon bei den Konservativen keine Einigkeit über die »Natur des Menschen« besteht. Ist das der Wildfrüchte sammelnde und Fallen stellende Nacktgänger prähistorischer Zeiten? Ist das der Pflanzen und Tiere züchtende, Hütten bauende, bäuerliche Selbstversorger, wie er sich seit der jüngeren Steinzeit herausgebildet hat? Oder ist das der in handwerklicher Spezialisierung schaffende Zunftgenosse des Mittelalters? Die These, daß der Konservatismus kein eindeutiges Weltbild hat, sondern immer gegen die gerade ablaufenden Veränderungen reagiert, läßt sich dadurch erhärten, daß Rousseau noch die handwerkliche Technik verdammte und sich nach dem Naturzustand des glücklichen Wilden sehnte, während im zwanzigsten Jahrhundert, sei es bei Lewis Mumford oder auch bei der ökologischen Bewegung der Gegenwart, gerade jene handwerkliche Technik im Gegenzug gegen die Industrialisierung verklärt wird.

Gewiß gibt es bestimmte Konstanten des menschlichen Organismus; doch nicht einmal der Körperwuchs ist ewig gleichbleibend, wie die sogenannte säkulare Akzeleration belegt, jener Befund, demzufolge die durchschnittliche Körpergröße jedenfalls der europäischen Menschen von Generation zu Generation wächst. Geschichtswissenschaft und Völkerkunde wissen darüber hinaus von einer außergewöhnlichen Vielfalt der menschlichen Lebensformen, Verkehrssitten und Kulturleistungen zu berichten. Paläontologen, Historiker und Ethnologen halten es für ein Ding der Unmöglichkeit, die ganze Fülle menschlicher Lebenserscheinungen in ein einziges, gleichbleibendes, ungeschichtliches und überkulturelles »Wesen des Menschen« pressen zu wollen. Die Vorstellung von der »Natur des Menschen« ist also nichts anderes als ein konservatives Vorurteil. Da es eine ein für allemal vorbestimmte »Natur des Menschen« gar nicht gibt, läßt sich daraus auch kein Urteil gegen die moderne Technik ableiten.

Das Vorurteil vom Einklang der Natur

Schon von Rousseau kennen wir die Auffassung, der Mensch sei von Natur aus gut, und erst durch die Zivilisation komme das Böse in die Welt. Der deutsche Soziologe Ferdinand Tönnies hat gegen Ende des vergangenen Jahrhunderts diesen Gedanken weitergedacht und die Entwicklung des menschlichen Zusammenlebens als Fortgang von der organischen Gemeinschaft zur mechanischen Gesellschaft beschrieben.[17] Dieser Gegensatz von Gemeinschaft und Gesellschaft, »in der Gemeinschaft für organisch gewachsene Einheit, traditionale Bindung und Harmonie steht und Gesellschaft mit abwertendem Beiklang für Ungleichheit, rationale Organisation und Kampf der Interessen, war und ist noch immer der Ideologisierung ausgesetzt. Verknüpft mit dem Begriffspaar Kultur und Zivilisation, das Tönnies im selben Atem nennt, begünstigte sie kulturpessimistische Ideen und sozialromantische Bewegungen.«[18]

Im Hintergrund solcher Vorstellungen steht die bereits früher erwähnte Sehnsucht nach der heilen Welt. Heil aber ist die Welt nur dann, wenn es darin keinen Gegensatz, keinen Widerspruch, keinen Konflikt und keine Auseinandersetzung gibt. Heil ist die

Welt, wenn alle Lebewesen in Eintracht und Harmonie miteinander auskommen. Ganz offensichtlich ist es dieses Wunschbild vollkommener Harmonie, an dem die pauschale Technikkritik ihre Einwände und Vorwürfe mißt. Das gilt sowohl für das Verhältnis zur Natur wie für die Lebensverhältnisse der Menschen untereinander.

Wenn die ökologische Bewegung unserer Tage fordert, die Menschen sollten wieder im Einklang mit der Natur leben, so wird jenes Wunschbild vollkommener Einträchtigkeit sogar mit dem deutschen Wort für Harmonie ausdrücklich beschworen. Wo aber finden wir wirklich Harmonie, wenn wir uns die Wechselbeziehungen zwischen den natürlichen Lebewesen nüchtern und ohne Vorurteil anschauen? Da wird geplündert, gejagt und getötet. Da herrscht ein einziges Fressen und Gefressenwerden. Da wird ausgemerzt, was nicht stark und lebensfähig ist. Da geht der Einklang des Schmarotzers mit seinem Wirt oft nicht einmal so weit, ihn wenigstens für weitere Ausbeutung am Leben zu erhalten. Es ist schon sehr erstaunlich, daß eine Bewegung, die sich des Namens der Ökologie bemächtigt hat, die Augen davor verschließt, was jene Wissenschaft über die wirklichen Verhältnisse in der Natur herausgefunden hat! Schließlich hat auch noch niemand sagen können, wie denn der Mensch überhaupt leben sollte, ohne die Natur auszubeuten; die Antwort der Vegetarier jedenfalls wirkt wenig überzeugend. Und als der Mensch noch ein Wilder war, lebte er mit der Natur nur insofern in größerem Einklang, als recht oft auch er gefressen wurde. Die Vorstellung von der Harmonie der Naturverhältnisse ist also ebenfalls ein Vorurteil, das der kritischen Prüfung nicht standhält und somit auch keinen triftigen Grund gegen die moderne Technik abgibt.

Das Vorurteil von der heilen Gemeinschaft

Wie man den Wolf gerne gemeinsam mit den Lämmern weiden sehen möchte, so träumt man auch immer wieder von der heilen, glücklichen und konfliktfreien Gemeinschaft friedfertiger Menschen, die sich in Selbstbescheidung und Zufriedenheit ihrer Arbeit erfreuen. Unglaubliche Idyllen malt Lewis Mumford aus, wenn er von der Glückseligkeit der neolithischen Ackerbauern und der mittelalterlichen Handwerker zu schwärmen beginnt.[19] Hartmut Bossels Vision alternativer Lebensformen, in denen kein vernünftiges Bedürfnis unbefriedigt bleibt und keinerlei Konflikt zwischen den Menschen und ihren Interessen auftritt, hatte ich bereits vorher erwähnt. Als märchenhafte Wunschvorstellung ist ein solcher Traum ja durchaus verständlich. Ideologisch aber wird das Ganze, wenn man vorgibt, eine derartige Idylle habe es zu irgendeiner Zeit wirklich gegeben, oder sie lasse sich in Zukunft tatsächlich herbeiführen. Träume vom paradiesischen Leben sind wohlfeil, doch ein irreführendes Vorurteil ist es, solches sei Wirklichkeit gewesen, bevor die inhumane Technik all das zerstört habe. Mehr noch: Die Idee von der harmonischen Menschengemeinschaft wird selbst inhuman, wenn man mit ihrer Hilfe die tatsächlichen Interessengegensätze, die zwischen Menschen immer wieder vorkommen, als unstatthaft zu unterdrücken sucht und die eigene Vorstellung vom guten Leben den anderen aufzwingen will.

Ein Beispiel dafür hatte ich bereits genannt, als ich von den Wertmaßstäben der Verkehrsdebatte sprach. Manche Anhänger der ökologischen Bewegung bestreiten rundweg, daß der Wunsch nach Mobilität, der das Auto so attraktiv macht, überhaupt ein legitimes Bedürfnis sei. Und wenn diese Kritiker das Sagen hätten, würden sie das Gros ihrer Mitbürger womöglich zu jenem Verzicht zwingen, den sie gegenwärtig nur predigen können. Die Menschen wären »glücklicher, wenn sie miteinander arbeiten und verzichten könnten«, sagt Ivan Illich[20], und er ist keineswegs der einzige, der zu Bedürfnisunterdrückung und Askese aufruft. Auch der »wertkonservative« Erhard Eppler bekennt sich zu Werten wie »Dienst« oder »Fähigkeit zum Verzicht«.[21] Das sind in der Tat konservative Werte, aber sie sind konservativ im historischen Sinn. Der »demokratische Sozialist« Eppler scheint übersehen zu haben, daß gerade solche Werte immer wieder von den Herrschenden proklamiert worden sind, um Strukturen zu bewahren, in denen sie ihre eigenen Privilegien gegen die große Menge der Unterprivilegierten aufrechterhalten konnten. Der Wert der Askese hat immer zur Unterdrückung wachsender Bedürfnisse angesichts ungleicher Mittelverteilung herhalten müssen. Askese paßt maßgenau ins konservative Menschenbild. Wenn das Wesen des Menschen unverändert bleibt, kann es auch keine neuen Bedürfnisse entwickeln. Und wenn die wirklichen Menschen davon nichts wissen wollen und, um noch mal aufs Beispiel zurückzukommen, die verkehrstechnisch gewonnene

Mobilität zum neuen Bedürfnis ihrer Selbstentfaltung machen, dann darf nicht sein, was nach konservativem Credo nicht sein kann, und kulturgeschichtliche Bedürfnisentfaltung wird zur ausschweifenden Entartung gemacht, der man Rückbesinnung und Askese predigen muß.

Auch hier darf man mich nicht mißverstehen. Wenn ich bezweifle, daß das konservative Ideal der Askese menschengerecht und sozialverträglich ist, will ich nicht umgekehrt die hemmungslose Verschwendungssucht verteidigen, die in manchen Auswüchsen der Konsumwirtschaft erkennbar ist. Wenn ich auch die Entwicklung neuer Bedürfnisse mit Karl Marx für »geschichtliche Tat« halte[22], so will ich damit nicht jedes Luxusbedürfnis rechtfertigen, das heute den Zeitgenossen von den geheimen Verführern suggeriert wird. Auch rechne ich, diesmal gegen Marx, nicht damit, daß »alle Springquellen des genossenschaftlichen Reichtums« einmal so voll fließen werden, daß wir uns jenes berühmte »Jeder nach seinen Fähigkeiten, jedem nach seinen Bedürfnissen!«[23] leisten können. Gerade wegen ihrer kulturgeschichtlichen Entfaltung werden die menschlichen Bedürfnisse stets größer sein als die zu ihrer Befriedigung verfügbaren Mittel. Und eine wohlverstandene Sparsamkeit ist, angesichts verringerter Rohstoff- und Energievorräte, ohnehin ein Gebot des gesunden Menschenverstandes. Das aber hat nichts mit Askese, nichts mit Bedürfnisversagung um ihrer selbst willen zu tun. So hege ich den Argwohn, daß das asketische Prinzip nicht, wie beispielsweise Ivan Illich erklärt, die notwendige Konsequenz aus der behaupteten planetarischen Krise darstellt, sondern umgekehrt ideologische Voraussetzung dafür ist, die gegenwärtige Verfassung von Technik und Gesellschaft überhaupt für derart trostlos zu halten: Nur weil man den materiellen Wohlstand, der in den Industriegesellschaften ja doch erreicht worden ist, nicht als wertvoll anerkennt, fällt die Gesamtbilanz, die von der pauschalen Technikkritik gezogen wird, so negativ aus.

Die Abneigung gegen zweckrationale Planung

Angenommen, diese negative Gesamtbilanz wäre zutreffend, so sollte man eigentlich erwarten, daß aus dieser Kritik klar umrissene Handlungspläne zur Besserung der Verhältnisse abgeleitet würden. Man hätte den erwünschten Idealzustand zu beschreiben, man hätte Ziele festzulegen, in denen sich der Wunschzustand konkretisiert, man hätte nach Mitteln zu suchen, mit denen man die Ziele erreichen kann, man hätte zu prüfen, welche unerwünschten Nebenfolgen beim Einsatz der Mittel auftreten könnten, man hätte abzuwägen und gegebenenfalls das geringere Übel in Kauf zu nehmen, und man hätte schließlich planmäßig jene Ziele zu verwirklichen, die dem erwünschten Idealzustand möglichst nahe sind.

Nun finden sich aber solch konstruktive Konzepte in der pauschalen Technikkritik kaum. Was ich beschrieben habe, ist nämlich die Vorgehensweise, die man als zweckrational bezeichnet. Diese Zweckrationalität aber, die jeder bewußten Planung und Gestaltung zugrunde liegt, ist für den Konservatismus ein rotes Tuch. Wer fordert, daß alles beim alten bleiben müsse, weil sich die Menschen ohnehin nicht verändern können, wer als Wandel allenfalls organisches Wachsen und Vergehen akzeptieren kann, der muß den menschlichen Anspruch, das Schicksal durch bewußte Planung selber in die Hand zu nehmen, für anmaßend und verhängnisvoll halten. Max Weber hat bekanntlich die Auffassung vertreten, der Modernisierungsprozeß der Neuzeit sei ganz wesentlich durch die Verbreitung zweckrationaler Handlungsformen gekennzeichnet. Wenn das stimmt – und vieles spricht dafür –, so muß eine Gegenbewegung wie der Konservatismus, der diesen Modernisierungsprozeß ablehnt, selbstverständlich auch zweckrationales Planen und Handeln verurteilen. Begierig werden dann alle bisherigen Schwächen, Fehler und Mißerfolge rationaler Planung, die selbstverständlich nicht allwissend und nicht allmächtig sein kann, vom konservativen Denken aufgegriffen und angeprangert, um das ganze Prinzip der Zweckrationalität in Mißkredit zu bringen.

So ist es kein Wunder, daß gerade auch die unerwünschten Nebenfolgen der Technik, in der das zweckrationale Planen und Handeln eine besondere Rolle spielt, als verdiente Strafe menschlichen Übermutes verstanden werden. Und es ist auch kein Wunder, daß die pauschale Technikkritik von zweckrationalen Korrekturen und Weiterentwicklungen nichts wissen will, sondern statt dessen auf Sinneswandel und Rückkehr zu vorindustriellen Verhältnissen setzt. Die Vorliebe für bäuerliche und handwerkliche Arbeitsformen in kleinen, gewachsenen Gemeinschaften, eine Vorstellung, die in der aktuellen Technikdebatte mit dem Konzept der sanften, mittleren und alternativen Technik verbunden ist, spricht eine deutliche Sprache: Zweckrationales Planen und Handeln soll nicht weiterentwickelt und verbessert, sondern überflüssig gemacht werden.

Freilich lebt das Vorurteil gegen die Zweckrationalität nicht nur von konservativem Irrationalismus, der als verhängnisvolle Grundströmung deutschen Denkens die Romantik, die Lebensphilosophie und in seinen Entartungen schließlich auch den Faschismus bestimmt hat. Zum Teil lebt es auch von dem Mißverständnis, das tatsächlich verkürzte Rationalisierungsprinzip der Ökonomie mit wirklicher Rationalität zu verwechseln. Eigentlich könnte man zwar wissen, daß das ökonomische Rationalprinzip nichts anderes verlangt, als einen bestimmten Nutzen mit geringstmöglichem Aufwand zu erzielen, und überhaupt nichts mit der kritischen Prüfung zu tun hat, welcher Nutzen für wen anzustreben ist. Aber gewisse Schwächen verkürzter ökonomischer Rationalität sind antirationaler Ideologie natürlich gerade recht, um rationales Denken überhaupt zu denunzieren und in Mißkredit zu bringen, wodurch sich die Menschen doch überhaupt erst vor anderen Lebewesen auszeichnen. Denn auch die Emotionen, soweit sie nicht elementare Affekte darstellen, erweisen sich als Bewußtseinsvorgänge, die auf Deutungen aus dem Wissen und Denken der Person angewiesen sind. Es ist also völlig unangebracht, die menschliche Persönlichkeit in gesundes Gefühl und lebensfeindlichen Verstand aufzuspalten. Gefühle ohne rationale Kontrolle richten genausoviel Unheil an wie begrenzte Rationalität, die über vereinzelten Zwecken das übergreifende Wertsystem aus dem Auge verliert. Gewiß geschieht dies – leider! – oft genug, aber man kann doch das Prinzip des rationalen Denkens nicht an den tatsächlichen Verkürzungen messen, die, nicht zuletzt unter dem Einfluß von Emotionen, immer wieder vorkommen. Bleibt man sich der »Dialektik der Aufklärung« – wie Horkheimer und Adorno die Verzerrungen der Rationalität genannt haben – bewußt, gibt es keinen Grund, das Prinzip rationalen Denkens und Handelns über Bord zu werfen.

Nachdem ich die Denkfehler und Vorurteile der pauschalen Technikkritik auf den Begriff gebracht habe, wird sich mancher Leser fragen, wieso diese Auffassungen überhaupt so viele Anhänger für sich gewinnen können. Und er wird es vielleicht gar nicht sinnvoll finden, sich rational mit einem Standpunkt auseinanderzusetzen, der seinerseits weniger auf nüchternes Denken als auf Illusionen und Ressentiments gegründet ist.

Tatsächlich wird diese Ansicht in der gegenwärtigen Diskussion über die Technikfeindlichkeit vertreten. So meint der Sozialpsychologe H.-C. Röglin[24], die Technikfeindlichkeit könne nicht mehr durch Sachinformation abgebaut werden, da sich jeder auf seine Vorurteile zurückziehe; vielmehr müsse auf persönlich-emotionaler Ebene neues Vertrauen geschaffen werden, um die soziotechnische Orientierungskrise zu überwinden. Der Absatz- und Motivationsforscher W. Kroeber-Riel schlägt sogar vor, mit Hilfe von Sozialtechniken gesellschaftliche Widerstände gegen den technischen Fortschritt zu verringern und abzubauen; als besonders wirksam hätten sich bei der emotionalen Beeinflussung der Bevölkerung Fernseh- und Videofilme erwiesen.[25]

Solche Vorschläge nehmen die Technikkritik, so glaube ich, nicht ernst genug, fordern sie gar in ärgerlicher Weise heraus, wenn sie in wahrhaft technokratischer Manier Diskussion und Urteilsbildung durch Meinungsmanipulation ersetzen wollen. Überdies verkennen sie, was ich schon in der Einleitung betont hatte und nun ausdrücklich wiederholen muß: Die Denkfehler und Vorurteile, die ich hier aufgedeckt habe, sind nur der überzogene ideologische Überbau; auf der Basis realer Erfahrungen zeigen manche Bereiche der Technik tatsächlich schwerwiegende Schwächen und Fehler, die es zu überwinden gilt. Darum kann eine Technikkritik, die konkret wird und ins Detail geht, auch nicht so ohne weiteres zurückgewiesen werden. Gleichzeitig aber entzieht differenzierte Technikkritik den ideologischen Pauschalurteilen den Boden. Differenzierte Technikkritik greift auf, was in der gegenwärtigen Technikdebatte zu Recht gegen bestimmte Fehlentwicklungen vorgebracht wird und bricht damit der ideologischen Verallgemeinerung die Spitze ab. Nicht um eine »politische« und »romantische« Kritik der Technik geht es – wobei das, was Hans Sachsse als politische Kritik einstuft, im Grunde auch höchst romantische Züge trägt –, sondern um eine nüchterne und abwägende »Ergebniskritik an der Technik«![26]

Die logischen und ideologischen Fallstricke der pauschalen Technikbewertung sind nun beiseite geräumt. Der Weg ist frei, um die wirklichen Mängel der Technik zu erkennen.

Drittes Kapitel

Statt »die« Technik pauschal zu verurteilen oder ebenso pauschal zu verherrlichen, muß eine differenzierte Technikkritik die *wirklichen Mängel* in Teilbereichen der gegenwärtigen Technosphäre nüchtern und vorurteilsfrei herausarbeiten. Dazu gehören von Fall zu Fall: die begrenzte Zuverlässigkeit und Lebensdauer technischer Systeme; die verspielte Überflüssigkeit vieler neuer Produkte; die Beeinträchtigungen der natürlichen Umwelt; die Belastungen und Gefährdungen der menschlichen Gesundheit; gewisse Einschränkungen des individuellen und gesellschaftlichen Handlungsspielraums; manche Begrenzungen der Persönlichkeitsentfaltung in Berufsarbeit und Freizeit; die übersteigerte Abhängigkeit des Laien vom Können, Wissen und Urteil der Experten; sowie der verbreitete Eindruck von der Undurchschaubarkeit der Technosphäre. Manche Unvollkommenheiten liegen in der Natur der Sachen. Die meisten Mängel dagegen wären vermeidbar, wenn sich Entwicklung und Gestaltung nicht auf die technischen Sachen beschränken, sondern deren umfassenden Wirkungszusammenhang einbeziehen würden.

Die pauschalen Urteile über die Technik lauten: Alle Technik ist gut; wir können sie zwar weiterentwickeln, brauchen aber nichts zurückzunehmen. Oder: Die moderne Technik ist so widernatürlich und unmenschlich geworden, daß wir eine ganz andere Technik brauchen. Beide Pauschalurteile habe ich zurückgewiesen, und ich habe die Denkfehler und Vorurteile aufgedeckt, die ihnen zugrunde liegen. Ich habe mir damit allerdings eine Schwierigkeit eingehandelt, die jetzt zum Vorschein kommt. Ich habe kritisiert, daß die pauschale Technikbewertung subjektive Wertvorstellungen unzulässig verallgemeinert und die Vielfalt möglicher Wertmaßstäbe vernachlässigt. Jetzt aber will ich selbst wirkliche Mängel der Technik aufdecken, und der aufmerksame Leser wird sich fragen, wie sich überhaupt entscheiden läßt, was ein wirklicher Mangel der Technik ist.

Ohne Wertmaßstäbe geht das sicher nicht, und ich will auch gar nicht vortäuschen, man könnte Mängel feststellen, wie man Tatsachen feststellt. Ein Mangel besteht ja darin, daß etwas Erwünschtes oder Benötigtes fehlt, und in dem, was da erwünscht oder benötigt wird, kommen selbstverständlich Werte zum Ausdruck. Es sieht also so aus, als hätte ich für die folgenden

Überlegungen nur zwei Möglichkeiten: Entweder ich unterstelle mein persönliches Wertsystem und bekenne meine subjektive Einschätzung der Technik, oder ich gehe von einem überindividuellen Wertsystem aus, von dem ich behaupte, daß es von der Mehrzahl der Mitmenschen geteilt wird. Der erste Weg wäre nicht besonders schwierig, aber unbefriedigend und wenig überzeugend. Der zweite Weg dagegen scheint beim gegenwärtigen Stand der Diskussion ein Ding der Unmöglichkeit zu sein; zu vielfältig und zu widersprüchlich sind die vorliegenden Äußerungen der empirischen und der spekulativen Wertforschung.[1]

Ich muß mich also auf jene Bescheidenheit besinnen, die ich schon im letzten Kapitel gegenüber der pauschalen Technikbewertung geltend gemacht habe. Ebenso, wie eine globale Technikbewertung aus logischen und arbeitsökonomischen Gründen unmöglich erscheint, wäre es auch vermessen, wenn ein einzelner einen vollständigen Katalog aller Mängel der Technik zusammenstellen wollte. Ich entziehe mich daher dem Dilemma, das ich eben dargestellt habe, indem ich im folgenden lediglich eine Reihe von Beispielen behandeln werde, für die viele Menschen konkrete Beanstandungen geltend machen. Solche Beanstandungen, denen ich mich anschließe, liegen nicht auf jener hohen Ebene, auf der von der heilen Welt und vom glückerfüllten Leben geträumt wird; sie sind eher in den gewöhnlichen Niederungen des Alltags angesiedelt, worin die Menschen allzuoft erleiden müssen, was sie nicht wollen, und hinnehmen müssen, was ihren wie auch immer gearteten Plänen für ein glückliches Leben unnötige Schranken setzt.

Ich gehe also nicht davon aus, was positiv sein soll – das wäre das umfassend ausgearbeitete Wertsystem –, sondern beschränke mich darauf, was vermieden werden sollte, damit möglichst viele Optionen offenbleiben. Gegenüber dem utopischen Standpunkt bevorzuge ich hier den kritischen Standpunkt: Was die Menschen alles wollen und wollen sollen, ist redlicherweise kaum auf einen Nenner zu bringen, doch was sie keinesfalls wollen und wollen können, läßt sich, jedenfalls in der Durchschnittsbetrachtung, leichter ausmachen. Sowenig wie der Staat ist die Technik berufen, den Menschen ein bestimmtes Glück zu bescheren; aber ebenso wie der Staat soll auch die Technik alles vermeiden, was die Entfaltung der individuellen Glückschancen unnötig behindert.

Was also ist es, was die Menschen im Durchschnitt auf keinen Fall wollen? Die ersten Antworten sind sehr einfach: Sie wollen nicht Hunger und Durst leiden, nicht schutzlos gegen Wind und Wetter sein, nicht ständig zu körperlicher Anstrengung gezwungen sein, nicht dauernd arbeiten müssen, um zu überleben. Damit freilich lassen sich keine Mängel der Technik aufdecken, sondern im Gegenteil ihre unbestreitbaren Vorzüge bekräftigen. Denn zumindest in den Industrieländern ist es gerade die hochentwikkelte Technik, die den Menschen all jene Unzuträglichkeiten erspart. Aber – damit taucht doch der erste Mangel auf – es handelt sich um Lebenserleichterungen auf Widerruf: Die technisch ermöglichte Existenzsicherung und Lebenserleichterung ist nur so lange gewährleistet, wie die technischen Mittel funktionsfähig bleiben.

Unzuverlässigkeit der Technik

Manchmal fängt der Ärger schon an, wenn man ein fabrikneues Gerät ausgepackt hat und in Betrieb setzen will: Weil sich bei der Herstellung ein Fehler eingeschlichen hat, der vor der Auslieferung nicht entdeckt wurde – manche Hersteller verzichten aus Kostengründen darauf, jedes einzelne Erzeugnis zu prüfen, und begnügen sich mit einer sogenannten statistischen Qualitätskontrolle –, ist das nagelneue Erzeugnis von vornherein nicht funktionsfähig. Gewiß hat der Käufer einen rechtlich abgesicherten Gewährleistungsanspruch, der vom Händler oder Hersteller durchweg schnellstens durch Ersatzlieferung oder kostenlose Reparatur erfüllt wird. Doch die erste Enttäuschung ist kaum wiedergutzumachen; man hat ja nicht nur Geld investiert, sondern auch die Erwartung, nun endlich mit dem Kofferradio Musik hören, mit dem Handmixer Schlagsahne bereiten oder mit der Schreibmaschine Briefe schreiben zu können. Und statt sich der neuen Möglichkeiten erfreuen zu können, hat man neben der Enttäuschung auch den Aufwand zu tragen, daß man das Produkt zum Umtausch oder zur Reparatur zurücktransportieren, unter Umständen tage- oder wochenlang entbehren und schließlich wieder abholen muß. Gewiß sind solche Erfahrungen nicht die Regel, doch kommen sie oft genug vor. Es ist noch nicht lange her, daß ein Autokäufer schließlich das Gericht anrufen mußte, weil sein neues Auto in den ersten sechs Monaten zusammengerechnet fünf Monate lang zur Behebung der verschiedensten Material- und Herstellungsfehler in der Werkstatt verbrachte. Die Gewährleistung sorgt zwar dafür, daß man letzten Endes ein funktionsfähiges Produkt erhält; für die damit zusammenhängenden Belastungen, den Nutzungsausfall, die zusätzlichen Wege, Telefonate und Briefe sowie für Enttäuschung und Ärger bekommt man jedoch keinen Schadensersatz.

All diese Belastungen treffen den Benutzer natürlich erst recht in dem viel häufigeren Fall, daß sich bei einem Produkt nach einer gewissen Nutzungsdauer ein Defekt einstellt. Wir stoßen hier auf eine prinzipielle Unvollkommenheit der Technik, die, jeder Alltagserfahrung und jedem Expertenwissen zum Trotz, von Perfektionsphilosophen wie Friedrich Georg Jünger erstaunlicherweise übersehen wird. Nichts auf dieser Erde besteht ewig, und das gilt natürlich auch für die Materialien und Bauteile, aus denen sich technische Erzeugnisse zusammensetzen. Werkstoffe ermüden und altern durch häufig wechselnde Beanspruchung und werden durch Klimaeinflüsse und andere Umgebungseinwirkungen angegriffen. Bauteile, die einander in drehender oder hin- und hergehender Bewegung berühren, werden durch die Reibung an diesen Berührungsflächen nach und nach abgeschliffen, bis die Bewegungsabläufe schließlich den Genauigkeitsanforderungen nicht mehr genügen. Verbindungen zwischen Bauteilen können sich durch häufig auftretende Schwingungen oder Stöße allmählich lösen und die Wirkungsketten des Erzeugnisses unterbrechen. Unvermeidliche Verschmutzung durch den allgegenwärtigen Staub, aber auch durch Verunreinigungen im Arbeitsmedium (zum Beispiel im Wasser bei der Waschmaschine), im Kraftstoff oder im Schmiermittel sammeln sich an kritischen Stellen des Erzeugnisses an, bis die Funktionsfähigkeit gestört wird. In derartigen Vorgängen besteht der Verschleiß technischer Produkte. Sie haben naturgesetzliche Gründe und sind daher im Prinzip unvermeidbar. Zwar sind beträchtliche Ingenieurleistungen aufgewendet worden, um die Verschleißfaktoren zu verringern und die Zuverlässigkeit von Erzeugnissen zu erhöhen, doch sind solchen Bemühungen letzten Endes wissenschaftlich-technische Grenzen gesetzt; freilich stehen der weiteren Erhöhung der Zuverlässigkeit oft auch wirtschaftliche Erwägungen verschiedener Art entgegen.

Der vorzeitige Verschleiß bestimmter Teile eines Produktes muß also von vornherein einkalkuliert werden, und das heißt, es müssen Reparaturmöglichkeiten vorgesehen werden. Gerade hier aber liegt, vor allem bei technischen Konsumgütern, vieles im argen. Schon in der Einleitung hatte ich ein Beispiel dafür genannt, wie wenig reparaturfreundlich viele Produkte heute sind. Gewiß gibt es Konflikte zwischen Reparaturfreundlichkeit und Fertigungsaufwand: Reparaturfreundlichkeit bedeutet u. a., daß sich das Produkt leicht zerlegen läßt, also aus lösbaren Verbindungselementen zusammengesetzt ist; diese zu montieren, bedeutet aber für die Herstellung hohen Aufwand, so daß man, um den Anschaffungspreis niedrig zu halten, oft die Reparaturfreundlichkeit vernachlässigt. Im Grunde ist das natürlich Augenwischerei. Denn es geht mir ja nicht darum, möglichst billig in den Besitz einer Waschmaschine zu kommen, die dann als toter Gegenstand in der Ecke steht; vielmehr geht es mir um den Gebrauchsnutzen, den ich möglichst oft und möglichst lange haben möchte. In den Aufwand, den ich dafür aufzubringen habe, müssen dann auch alle Wartungs- und Reparaturkosten eingerechnet werden, und je schlechter sich das Gerät reparieren läßt, desto mehr muß ich dafür bezahlen. Hersteller, welche die Reparaturfreundlichkeit ihrer Produkte zugunsten niedriger Neupreise vernachlässigen, verlagern also lediglich einen Teil des Aufwandes, den der Verwender tragen muß, von der Anschaffung in die spätere Nutzung – wobei dann doppelt und dreifach zu bezahlen ist, was man bei der Anschaffung gespart hat. Natürlich spielen hier auch die Gewinnabsichten der Hersteller mit. Alle großen Unternehmen, dic technische Konsumgüter herstellen, unterhalten eigene Service-Organisationen, und an jeder Reparaturstunde, die der Monteur benötigt, verdient das Unternehmen mit. Da es außerdem auch an den Ersatzteilen verdient, liegt der Verdacht auf der Hand, daß die Service-Abhängigkeit technischer Konsumgüter ein Instrument der langfristigen Gewinnsicherung darstellt.

Es ist daher auch nicht verwunderlich, wenn die Hersteller wenig unternehmen, um den Käufer über den Aufbau des Produktes zu informieren und ihn darüber aufzuklären, wie er kleinere Schäden selbst beheben kann. Bei Großgeräten erreichen Reparaturkosten selbst bei Bagatellschäden leicht zehn bis zwanzig Prozent, bei kleineren Geräten häufig über fünfzig Prozent der Anschaffungskosten. Und einen nicht unerheblichen Teil der Bagatellschäden könnte der Verwender bei durchschnittlicher

Geschicklichkeit selbst beheben, wenn die Bedienungsanleitung, statt zum Kauf des hervorragenden Produktes zu gratulieren, die erforderlichen Reparaturanleitungen mitteilen würde. Gewiß gibt es Sicherheitserwägungen, die den Laien von manchen Reparaturarbeiten ausschließen. Wenn jedoch im Ersatzteillager eines großen deutschen Elektrokonzerns ein Schild darauf hinweist, daß Einbauanleitungen für Ersatzteile nicht gegeben werden, weil die Reparatur von Elektrogeräten den dafür autorisierten Werkstätten vorbehalten sei, so scheint denn doch das Interesse am Zunftmonopol zu überwiegen; wer nämlich schon Ersatzteile kauft, der ist auch entschlossen, selbst zu reparieren, und um dessen Sicherheit wäre es besser bestellt, wenn der Hersteller den Ersatzteilen narrensichere Montageanleitungen beigeben würde.

Geplanter Verschleiß?

Allzuoft freilich lassen sich ältere Geräte schon darum nicht mehr reparieren, weil der Hersteller den Ersatzteilnachschub eingestellt hat. Oder die Reparatur wäre so teuer, daß man besser gleich ein neues Erzeugnis kauft. Durch die Mängel des Instandhaltungssystems werden also nicht nur Unmengen kostbarer Arbeitsstunden, sondern auch wertvolle Materialien vergeudet, indem aus wirtschaftlichen Gründen zu verschrotten ist, was technisch gesehen ohne weiteres die Reparatur lohnte. Nun muß man bei solchen Erwägungen heute auf das Argument gefaßt sein, das alles sichere doch Arbeitsplätze. Darum will ich mit einer vereinfachten Rechnung zeigen, daß wir bei besseren Produktkonzepten weniger arbeiten brauchten und doch genau so gut leben könnten. Nehmen wir an, ein Auto der Mittelklasse koste heute 20 000 Mark und halte zehn Jahre; man muß also Abschreibungskosten von 2000 Mark im Jahr ansetzen. Nun wäre es nach dem Stand der Technik ohne weiteres möglich, für 26 000 Mark das gleiche Auto so zu bauen, daß es doppelt so lange hält.[2] Damit würden sich die Abschreibungskosten um 700 Mark pro Jahr verringern. Selbst wenn man 5% Zinsen für die zusätzlich investierten 6000 Mark berücksichtigt, bleibt eine Ersparnis von 400 Mark pro Jahr übrig, was, bei einem Stundenlohn von 15 Mark, eine Einsparung von mehr als drei Arbeitstagen pro Jahr bedeuten würde. Mit anderen Worten: Der Besitzer des Langzeitautos könnte sich eine Arbeitszeitverkürzung von drei Tagen pro

Jahr ohne Lohnausgleich leisten und würde doch kein bißchen schlechter leben. Verallgemeinert man diese Modellrechnung, so läßt sich leicht abschätzen, daß wir alle einige Stunden in der Woche lediglich deshalb arbeiten, weil wir den vorzeitigen Verschleiß unvollkommener technischer Erzeugnisse finanzieren müssen.

Manchmal gar taucht der Verdacht auf, die Lebensdauer technischer Produkte werde absichtlich kurz gehalten, damit das Geschäft mit den Ersatzbeschaffungen nicht zum Erliegen kommt, und hartnäckig halten sich die Gerüchte, daß Erfindungen für haltbarere Produkte absichtlich unterdrückt werden. Es liegt im Wesen solcher Gerüchte, daß sie nicht beweisbar sind, aber ihre Behauptungen sind auch nicht ganz unwahrscheinlich[3], wenn man die bekannten Verfahren der künstlichen Produktveraltung in Betracht zieht. Diese künstliche Produktveraltung – man spricht auch von geplanter Obsoleszenz – besteht darin, ein durchaus noch funktionsfähiges Erzeugnis einfach dadurch als veraltet erscheinen zu lassen, daß ein mehr oder minder verändertes Produkt auf den Markt gebracht wird. Dazu bedienen sich die Hersteller einer entwicklungspolitischen Salamitaktik und geben technische Fortschritte immer nur scheibchenweise in ihre Produkte ein; dadurch erscheint in recht kurzen Abständen immer wieder ein neuer Typ des im Grunde gleichen Produkts, und der Käufer des Vorgängermodells bekommt das dumme Gefühl, nicht mehr auf dem neuesten Stand der Technik zu sein. Wenn schließlich die Hersteller mit keinerlei technischer »Neuerung« aufwarten können, weichen sie auf rein modische Veränderungen aus, ändern nur die äußere Form des Erzeugnisses oder propagieren neue Modefarben. Besonders kraß waren beispielsweise die Auswüchse im amerikanischen Automobilangebot, wo trotz stagnierender technischer Entwicklung Jahr für Jahr neue Modelle auf den Markt kamen, die sich lediglich in der Größe der Heckflossen und der Form der Zierleisten voneinander unterschieden.

Überflüssige Produkte

In den gleichen Zusammenhang gehören zahlreiche »neue« Produkte, deren Gebrauchswert, im Vergleich zu den herkömmlichen Verfahren der Bedürfnisbefriedigung, äußerst fragwürdig ist. Auf meiner Liste der Nonsens-Produkte stehen elektrisch betriebene Zahnbürsten, Fleischmesser, Eierkocher und Händetrockner; Telespiele und Schachcomputer; Armbanduhren mit Digitalanzeige, Heißluftbacköfen und das vielen Süßwaren-Packungen beigelegte Wegwerf-Spielzeug; gewiß könnte man diese Liste verlängern, und die Innovationspolitik, die zur Ankurbelung des Wirtschaftswachstums empfohlen wird, beschert uns gewiß noch manche weiteren Posten. Ich gebe zu, daß man in jedem Einzelfall streiten kann, ob die technische Spielerei wirklich zu verurteilen ist. Manch einer, der von erweiterter Mitbestimmung und Bürgerbeteiligung sonst gar nicht viel hält, entdeckt hier plötzlich sein Herz für die Selbstbestimmung des Verbrauchers, der doch all diese Produkte kauft. Ich frage dann jedoch nach der Informationspflicht von Unternehmern, Wissenschaftlern und Entwicklungsingenieuren, die, um ein Beispiel zu nennen, selbstverständlich von der gesicherten arbeitspsychologischen Erkenntnis wissen, daß analoge Zeigerinstrumente immer dann vorteilhafter als Digitalanzeigen sind, wenn man lediglich ungefähre Angaben ablesen will; die also, besser als der unaufgeklärte Verbraucher, wissen müssen, daß Armbanduhren mit Digitalanzeige nur für denjenigen von Nutzen sind, der seinen Tagesablauf nach Hundertstelsekunden einzuteilen pflegt. Und wer sich ausrechnet, daß er sich zehn unerquickliche Arbeitsstunden ersparen könnte, wenn er auf das Telespiel verzichtet, das doch sehr bald an Reiz verliert, der wird wohl auch zu dem Ergebnis kommen, daß all die jahrhundertealten Karten- und Brettspiele von dauerhafterem Unterhaltungswert sind und überdies Geselligkeit lebendig halten, die weitaus befriedigender ist als die Einsamkeit des Knöpfedrückens vor dem Bildschirm. Schließlich – aber damit komme ich schon zum nächsten Mangel der modernen Technik – wird man sich zu fragen haben, wie lange diese zweifelhafte Innovationswut noch vertretbar ist, wenn die verfügbaren Rohstoffe, die ja auch für all diese neuen Produkte aufgezehrt werden, knapper und knapper werden.

Belastungen der natürlichen Umwelt

Zwar hatte ich in den letzten Kapiteln jene schwärmerische Verehrung der Natur zurückgewiesen, die in der traditionellen Kulturkritik und in der pauschalen Technikkritik unserer Tage immer wieder auftritt. Doch hindert mich das keineswegs daran, jene handfesten Beeinträchtigungen der natürlichen Umwelt zur Kenntnis zu nehmen, die tatsächlich von der Technik ausgehen. Ich halte es, wie gesagt, nicht für angemessen, die Unberührtheit der Natur zum Selbstwert zu erheben, doch ganz sicher wollen die Menschen nicht, daß ihre natürlichen Lebensgrundlagen gefährdet oder gar zerstört werden. Die differenzierte und vielfach bereits wissenschaftlich belegte Kritik am technischen Mißbrauch der Natur behält auch dann recht, wenn man Natur nicht als Selbstzweck, sondern lediglich als Mittel zu menschlichen Zwecken betrachtet.

Damit meine ich vor allem den verschwenderischen Verbrauch der begrenzten Rohstoffvorräte und der nicht erneuerbaren Energieträger, die Ablagerung von technischem Schrott und Abfall, der nicht binnen angemessener Frist in naturverträgliche und unschädliche Zustände zurückgeführt werden kann, sowie die immer bedrohlicher werdenden Einflüsse von Abfallstoffen, Abgasen und Wärmeverlusten auf Gewässer, atmosphärische Luft und Klima. Ich erwähnte bereits die Rohstoffverschwendung durch Wegwerfprodukte. Und ich greife aus der Fülle der längst bekannten Beispiele lediglich die Kernenergietechnik heraus, die bislang in Kauf zu nehmen beabsichtigt, zigtausende von Tonnen radioaktiver Rückstände irgendwo auf der Erde abzulagern, Rückstände, die über Tausende von Jahren nicht aufhören werden, lebensgefährliche Strahlung abzugeben. Und ich nenne noch das Beispiel der Feuerungstechnik, die bei der Verbrennung fossiler Energieträger wie Kohle und Erdöl inzwischen derartige Mengen von Schadstoffen an die atmosphärische Luft abgibt, daß große Waldgebiete von der Vernichtung bedroht zu sein scheinen. Hier treten Mängel der Technik in Erscheinung, die in der Tat nicht länger hinzunehmen sind. Freilich rechtfertigt diese Feststellung nicht die schon früher kritisierten Pauschalurteile; die Mikroelektronik zum Beispiel, deren informationstechnische Leistungen für eine Vielzahl erwünschter Zwecke, etwa für die Humanisierung des Arbeitslebens oder für die sparsame Steuerung energietechnischer Prozesse, von höchster Bedeutung sind, kommt mit einem Minimum von Rohstoffen aus, die im Überfluß verfügbar sind, und belastet weder in der Nutzung noch bei der Verschrottung die natürliche Umwelt.

Die Emissionen technischer Anlagen und Geräte können nicht nur die natürliche Umwelt, sondern auch die organische Natur des Menschen gefährden. Bekannt sind die Smogsituationen in vielen Industriestädten, wenn ungünstige Witterung die weiträumige Verteilung der Abgase von Industrie, Haushalten und Verkehrsmitteln verhindert, so daß sich gesundheitsschädliche Schadstoffkonzentrationen in der Luft ergeben. Zahlreiche technische Aggregate entwickeln bei ihrem Betrieb ein Übermaß an Lärm, der von der schlichten Störung über körperlich-seelische Beeinträchtigungen bis hin zur Organschädigung des Gehörs reichen kann. Schon der Lärm, den die Anwohner einer verkehrsreichen Hauptstraße Tag und Nacht erdulden müssen, ist keineswegs erfreulich. Der Geräuschpegel in einem Karosseriewerk der Autoindustrie ist so hoch, daß man kaum sein eigenes Wort versteht und daß den dort Arbeitenden nahegelegt wird, Ohrschützer zu tragen, die dann wohl die Lärmbelästigung verringern, aber dem Arbeitenden auch ein höchst eigentümliches Gefühl der Isolation aufzwingen. Und wenn man, wie mir das einmal in einem Athener Hotel widerfuhr, eine Nacht in der Einflugschneise eines großen Flughafens verbracht hat und wegen des ohrenbetäubenden Lärms der landenden Düsenmaschinen keinen Schlaf hat finden können, dann versteht man die Bürgerproteste, die allenthalben gegen den weiteren Ausbau von Flughäfen entbrennen. Nun werden zugegebenermaßen gewisse Anstrengungen unternommen, die Lärmbelästigungen, soweit sie nicht aus physikalischen Gründen unvermeidbar sind, nach Kräften zu verringern, indem man möglichst schon die Entstehung von Lärm zu verhindern sucht. Auf einem anderen Blatt steht es dann aber, wenn vor allem junge Leute sich in Diskotheken oder auch zu Hause durch Mißbrauch der Kopfhörer aus freien Stükken einer Intensität der Beschallung aussetzen, die schon in vielen Fällen zu nachweislichen Gehörschäden geführt hat.

In der Produktion ist es nicht nur der Lärm, sondern oft auch die Verschmutzung der Arbeitsstätten durch aggressive Stäube, Gase und Gerüche, die, um das mindeste zu sagen, das Wohlbefinden der Arbeitenden beeinträchtigt und mit sogenannten Schmutz- oder Gefährdungszulagen nur unzureichend abgegolten wird, wenn gesundheitliche Spätfolgen zu befürchten sind.

Soweit die schädlichen Nebenwirkungen bestimmter Produktionsprozesse nicht im Keime zu ersticken sind, verspricht wohl die zunehmende Automatisierung der Produktion Erleichterung, sofern sie die ständige Anwesenheit arbeitender Menschen in der Nähe der Produktionsanlagen entbehrlich macht. Aber so groß das Verdienst der Automatisierung ist, die Menschen von gesundheitsgefährdenden und körperlich strapaziösen Tätigkeiten zu befreien, so problematisch sind doch auch die neuen psychischen Belastungen, denen das Personal automatisierter Anlagen in den Meßwarten, den Steuer- und Überwachungsständen ausgesetzt ist. Bei der Automatisierung von Büro- und Verwaltungsaufgaben werden zunehmend Bildschirmarbeitsplätze eingerichtet, die eine fortgesetzte visuelle Konzentration des Arbeitenden auf die häufig sehr unzulänglich dargebotenen Texte und Graphiken des Bildschirms verlangen; auch hier sind, jedenfalls beim gegenwärtigen Entwicklungsstand, physische und psychische Überbeanspruchungen und entsprechende Auswirkungen auf den allgemeinen Gesundheitszustand zu verzeichnen.

Auch gibt es zahlreiche Beispiele für Produkte, die den körperlichen Anforderungen des menschlichen Organismus nicht genügen. Ich will hier nur die Kunststoffe und da ganz besonders Kleidungsstücke aus synthetischen Fasern erwähnen. Es mag ja sein, daß manche Menschen dagegen unempfindlich sind, doch viele klagen darüber, daß sie sich in Kleidungsstücken aus rein synthetischen Materialien nicht wohl fühlen. Tatsache ist, daß die Hautfeuchtigkeit von derartigen Fasern nicht aufgenommen oder, da sie keine Luftzirkulation zulassen, nicht abgeführt wird. Inwieweit auch die elektrostatische Aufladung synthetischer Textilien Einfluß auf das Wohlbefinden hat, ist wohl nicht hinreichend geklärt, aber doch auch nicht ausgeschlossen. In diesem Beispielfall sind allerdings nicht nur die Mängel bekannt, sondern man hat auch bereits darauf reagiert und verwendet synthetische Fasern immer häufiger nur noch als Beimengungen zu Naturfasern.

Die Beispiele, die ich bis jetzt nannte, betrafen den Normalbetrieb von Produktionsanlagen und Produkten. Doch es können, weil ja kein technisches Gebilde ewig hält, auch Störfälle eintreten, die die Gesundheit, die körperliche Unversehrtheit oder gar das Leben von Menschen bedrohen. Solche Störfälle sind nicht allein, wie Friedrich Georg Jünger meint, die Folge menschlichen

Versagens; vielmehr sind sie häufig darin begründet, daß Technik eben niemals absolute Perfektion erreichen kann, sondern aus naturgesetzlichen Gründen immer irgendwann einmal versagen kann. Je aggressiver die Stoffe und je größer die Energien sind, die dem technischen Prozeß unterworfen werden, desto größer ist auch der Schaden, der im Störfall angerichtet wird. Darum haben sich die Ingenieure schon sehr früh mit der Sicherheit und Unfallverhütung bei gefahrenträchtigen Anlagen und Produkten beschäftigt und sehr erfolgreiche Anstrengungen unternommen, das Ausmaß von Körperverletzungen und Todesfällen beim Versagen technischer Einrichtungen zu verringern. Eine Fülle von Normen, von Vorschriften und Überwachungsaktivitäten sorgt dafür, daß gesundheits- und lebensgefährdende Störfälle nur noch sehr selten auftreten. Anders sieht es freilich aus, wenn wir auch die Unfälle betrachten, an denen menschliches Versagen schuld ist. So gehen die 12 000 Verkehrstoten, die wir in der Bundesrepublik jährlich zu beklagen haben, zum größten Teil nicht auf das Konto technischen Versagens, sondern menschlicher Unzulänglichkeit. Aber auch die muß man natürlich in Rechnung stellen, und man muß sich fragen, ob nicht manche technischen Einrichtungen die gegenwärtige Leistungs- und Reaktionsfähigkeit der Menschen überfordern.

Jedenfalls ist es, aus technischen wie aus menschlichen Gründen, prinzipiell ausgeschlossen, daß technische Anlagen und Geräte absolut sicher sind. Eine gewisse, wenn auch meist äußerst geringe Wahrscheinlichkeit, mit der ein Störfall eintreten kann, ist unvermeidlich. Und wenn auch die statistisch berechnete Wahrscheinlichkeit noch so gering ist, so sagt sie doch nichts darüber aus, ob ich nicht vielleicht doch gerade am nächsten Tag einen Störfall erleben werde. Für Kernkraftwerke will man ermittelt haben, daß der größte anzunehmende Unfall – das ist eine Katastrophe, bei der Zehntausende von Menschen getötet und größere Gebiete im Umkreis des Kraftwerks längerfristig radioaktiv verseucht würden – nur mit der äußerst geringen Wahrscheinlichkeit von höchstens 1 zu 100 000 eintritt, also in einem Zeitraum von 100 000 Jahren höchstens einmal geschieht. Wer sich allerdings damit tröstet, daß 100 000 Jahre eine lange Zeit sind, der vergißt, daß nach den Regeln der Wahrscheinlichkeitstheorie dieses äußerst unwahrscheinliche Ereignis doch genausogut morgen geschehen kann wie in 90 000 Jahren.

Darum halte ich auch den Begriff des Risikos, wie er heute in der sicherheitstechnischen Diskussion verwendet wird, für höchst irreführend. Man definiert nämlich das Risiko durch einen Zahlenwert, der sich ergibt, wenn man die Größe des möglichen Schadens mit der Wahrscheinlichkeit seines Eintretens malnimmt; ein kleiner Schaden mit hoher Wahrscheinlichkeit bedeutet dann das gleiche Risiko wie ein großer Schaden mit sehr niedriger Wahrscheinlichkeit. Da aber die Wahrscheinlichkeit wie gesagt nur für die Durchschnittsbetrachtung, nicht jedoch für die individuelle Betroffenheit von Belang ist, ist es verständlich, wenn sich die Menschen in ihren spontanen Einstellungen und Verhaltensweisen nicht am Risiko, sondern an der Höhe des möglichen Schadens orientieren. Sie tun das übrigens im umgekehrten Fall, wenn es um möglichen Gewinn bei Glücksspielen geht, genauso: Würden sie sich von jenem abstrakten Zahlenwert leiten lassen, der im positiven Fall nicht Risiko, sondern Erwartungswert genannt wird, dann würde sich niemand an Glücksspielen beteiligen. Beim Roulette beispielsweise ist dieser Erwartungswert, wenn man das Zero-Risiko vernachlässigt, in jedem Fall, ganz gleich wie ich setze oder ob ich überhaupt setze, immer derselbe; bei anderen Glücksspielen mag er unter Umständen am höchsten sein, wenn ich gar nicht spiele und mit der Wahrscheinlichkeit 1 meinen Einsatz behalte. Aber wie sich viele Menschen beim Glücksspiel von der Höhe des möglichen Gewinns leiten lassen, auch wenn er noch so unwahrscheinlich ist, so fürchten sich ebenfalls viele Menschen – und ich meine: nicht ohne guten Grund – vor einer Technik, bei deren Versagen, so unwahrscheinlich dies auch sein mag, dann ein derart schreckenerregender Schaden entstehen würde.

Sicherheitstechnik und Risikotheorie haben sich zu umfangreichen Spezialgebieten entwickelt, über die viel mehr zu sagen wäre, als es in diesen wenigen Zeilen möglich ist. Doch muß ich noch einmal betonen, daß es eine in diesem Sinne perfekte Technik nicht gibt und auch nie geben wird. Jede technische Einrichtung kann versagen, auch wenn die Versagenswahrscheinlichkeit in der Regel äußerst gering ist. Da freilich der Störfall, ganz gleich wie unwahrscheinlich er ist, doch in jedem Augenblick auftreten kann, empfiehlt es sich, technische Anlagen so einzurichten, daß, im Falle eines Falles, jedenfalls die Schadenshöhe begrenzt bleibt. Außerdem sind natürlich die Ingenieurbemühungen fortzusetzen, denkbare Störfaktoren ihrer Zufälligkeit zu entheben, sie ursächlich zu erforschen und planmäßig auszuschalten. Und um die früher kritisierte Einäugigkeit im Urteil über die Technik meinerseits zu vermeiden, muß ich daran erinnern, daß in dieser Hinsicht ständig Fortschritte gemacht werden. Dampfkesselexplosionen, Fahrstuhlunfälle, Fahrzeugunfälle durch technisches Versagen, zum Beispiel geplatzte Reifen, und ähnliche technisch bedingte Schadensereignisse treten kaum noch auf; und die Häufigkeit tödlicher Arbeitsunfälle hat sich in der Bundesrepublik von 1950 bis 1982 auf ein Viertel verringert.[4] Schließlich darf man auch nicht vergessen, welch bedeutenden Beitrag die Technik in Verbindung mit Hygiene, Pharmazie und Medizin dazu geleistet hat, Krankheit, körperliches Leiden und frühen Tod erfolgreich zu bekämpfen.

Einschränkungen des Handlungsspielraums

Aber es sind nicht nur die Gefährdungen von Leib und Leben, die, jenseits aller Differenzen zwischen verschiedenen Wertsystemen, die Menschen durchweg nicht wollen. Ebensowenig wollen sie daran gehindert werden zu tun, was sie eigentlich tun könnten. Ich komme also jetzt auf Mängel gewisser Techniken zu sprechen, die den Handlungsspielraum der Menschen über Gebühr einschränken. Wenn ich auch das pauschale Urteil zurückgewiesen habe, die Technik versklave den Menschen, so gibt es doch von Fall zu Fall durchaus Begleiterscheinungen der technischen Entwicklung, die menschliche Selbstbestimmung und Freiheit beeinträchtigen.

Ich möchte zunächst ein besonders krasses Beispiel nennen, auch wenn mir bewußt ist, daß es in der Bundesrepublik kaum noch 5 Prozent der Arbeitenden betrifft und überdies durch weitere arbeitsorganisatorische und technische Entwicklungen in absehbarer Zeit wohl überholt sein wird. Ich meine das taktgebundene Fließband, eine fördertechnische Einrichtung in der Produktion, die eine Folge von Teilarbeiten starr miteinander verkettet und einem strengen Zeitzwang unterwirft. Alle dreißig oder fünfundvierzig Sekunden transportiert das Fördermittel ein neues Teil an den Arbeitsplatz, und die Teilarbeit am vorhergegangenen Stück muß in genau dieser Zeitspanne erledigt worden sein, weil dieses Stück dann bereits den nachfolgenden Arbeitsplatz erreicht. Ununterbrochen und im monotonen Rhythmus müssen, vor allem bei der Montagearbeit, immer wieder die gleichen simplen Griffe ausgeführt werden, und der Arbeitende kann selber weder das Arbeitstempo verändern noch kurze Verschnaufpausen einlegen; wenn er aus dringendem Grund den Arbeitsplatz verlassen will, muß er zuvor eine Ersatzperson herbeigeholt haben, die an seine Stelle tritt. Das Fließband in dieser krassen Form ist tatsächlich nichts anderes als materialisierte Inhumanität. Und es ist das Paradebeispiel für eine Technik, von der kein anderer Gebrauch gemacht werden kann als ein schlechter.

Hier sieht man übrigens, daß die schon von Marx diskutierte Streitfrage, ob die Technik selbst schlecht sei oder nur die jeweilige Art ihres Gebrauchs, viel zu ungenau gestellt ist und überdies von Fall zu Fall anders beantwortet werden muß. Versteht man bei dieser Frage unter »Technik« ein bis ins Detail ausgestaltetes technisches Gebilde, das auf eine ganz bestimmte Funktion festgelegt ist, so ist die Art des Gebrauchs tatsächlich durch die Konstruktion vorprogrammiert. Meint man dagegen mit »Technik« die Gesamtheit der jeweils gegebenen Lösungsmöglichkeiten, so kann man für ähnliche technische Mittel auch einen vernünftigen Gebrauch vorgeben. Man kann beispielsweise das Fließband als Fördermittel beibehalten, da es ja immerhin auch die arbeitenden Menschen davon entlastet, die Arbeitsgegenstände von Hand weiterzugeben, und gleichzeitig zwischen den einzelnen Arbeitsplätzen Werkstückpuffer vorsehen, welche die Arbeitenden vom starren Zeitzwang befreien. Und man darf nicht vergessen, daß es viele technische Gegenstände gibt, die, anders als das Fließband, nicht lediglich eine einzige festumrissene Funktion in sich verkörpern, sondern in ihrer apparativen Ausstattung zahlreiche verschiedene Nutzungsmöglichkeiten erlauben. Eine computergesteuerte Datenbank beispielsweise kann, je nachdem, mit welchen Daten sie für wen gefüttert wird, genausogut einer anmaßenden Bürokratie zur Totalerfassung aller Bürger dienen, wie sie dem Arzt bei der Diagnose und Therapie ungewöhnlicher Krankheiten helfen kann.

Freilich vermögen maschinelle Abläufe auch subtilere Zwänge auszuüben, denen man sich zwar grundsätzlich entziehen könnte, die aber doch tatsächlich eine fast schon suggestive Kraft ausüben. Manchmal ertappe ich mich selbst dabei, wie ich beim Kopieren von Manuskriptseiten von der sehr schnell arbeitenden Kopiermaschine, ob ich will oder nicht, in ihren Arbeitsrhythmus hineingezogen werde – so, als dürfte ich die Maschine nicht auf die nächste Vorlage warten lassen, wenn sie mit der vorhergehenden schon fertig ist. Und ich kann mir lebhaft vorstellen, wie solcher maschinelle Zeitdruck erst auf einen Maschinenbediener wirkt, der nicht für eigenen Bedarf arbeitet und unter dem Regiment eines Akkordlohnsystems steht. Auch kennt – um noch ein anderes Beispiel anzuführen – jeder die Herausforderung des läutenden Telefons, von der man sich, ohne zu zögern, aus fast jeder Lebenssituation herausreißen läßt, fast als ob die Todesstrafe darauf stände, das läutende Telefon zu ignorieren und einen Anruf einmal nicht anzunehmen. Gewiß haben diese Beispiele mehr mit dem schlechten Gebrauch als mit der schlechten Technik zu tun, doch könnten natürlich auch die Maschinen und Apparate benutzerfreundlicher konzipiert werden: Beim Telefon – das hatte ich bereits erwähnt – brauchte lediglich die Möglichkeit vorgesehen zu werden, daß man sich zeitweilig vom Fernsprechnetz abklemmen kann; und bedienungsintensive Maschinen könnten so eingerichtet werden, daß die Bedienungsperson die Geschwindigkeit des Arbeitsablaufes eigenen Bedürfnissen entsprechend verändern kann.

Im Laufe der letzten zehn Jahre hat es sich herumgesprochen, daß die Technisierung im Produktionsbereich die Handlungsspielräume der Arbeitenden häufig allzu stark einschränkt, und man hat sich mit dem Programm einer »Humanisierung des Arbeitslebens« dieser Probleme angenommen. Gegenwärtig wird nun auch der Büro- und Verwaltungsbereich, der lange Zeit als Domäne menschlicher Arbeitstätigkeit galt, von zunehmender Technisierung erfaßt. Die fortschreitende Verbreitung von Computern aller Größenordnungen macht es möglich, den Angestellten auf der unteren und mittleren Ebene zahlreiche geistige Routinearbeiten abzunehmen; man denke an die Automatisierung der Buchführung, an die maschinelle Textverarbeitung oder auch das computergestützte Konstruieren.

Bislang waren – um beim letztgenannten Beispiel zu bleiben – durchschnittlich befähigte Ingenieure und Techniker häufig damit beschäftigt, technische Lösungen, die grundsätzlich bereits vorliegen, durch kleinere Veränderungen und Umgestaltungen an die jeweiligen Kundenwünsche anzupassen. Solche Variantenkonstruktion stellt zwar keine übermäßigen Ansprüche an die Kreativität, läßt aber doch dem Bearbeiter recht viel Freizügigkeit in der Abwicklung der einzelnen Arbeitsschritte. Man muß beispielsweise aus Katalogen, Listen, Tabellenwerken oder Normblattsammlungen bestimmte Angaben heraussuchen und kann den Rhythmus und die Geschwindigkeit solcher Suchprozesse selbst bestimmen. Und wenn man dann am Reißbrett die Lösungsvariante zeichnerisch gestaltet, fühlt man sich bei dieser doch immerhin in gewissen Grenzen schöpferischen Tätigkeit ebenfalls als Herr seiner eigenen Arbeit. Beim computergestützten Konstruieren dagegen geht die Führung all dieser Tätigkeiten auf das technische System über. Die einzelnen Arbeitsschritte sind nun durch das Programm fest vorgegeben, alle Such- und Berechnungsvorgänge erledigt der Computer in kürzester Zeit, und die gewünschten Lösungsvarianten werden ebenfalls maschinell gezeichnet. Dadurch wird zwar der Konstrukteur von aller Routinetätigkeit entlastet, aber er muß nun unter dem Druck des Programmablaufs fortgesetzt Entscheidungen treffen, findet kaum noch Gelegenheit zu produktiver Muße, kann nicht mehr selbst bestimmen, wann, in welcher Reihenfolge und wie lange er einzelne Teilfragen bearbeitet und muß gar befürchten, daß über automatisch registrierte Auslastungsdaten die Leistungsintensität seiner Arbeit überwacht wird. Während also einerseits die Anforderungen an Quantität und Qualität objektbezogener gestalterischer Entscheidungen erheblich steigen, verringert sich andererseits der subjektive Dispositionsspielraum bezüglich der eigenen Arbeitsgestaltung auf ein Minimum. Gewiß habe ich diesen Beispielfall ein wenig stilisiert, und meist sind die Systeme des computergestützten Konstruierens noch nicht so weit entwickelt, daß sie all das leisten könnten, was ich hier unterstellt habe. Doch die Entwicklungstendenz ist unverkennbar, und es wäre rechtzeitig Vorsorge zu treffen, damit nicht der Ingenieur zum geistigen Akkordarbeiter degradiert wird.

Ein letztes Beispiel für technisch bedingte Einschränkungen des Handlungsspielraums entnehme ich der privaten Alltagssphäre, und ich meine die normierten Wohnungsgrundrisse, mit denen von vornherein ziemlich genau festgelegt wird, wie man die Wohnung zu nutzen hat. Der größte Raum ist fürs »Wohnen«, die kleinsten Zimmer sind für die Kinder bestimmt. Nur in einem

Raum der Wohnung sind die elektrischen Steckdosen so angebracht, daß sich die Nachttischlampen rechts und links des Ehebetts bequem anschließen lassen, und im übrigen ist das »Elternschlafzimmer« so bemessen, daß außer den Betten und dem Kleiderschrank kaum noch etwas hineinpaßt, daß es also wirklich nur zum Schlafen und zu nichts anderem benutzt werden kann. Der einzige Arbeitsraum in der Durchschnittswohnung ist die Küche, und die wiederum ist so klein, daß im allgemeinen nur eine Person darin arbeiten kann, nämlich die Hausfrau. So wird schon durch den Grundriß verhindert, daß Ehemann oder auch Kinder gemeinsam mit der Hausfrau Küchenarbeit erledigen könnten. Im Wohnzimmer schließlich bestimmt nicht mehr, wie vielleicht in früheren Zeiten, der Feuerplatz die Anordnung der Sitzmöbel, sondern die Steckdose der Fernsehantenne, in deren Nähe ja der Kasten mit dem Bildschirm aufgebaut werden muß. Das individuelle Verhalten in der Wohnung ist also durch bautechnische Vorgaben vorherbestimmt und hat es gar nicht leicht, einen von diesen Plänen abweichenden Lebensstil zu verwirklichen. Obwohl dieses Problem den Architekten längst bekannt ist, sind technisch befriedigende Lösungen bislang nicht gelungen.

Wiederum möchte ich daran erinnern, daß die Beispiele für technische Freiheitsbegrenzungen – und die könnte man gewiß beliebig vermehren – trotzdem nur die eine Hälfte der Wahrheit sind. Auf der anderen Seite nämlich weiß jeder, welch großartige Erweiterungen des Handlungsspielraums von anderen technischen Hervorbringungen möglich gemacht worden sind; man denke nur an die modernen Verkehrsmittel, mit denen die Grenzen von Zeit und Raum beträchtlich ausgedehnt worden sind. Man kann also nicht schlechthin sagen, die moderne Technik nehme den Menschen die Freiheit, auch wenn es leider zahlreiche Fälle gibt, in denen technische Einrichtungen tatsächlich die Menschen daran hindern, das zu tun, was sie eigentlich tun möchten.

Begrenzungen der Persönlichkeitsentfaltung

Die berechtigte Kritik an bestimmten Techniken geht aber noch weiter, auch wenn ich jetzt einräumen muß, daß die Maßstäbe der Kritik nicht mehr ganz so offenkundig sind wie in den bisher erwähnten Punkten. Aber zweifellos gibt es nicht nur Einschränkungen des realen Handlungsspielraumes, sondern auch Begrenzungen der möglichen Persönlichkeitsentfaltung: wenn nämlich ein Mensch aufgrund technischer Bedingungen nicht zu dem werden kann, was eigentlich in ihm angelegt ist. Dabei will ich gar nicht so weit gehen, jene wahrscheinlich utopische Vorstellung von der allseitig entwickelten Persönlichkeit als Leitbild heranzuziehen, von der im vorletzten Kapitel die Rede war. Es reicht, meine ich, schon die vergleichsweise bescheidene Annahme, daß der Homo sapiens, das mit Vernunft begabte Wesen, nicht im Homo televidens, im Fernsehmenschen aufgehen kann. Genau dies aber steht zu befürchten, wenn der Durchschnittsdeutsche gegenwärtig 2½ Stunden pro Tag das Fernsehprogramm konsumiert und wenn in den USA Kinder täglich gar 4 bis 5 Stunden fernsehen. Noch streiten sich die Fachleute, ob diese Zeitanteile zunehmen werden, wenn die Gesellschaft demnächst total verkabelt ist und zwischen 20 bis 30 verschiedenen Programmen die Auswahl hat. Doch schon bei den Zahlen, die heute für die Bundesrepublik gelten, kann man leicht ausrechnen, daß der Durchschnittsbürger 15 Prozent seiner wach erlebten Zeit vor dem Fernsehgerät verbringt. Und wenn man sich die Einschaltstatistiken genauer ansieht, so entfällt nur ein sehr geringer Anteil auf Information und Bildung, denn der größte Teil der Fernsehzeit wird passiv mit sogenannter Unterhaltung vertan: Man schaut der Talk-Show zu, statt selbst mit Verwandten und Freunden zu reden. Gewiß will ich das Fernsehen nicht in Bausch und Bogen verurteilen, doch der Gebrauch, den viele heute davon machen, scheint mir wirklich dazu angetan, menschliche Entwicklungschancen zu verspielen.

Sicher wird man sich zu fragen haben, ob die Sucht nach passivem Fernsehkonsum nicht nur die andere Seite jener Münze ist, die in einer persönlichkeitsbeschränkenden Arbeitswelt geprägt wird. Gewiß kann man von Lohnarbeit, die unter den Bedingungen der Arbeitsteilung für fremden Bedarf ausgeführt wird, nicht erwarten, daß sie durchgängig als reine Lust erfahren wird. Doch manche Zwänge der Arbeitsorganisation, die eher in ein Sträflingslager als in einen Zweckverband freier Menschen passen würden, beschneiden die Persönlichkeitsentfaltung am Arbeitsplatz in unnötiger und unzumutbarer Weise. Häufiger als angebracht wird von den Betriebsleitungen technischer Sachzwang geltend gemacht, obwohl oft genug die Produktionsanlagen selbst verändert, die Organisation der Mensch-Maschine-Systeme verbessert und schließlich auch sachfremde Disziplinierungsideen abgebaut werden könnten. Maschinen brauchen nicht so konstruiert zu werden, daß der Arbeiter auf die Funktion eines mechanischen Greifarms reduziert und zum Lückenbüßer der Automatisierung gemacht wird. Herstellungsprozesse müssen nicht so weit zerlegt werden, daß die einzelne Kleidernäherin nichts anderes mehr tut als bloß einen bestimmten Knopf anzunähen. Und Produktionsplanung muß auch nicht unbedingt die betroffenen Arbeiter »einsetzen« wie Maschinenteile, sondern könnte ja auch alle Beteiligten und Betroffenen von vornherein mitwirken lassen, um deren Erfahrungen zu verwerten und deren Bedürfnisse zu berücksichtigen. Heute freilich fühlen sich Produktionsarbeiter schon allein darum von der technischen Entwicklung überrollt, weil sie von geplanten Umstellungen meist gar nicht rechtzeitig informiert werden. Wer sich aber im Arbeitsleben daran hat gewöhnen müssen, von technischen Entwicklungen entmündigt zu werden, der wird auch im Privatleben nur noch schwer begreifen können, was er eigentlich wollen und aus sich machen sollte.

Abhängigkeit von Experten

Wie sich unter den genannten Umständen der Produktionsarbeiter den technischen Planungsexperten ausgeliefert fühlen muß, so erlebt auch außerhalb des Berufs der Laie immer wieder die Abhängigkeit vom Experten. Natürlich verdankt es die Gesellschaft der Arbeitsteilung, daß sie insgesamt sehr viel mehr an Kenntnissen und Fertigkeiten angesammelt hat, als der einzelne jemals zu wissen und zu können vermag. Grundsätzlich profitieren wir alle davon, daß sich Wissen und Können gesellschaftlich derart vervielfacht haben. Notwendigerweise folgt daraus, daß jeder in irgendeiner Hinsicht auf andere angewiesen ist, die etwas wissen oder können, was er selber nicht beherrscht. Das wäre nicht weiter schlimm, wenn jedem die Möglichkeit offenstände, trotz allem in gewissen Grenzen jederzeit zu lernen, was immer er gerade lernen will. Ich meine damit natürlich nicht, daß man in allen möglichen Gebieten zum Fachmann werden könnte – das ist in der Tat unmöglich. Aber man sollte, wenn man interessiert ist und sich ein wenig bemüht, wenigstens so weit kommen können, daß man sich in einfachen Fällen selber helfen und in schwierigen Fällen die Experten jedenfalls verstehen kann.

Ohne behaupten zu wollen, daß andere Fachgebiete wie die Medizin oder die Juristerei in dieser Hinsicht vorbildlich wären, meine ich doch, daß gerade die moderne Technik hier dem Laien besondere Schwierigkeiten bereitet. Kaum ein Fachgebiet – außer vielleicht der Medizin – verschließt sich so nachdrücklich gegenüber dem Uneingeweihten wie die Technik, und die Eingeweihten scheinen ausgesprochen stolz darauf zu sein, daß ihr Metier so schwer verständlich ist. Die technischen Experten scheinen nicht bereit zu sein, dem Laien auch nur ein Minimum an technischer Einsicht und Fertigkeit zuzutrauen. Ich erwähnte schon den Mangel an Reparaturanleitungen für Konsumgüter, mit dem ein regelrechtes Zunftmonopol aufrechterhalten wird; lediglich für das massenhaft verbreitete Auto ist eine allgemeinverständliche »Jetzt-helfe-ich-mir-selbst-Literatur« entstanden, deren Verfasser allerdings, auch wenn sie durch Fachstudium und akademischen Grad einschlägig ausgewiesen sind, von den »richtigen« Experten doch wohl eher als »Journalisten« abgetan werden.

Ebenso selten wird der Laie zu kritischer Urteilsfähigkeit bezüglich technischer Neuerungen angeleitet. So behalten es die Experten für sich, daß die gegenwärtig angepriesenen Fernsehgeräte mit seitlich fest angebauten Stereolautsprechern Unsinn sind, weil man in den vollen Genuß des Stereoklangs nur kommen würde, wenn man sich im Abstand von nur 70 Zentimetern vor das Gerät setzen und dann vor lauter Flimmern kein Bild mehr erkennen würde. Und die Experten hätten es auch gerne für sich behalten, mit welchen Störwahrscheinlichkeiten und Schadensgrößen beim Betrieb von Kernkraftwerken zu rechnen ist; die Bürgerinitiativen wissen ein Lied davon zu singen, wie schwer es in solchen Fällen ist, an das erforderliche Fachwissen heranzukommen, damit man in der Auseinandersetzung überhaupt ernstgenommen wird. Selbst ein so angesehener und in vieler Hinsicht verdienstvoller Physiker und Philosoph wie Carl Friedrich von Weizsäcker erliegt der Vorstellung von der Undurchdringbarkeit des Expertenwissens, wenn er in einem Plädoyer für die Kernenergie nicht mit eigenen Einsichten, sondern mit der Vertrauenswürdigkeit seiner Gewährsleute argumentiert und behauptet, er müsse sich auf deren Urteil verlassen, weil er die Sachfragen nicht im einzelnen nachvollziehen könne.[5] Als wenn nicht auch Herr von Weizsäcker in anderen Fällen oft genug jenen »Mut zum erklärten Dilettantismus«[6] bewiesen hätte, ohne den sich politische Urteilsfähigkeit in verantwortungsloser Expertenhörigkeit verflüchtigen müßte.

Undurchschaubarkeit der Technosphäre

So werden die Menschen allzuoft von den Experten im Stich gelassen, wenn sie begreifen und beurteilen wollen, was es mit bestimmten technischen Entwicklungen auf sich hat, die oft in ihrer nächsten Umgebung ablaufen. Ich glaube jedoch, daß solche Orientierungslosigkeit ebenfalls zu den Dingen zu rechnen ist, die die meisten Menschen mit Sicherheit nicht wollen. Wenn der Eindruck so weit verbreitet ist, die moderne Technik sei undurchschaubar, so muß ich das also zunächst auch als einen Mangel der Technik werten. Und als undurchschaubar erscheint die moderne Technik dem Laien in der Tat. Nur wenigen Autofahrern ist geläufig, was unter der Motorhaube wirklich abläuft, wenn sie den Motor anlassen, die Kupplung betätigen und den Gang einlegen. Kaum einer der Millionen Taschenrechnerbenutzer kann sich erklären, wieso dieses kleine Gerät so schnell und zuverlässig die gewünschten Berechnungen ausführt. Und was sich hinter den Toren der Erdölraffinerie, der Nähmaschinenfabrik oder des Kranbauunternehmens abspielt, ist dem Außenstehenden ohnehin ein Buch mit sieben Siegeln; oft überblicken nicht einmal die Mitarbeiter solcher Unternehmen alle Zusammenhänge des Produktes und der Produktion und finden sich bereits in einer benachbarten Werksabteilung ebensowenig zurecht wie der Betriebsfremde.

Ebenso unklar ist den meisten Menschen, wie technische Neuerungen überhaupt zustande kommen, wie sie erfunden, konstruiert, gebaut und erprobt werden und warum gerade die eine Lösungsform und keine andere verbreitet wird. Die wachsende Geschwindigkeit, mit der immer wieder neue Produkte auf den Markt kommen, beginnt die Eingewöhnungsfähigkeit der Menschen zu belasten und weckt die Frage, wer denn überhaupt für all diese Entwicklungen verantwortlich ist. Weder die Käufer technischer Produkte noch die Arbeitskräfte, die in den Betrieben und Büros Geräte, Maschinen und Anlagen bedienen müssen, werden jemals gefragt, welche Art von Technik sie denn haben wollen. Immer kommen die Innovationen von »oben«, und die Menschen müssen reagieren und sich anpassen.

So ist es verständlich, wenn Gefühle der Hilflosigkeit und Verständnislosigkeit aufkommen, die sich schließlich zu der Einstellung verdichten, die moderne Technosphäre sei für die Menschen undurchschaubar geworden und trete ihnen wie eine fremde Macht gegenüber. Es ist klar, daß solche realen Eindrücke dann nur allzu leicht den Nährboden für die verhängnisvolle Dämonisierung der Technik abgeben, die ich in den letzten Kapiteln kritisiert hatte.

Aber natürlich gibt es diesen Dämon Technik nicht. Es sind immer ganz bestimmte Menschen, die bestimmte Techniken herstellen und zum Einsatz bringen. Und es sind bestimmte gesellschaftliche Verhältnisse, von denen die Menschen in ihrem individuellen technischen Handeln beeinflußt werden. Darum glaube ich – und ich habe in diesem Kapitel ja auch bereits einige Andeutungen in dieser Richtung gemacht –, daß die geschilderten Mängel der modernen Technik letztlich nicht an den technischen Sachen selbst festzumachen sind. Was ein technisches Gebilde leistet oder auch verfehlt, geht auf diejenigen zurück, die es hergestellt haben, und hängt oft auch davon ab, welchen Gebrauch die Verwender davon machen. Mit anderen Worten: Die Mängel der Technik liegen nicht in den Artefakten, sondern in den individuellen und gesellschaftlichen Handlungszusammenhängen, in denen Artefakte entstehen und verwendet werden. In diesen Handlungszusammenhängen aber fehlt bis heute vieles, was vernünftigere Entwicklungsstrategien und sinnvollere Verwendungsformen möglich machen würde. Sicher liegen auch manche Verbesserungsmöglichkeiten in der Domäne der klassischen Ingenieurarbeit; darauf habe ich immer wieder hingewiesen, und ich habe wenig Sorge, daß die Ingenieure dieser fachlichen Verantwortung, die ihnen bewußt ist, auch weiterhin gerecht werden. Darüber hinaus aber kann Technik nur dadurch verbessert werden, daß man sie um jene Teile ergänzt, die ihr bis heute fehlen.

Darum werde ich mich im zweiten Teil dieses Buches mit der Ergänzungsbedürftigkeit der Technik beschäftigen.

Zweiter Teil:
Die ergänzungsbedürftige Technik

Viertes Kapitel

> Die Menschen haben sich die Technik geschaffen, weil sie sich anders gegen die Natur nicht hätten behaupten können. Die Menschen und ihre technischen Einrichtungen haben sich jedoch inzwischen derart vermehrt, daß aus der Naturbeherrschung die Ausplünderung und Zerstörung der Natur geworden ist: Im Kampf um Lebenssicherung und Lebensentfaltung hat man vergessen, die natürlichen Kreisläufe aufrechtzuerhalten, von denen letztlich auch das Überleben der Menschen abhängt. Die moderne Technik ist unvollständig, soweit ihr die *ökologische Einbettung* fehlt, und sie muß um ökotechnische Einrichtungen ergänzt werden, welche die Nebenwirkungen technischer Vorgänge in eine umweltfreundliche und naturverträgliche Form bringen. Neben rohstoff- und energiesparenden Produktkonzeptionen muß eine eigene Aufbereitungs- und Wiederverwendungstechnik geschaffen werden, die »Abfälle« in neue Rohstoffe umwandelt. Die Antwort auf die ökologische Herausforderung heißt also nicht: weniger Technik, sondern: mehr Technik!

Im ersten Teil dieses Buches habe ich zwei Arten von Technikkritik vorgestellt. Die pauschale Technikkritik verwirft die moderne Technik in Bausch und Bogen und begeht dabei Denk- und Beurteilungsfehler, die nur aus einer konservativen Ideologie zu verstehen sind. Die differenzierte Technikkritik dagegen anerkennt, daß viele technische Lösungen durchaus gelungen sind, beanstandet nur diejenigen Teilbereiche der modernen Technik, die unerwünschte Nebenwirkungen auf die Natur und die Menschen haben, und setzt darauf, daß die verbesserungsbedürftigen Teile der Technik auch verbesserungsfähig sind.

Wenn man freilich Mängel beheben will, tut man gut daran, zunächst nach den Ursachen zu fragen. Erst wenn man eine vernünftige Erklärung dafür gefunden hat, daß die Dinge nicht nach Wunsch verlaufen, kann man bei diesen Ursachen ansetzen und daran gehen, günstigere Bedingungen zu schaffen.

Die pauschale Technikkritik allerdings erschöpft sich meist darin, Symptome anzuprangern, und gibt sich wenig Mühe, die beanstandeten Symptome zu erklären. Wenn man an die ideologischen Hintergründe der pauschalen Technikkritik denkt, wie ich sie im zweiten Kapitel dargestellt hatte, ist das auch gar nicht verwunderlich: Wenn man die Prinzipien der Aufklärung, vor allem das Prinzip der kritischen Prüfung geringschätzt, setzt man mehr auf gefühlsmäßige Überzeugungskraft als auf rationale Begründungen. So ist es gar nicht einfach, bei den Vertretern der pauschalen Technikkritik Erklärungsversuche für die behaupteten Mißstände in der Technik zu finden; allenfalls lassen sich gewisse Andeutungen entdecken, die aber nur ganz selten ausgearbeitet werden. Sehr verbreitet ist die Vorstellung, die technische Entwicklung sei das Werk eines übermächtigen Schicksals. Besonders klar kommt diese Begründung bei traditionellen Kulturkritikern wie Spengler und F. G. Jünger zum Ausdruck, aber auch Schelskys technokratisches Modell hat fatalistische Züge. Selbstverständlich gibt eine solche Deutung keinen Anhaltspunkt für Korrekturen: Gegen das Schicksal sind die Menschen machtlos.

Technikkritiker, die genauer nachdenken, benennen zwar Ursachen für technische Fehlentwicklungen, bleiben aber meist bei einer einzigen Ursache stehen, der sie die Alleinschuld geben. Häufig werden die falschen Wertorientierungen der Menschen angeklagt; wenn sich die Menschen nur umbesinnen und nach den richtigen Werten handeln würden, könne sich alles zum Besten wenden.[1] Manchmal wird auch die Auffassung geäußert, die Macher in Technik, Wirtschaft und Politik hätten die übergeordneten Werke völlig aus dem Auge verloren. Ihre »instrumentelle Vernunft« – wie Max Horkheimer das ausgedrückt hat[2] – sei nur noch darauf gerichtet, möglichst perfekte Mittel bereitzustellen. Ob auch die entsprechenden Zwecke vernünftig seien, darüber werde gar nicht mehr nachgedacht. Hermann Lübbe, der die Technikkritik zwar aus rationaler Distanz, aber doch mit einer gewissen konservativen Sympathie beobachtet, hält dem entgegen, es handele sich nicht um eine Zielkrise, sondern um eine Steuerungskrise.[3] Die technische Entwicklung habe sich derart beschleunigt, daß es immer schwieriger werde, die unerwünschten Nebenwirkungen technischer Neuerungen unter Kontrolle zu halten. Schließlich suchen manche Autoren die Erklärung für technische Fehlentwicklungen in der Unfähigkeit der gegenwärtigen Wirtschaftsorganisation, die Bedürfnisse der Menschen wirklich zu befriedigen. Von marxistischer Seite wird natürlich die Einseitigkeit der Kapitalinteressen hervorgehoben. Westliche Technikkritiker behaupten dagegen, daß in den sogenannten sozialistischen Ländern ähnliche Fehlentwicklungen der Technik zu beobachten seien. Unorthodoxe Linke wie Otto

Ullrich ersetzen daher, wie gesagt, den allzu simplen Kapitalismus-Vorwurf durch die Behauptung, es gebe eine »strukturelle Affinität« zwischen Technik und Kapital. Weder das Kapital noch die Technik kümmerten sich um die letzten Zwecke, die sie eigentlich erfüllen sollten. Kapital und Technik begegneten sich darin, daß sie sich um ihrer selbst willen immer weiter steigern wollten. Den einzelnen Industrieunternehmen wird der Vorwurf gemacht, Kapitalvermehrung um jeden Preis zu betreiben. Der staatlichen Wirtschaftspolitik, sei sie nun liberalistisch oder sozialistisch geprägt, legt man zur Last, daß sie das Wachstum des Bruttosozialprodukts zum Fetisch erhebt, ohne Rücksicht darauf, ob quantitatives Wirtschaftswachstum auch tatsächlich die Lebensqualität erhöht.

Die vorliegenden Erklärungsversuche der Technikkritik bleiben also entweder recht verschwommen, oder sie verengen ihren Blick auf eine einzige Ursache, wo in Wirklichkeit ein ganzes Bedingungsgeflecht zu untersuchen wäre. So will ich nun in diesem und den nächsten Kapiteln meinen eigenen Erklärungsversuch unternehmen und theoretische Grundlagen für eine differenzierte Technikkritik legen; das schließt nicht aus, hier und dort gewisse Elemente der erwähnten Deutungen zu übernehmen.

Meine These lautet, wie gesagt, daß die Technik bislang unvollständig ist. Die Mängel und Fehlentwicklungen, die ich im letzten Kapitel angedeutet habe, rühren im wesentlichen daher, daß man nur ingenieurtechnische Produkte entwickelt hat, nicht aber den soziokulturellen Rahmen, der diese ingenieurtechnischen Leistungen in die natürliche Umwelt, in die Lebenspraxis der einzelnen Menschen und in das gesellschaftliche Zusammenleben verträglich und sinnvoll hätte einfügen können. So ist die Art von Technik, die wir bis heute haben, ein Stückwerk geblieben. Jetzt ist es höchste Zeit, daß wir diese Stückwerkstechnik um jene Teile ergänzen, die ihr bislang fehlen.

Natur und Technik

Was der Technik zunächst fehlt – und darauf will ich mich im vorliegenden Kapitel konzentrieren –, ist ihre ökologische Einbettung. Es geht also um das Verhältnis der Technik zur Natur. Schon der griechische Philosoph Aristoteles hat einen grundlegenden Unterschied zwischen Technik und Natur hervorgehoben: Natur ist all das, was ohne Zutun des Menschen von sich aus besteht. Technik dagegen ist das, was seine Entstehung dem menschlichen Handeln verdankt. Freilich sind auch die realtechnischen Artefakte aus Naturstoffen gemacht und unterliegen den Naturgesetzen. Was aber die technischen Gegenstände vor den Naturdingen auszeichnet, ist der Umstand, daß sie von Menschen geplant und hergestellt werden und daß sie für menschliche Nutzung bestimmt sind.[4]

So ist es zwar ein Naturgesetz, daß Flüssigkeit, wenn sie verdunstet, ihrer Umgebung Wärme entzieht. Technik entsteht aber erst dann, wenn dieser natürliche Effekt planmäßig eingesetzt wird, um beispielsweise Lebensmittel zu kühlen, damit sie angenehmer zu verzehren sind und nicht so schnell verderben. Schon die handwerkliche Technik hat hier eine geniale Erfindung gemacht. Ein Wasserkrug wird aus porösem Ton hergestellt, der kleine Mengen des darin aufbewahrten Wassers nach außen treten und verdunsten läßt. Dadurch bleibt das Wasser im Tonkrug immer angenehm kühl. Inzwischen hat die industrielle Technik überall den Kühlschrank verbreitet, in dem ein viel leistungsfähigeres Kühlmittel in einem ständigen Kreislauf bei der Verdampfung dem Innenraum Wärme entzieht und dann beispielsweise durch Kompression und Abkühlung wieder verflüssigt wird. Man mag sich darüber streiten, ob man den porösen Tonkrug noch als Nachahmung der Natur verstehen kann. Der Kühlschrank jedenfalls ist etwas durch und durch Künstliches, das keinerlei Vorbild in der Natur hat.

Technik ist also etwas Unnatürliches, das aus der Kreativität des menschlichen Bewußtseins entspringt. Das menschliche Bewußtsein ist in der Lage, für bekannte Elemente neue Anordnungen auszudenken. Das Bewußtsein kann sich vorstellen, natürliche Materialien und natürliche Effekte in einer Art und Weise miteinander zu verknüpfen, die in der Natur so nicht vorkommt, und dadurch einen menschlichen Zweck in neuartiger Form zu erfüllen. Das ist der Kern der technischen Erfindung. Und die Menschen sind in der Lage, im technischen Handeln die neue Anordnung, die im Bewußtsein entworfen wurde, in die Wirklichkeit umzusetzen. So sind all jene technischen Künstlichkeiten entstanden, mit denen die Menschen die Erde überzogen haben.

Technische Künstlichkeit ist sozusagen der Auftakt der

Menschwerdung. Entdeckt der Vorgeschichtler das Skelett eines hochentwickelten Lebewesens, so sucht er die Fundstelle nach künstlich bearbeiteten Gegenständen ab. Werkzeugfunde sind dann das ausschlaggebende Zeichen dafür, daß es sich bei dem betreffenden Skelett nicht um ein affenartiges Wesen, sondern um einen vorgeschichtlichen Menschen handelt.[5] So bestimmt die Anthropologie den Menschen geradezu als »das Lebewesen, das Werkzeuge herstellt«. Damit wird der Mensch als ein Lebewesen definiert, das sich nicht mit dem natürlich Gewordenen abfindet, sondern der Natur künstlich Gemachtes entgegenstellt.

Die Anthropologie versucht die technische Menschwerdung damit zu erklären, daß die organische Ausstattung des Menschen nicht ausreicht, um sein Überleben sicherzustellen. Von Arnold Gehlen stammt das bekanntgewordene Wort, der Mensch sei ein »Mängelwesen«: Weil ihm Reißzähne und Krallen fehlen, braucht er künstliche Waffen; weil ihm das wärmende Fell fehlt, braucht er künstliche Kleidung; kurz, der Mensch muß sich technische Organe schaffen, weil er sich mit seinen natürlichen Organen nicht gegen die Natur behaupten könnte.[6] Man kann diese Deutung materialistisch nennen, da sie die Technik aus elementaren Lebensbedürfnissen erklärt.

Aber es gibt auch Widerspruch gegen diese Auffassung. Die organische Ausstattung des Menschen, so wird eingewandt, sei erheblich vielseitiger als die der anderen Lebewesen. Unter günstigen Umweltbedingungen hätten Menschen auch ohne Technik überleben können. Und es wird eine idealistische Deutung gegeben, die in der Technik eher einen kulturellen Luxus sehen will, den sich die Menschen aus Überschuß an Fantasie und aus Lust am Spiel geschaffen haben. So behauptet der Philosoph Ortega y Gasset, bei der Technik gehe es nicht um das Lebensnotwendige, sondern um das objektiv Überflüssige. Er vermutet, die frühen Höhlenmenschen hätten das Feuer nicht in erster Linie als Wärmequelle benutzt; vielmehr sei es ihnen um den entstehenden Rauch gegangen, der sie in halluzinatorische Bewußtseinszustände versetzte.[7] Auch wenn solche Beispiele sehr bemüht wirken, mag es immerhin sein, daß nicht jede Erfindung aus unmittelbarem Lebensbedürfnis zustande kam.

Dennoch scheint mir die materialistische Deutung im großen und ganzen plausibler. Es gibt nämlich nur wenige Gegenden auf der Erde, in denen die Umweltbedingungen ein menschliches

Überleben ohne Technik erlaubt hätten. Und solche Menschen wären mit Sicherheit eine verschwindend kleine Population geblieben. Wenn sich tatsächlich die Menschen über weite Teile der Erde verbreiten und sich dabei beträchtlich vermehren konnten, so haben sie das mit ihrer technischen Erfindungskunst erreicht. Trotzdem blieben die Menschen bis in die Neuzeit hinein zahlreichen Gefahren und Gewalten der Natur ausgeliefert. Kälte und Dürre, Überschwemmungen, Stürme und Erdbeben, Insekten und Raubtiere, Hungersnöte und Seuchen haben immer wieder Hunderttausende von Menschenleben vernichtet. Immer wieder mußten die Menschen ihr Überleben der Natur abtrotzen.

Bevölkerungsexplosion

Zu Beginn unserer Zeitrechnung lebten etwa zweihundert bis dreihundert Millionen Menschen auf der Erde. Es brauchte sechzehn Jahrhunderte, bis die Bevölkerung auf fünfhundert Millionen angestiegen war. Mit einer Milliarde war dann die nächste Verdoppelung bereits um 1800 erreicht, und nun vermehrte sich die Weltbevölkerung sprunghaft auf mehr als vier Milliarden Menschen. Bis zum Ende dieses Jahrhunderts muß man mit rund sechs Milliarden Menschen rechnen.[8] Daß die Bevölkerungszahl in den letzten dreihundert Jahren so dramatisch gestiegen ist, muß man gewiß zu einem großen Teil den Fortschritten der Medizin, der Verringerung der Säuglingssterblichkeit und der Seuchenbekämpfung zuschreiben. Doch auch die Technik hat erheblich zur Bevölkerungsvermehrung beigetragen. Sie stellte die Mittel bereit, die Alltagshygiene zu verbessern, die landwirtschaftlichen Erträge durch Mechanisierung und Chemisierung zu steigern und Nahrungsmittel in unterversorgte Gebiete zu transportieren.

»Wachset und mehret Euch, und machet Euch die Erde untertan«, heißt es in der Bibel. Auf den ersten Blick scheint dies den Menschen wahrhaft gelungen zu sein. Im siebzehnten Jahrhundert, als der sprunghafte Anstieg der Weltbevölkerung begann, verbreitete sich die berühmte Formel von der Beherrschung der Natur. Die neue Wissenschaft mache es den Menschen möglich, zu Herren und Meistern der Natur zu werden, sagte René Descartes. Freilich schränkte Francis Bacon ein, man könne die Natur nur beherrschen, wenn man ihr gehorcht, doch meinte er wohl eher die Naturgesetze der Mechanik als die Prinzipien der Ökologie. Diese Lehre von den Wechselbeziehungen zwischen den Lebewesen und ihrer Umwelt ist kaum ein Jahrhundert alt.[9] Erst seit kurzem beginnen die Menschen zu begreifen, daß sie auch aus dieser Naturwissenschaft praktische Konsequenzen ziehen müssen. Es ist nun einmal ein ökologisches Grundgesetz, daß keine Gattung über alle Grenzen wachsen kann. Sie wird immer dann, wenn die Anzahl der Lebewesen einen kritischen Wert erreicht, durch Einschränkungen von seiten der Umwelt am weiteren Wachstum gehindert. Die Menschheit hat in den vergangenen Jahrhunderten solche Einschränkungen – Nahrungsmangel, Raummangel oder natürliche Feinde – immer wieder überwunden. Doch nun scheint der Zeitpunkt nicht mehr fern zu sein, zu dem jenes ökologische Gesetz doch wieder in Kraft tritt und der weiteren Vermehrung der Menschen Grenzen setzt, die nicht mehr zu überwinden sind.

Verständlicherweise ist es keineswegs einfach, solche Grenzen genau abzuschätzen. Pessimistische Forscher nehmen an, daß mit den verfügbaren landwirtschaftlichen Anbauflächen auf dieser Erde bei umweltverträglichen Methoden der Tier- und Pflanzenproduktion nur etwa zwei bis drei Milliarden Menschen angemessen ernährt werden können. Optimisten dagegen meinen, durch weitere Intensitätssteigerung in der Landwirtschaft und durch bessere Verteilungsmethoden könne man letztlich wohl auch noch jene zehn bis zwölf Milliarden Menschen ernähren, die nach vorliegenden Voraussagen in der zweiten Hälfte des kommenden Jahrhunderts die Erde bevölkern werden. Internationale Organisationen teilen solchen Optimismus nicht. So hat die Weltbank festgestellt, daß schon jetzt mehr als eine halbe Milliarde Menschen im Zustand der Unterernährung leben. Die Fachleute dieser Organisation rechnen damit, daß diese Zahl im Jahre 2000 auf 1,3 Milliarden angewachsen sein wird.[10] Trotz aller agrartechnischen Leistungen würden also um die Jahrtausendwende mehr als zwanzig Prozent der Menschheit unter ständigem Hunger leiden.

Erschöpfung der Ressourcen

Indem die Weltbevölkerung ständig wächst und indem sie immer mehr Technik für die Bedürfnisbefriedigung benötigt, wird zunehmend alles, was auf dieser Erde in Dienst zu nehmen ist, künstlich überformt. Schon heute gibt es kaum noch kultivierbares Land, das nicht agrartechnisch genutzt würde. Unberührte Natur – im strengen Sinne des Wortes – trifft man wohl nur noch in jenen Regionen an, die für menschliche Nutzung ungeeignet sind: in Hochgebirgszonen, in Wüsten und Steppen, in den Polargegenden. Wachsende Menschenzahlen aber benötigen auch wachsende Siedlungsflächen, die häufig genug auf Kosten landwirtschaftlicher Anbauflächen beansprucht werden. In einem fortgeschrittenen Industrieland wie der Bundesrepublik Deutschland bedecken Siedlungen und Verkehrswege bereits zehn Prozent des gesamten Landes. Während hier die Bevölkerungszahlen nicht mehr weiter steigen, spielt sich die Bevölkerungsexplosion vor allem in den Entwicklungsländern ab. Die Ballungszentren jener Länder sind dabei, sich zu Mammutsiedlungen von zehn bis dreißig Millionen Einwohnern zu entwikkeln, deren Mehrzahl in asozialen Elendsquartieren hausen wird. Ein noch größerer Landverbrauch würde sich einstellen, wenn man für alle diese Menschen Wohnmöglichkeiten nach dem Standard der Industrieländer schaffen könnte. Wenn immer größere Teile der Erdoberfläche dem technischen Zugriff unterworfen werden, so ist das vor allem dem rasanten Wachstum der Weltbevölkerung und ihrer Ernährungs- und Siedlungsbedürfnisse zuzuschreiben.

Verständlicherweise wird der Anspruch erhoben, man solle den materiellen Lebensstandard und die sozialen Lebensbedingungen für die anwachsende Menschheit überall auf der Erde auf jenes Niveau bringen, das von den Industrieländern erreicht wurde. Dann aber benötigt man für weitere Technisierung immer mehr Rohstoffe und immer mehr Energie. Auch hier kann ich nicht im einzelnen auf die widersprüchlichen Schätzungen eingehen, wie lange es nun wirklich dauern wird, bis bestimmte mineralische Rohstoffe und bestimmte Energieträger endgültig aufgezehrt sein werden.[11] Gewiß wird man zusätzliche Ressourcen erschließen, und gewiß wird man bestimmte Ressourcen durch neue technische Möglichkeiten ersetzen können. Doch aufs Ganze gesehen scheinen mir die vorliegenden Daten überzeugend genug, daß es mit dem hemmungslosen Verzehr an Rohstoffen und Energieträgern, wie er gegenwärtig betrieben wird, so nicht weitergehen kann. Letzten Endes ist es unerheblich, ob beispielsweise die

Erdölvorräte nur noch dreißig Jahre oder vielleicht auch achtzig Jahre reichen werden, um die wie auch immer geschätzte Nachfrage befriedigen zu können. Entscheidend ist, daß eine nicht erneuerbare Ressource in überschaubarer Zeit völlig aufgezehrt sein wird, wenn man diesen kostbaren Energieträger weiterhin ungeniert durch die Schornsteine und Auspuffrohre jagt. Und es gibt genügend andere Beispiele, bei denen man den hemmungslosen Verbrauch unersetzbarer Ressourcen ebenfalls nur noch als verantwortungslosen Raubbau bezeichnen kann.

Gefährdung der Umwelt

Indem sich die Menschen derart vermehrt haben und mit wachsender technischer Ausstattung immer mehr Rohstoffe und Energie verbrauchen, nimmt auch der Umfang der unerwünschten Nebenprodukte zu. Solche Nebenprodukte treten zunächst in der Produktion auf: als Abgase bei der Verbrennung von Kohle, Öl oder Benzin; als Wasserverschmutzung bei der Papierherstellung, beim Stoffärben und bei anderen verfahrenstechnischen Prozessen; als Materialabfälle bei der Werkstoffbearbeitung in der Fertigung. Andererseits werden technisch hergestellte Stoffe und technische Systeme selbst zum Abfall, wenn sie wegen Überalterung oder Verschleiß nicht mehr verwendbar erscheinen, und sie füllen dann die Müllhalden und Schrottberge.

Die ganze Problematik solcher Immissionen und Depositionen ist wohl erst in den letzten zwei Jahrzehnten allgemein bewußt geworden. Das liegt zunächst ganz gewiß an der quantitativen Entwicklung der Technik: Autoabgase mögen vernachlässigbar sein, solange auf einer ländlichen Provinzstraße pro Stunde höchstens ein Auto passiert. Wenn jedoch auf einer Schnellstraße tausend Autos pro Stunde fahren, werden mit dem quantitativen Anstieg der Schadstoffbelastung kritische Schwellenwerte überschritten, und die Gefahren werden offensichtlich. Wenn dann in Ballungsgebieten die Autoabgase mit den Rauchgasemissionen privater und industrieller Feuerungsanlagen zusammenwirken, und wenn die dabei entstehenden Schadstoffkonzentrationen durch Luftbewegungen über weite Areale verbreitet werden, entsteht eine auch qualitativ neuartige Gefährdung, die womöglich ganze Waldareale bedroht. Die Rückstände der Technikverwendung bereiten ebenfalls immer größere Schwierigkeiten, weil man vielfach zu Materialien und Energieträgern übergegangen ist, die nach der Nutzung nicht ohne weiteres verrotten, zerfallen und vergehen. Holz, in früheren Jahrhunderten der wichtigste Baustoff, verrottet, zu Abfall geworden, recht schnell, ohne Spuren zu hinterlassen. Die Betonklötze hingegen, in denen heute gewohnt, verwaltet und produziert wird, würden, wenn auch sie nicht mehr benutzt werden, Jahrhunderte stehen bleiben, solange man sie nicht durch neuerlichen technischen Eingriff beseitigt. Der radioaktive Müll, der gegenwärtig aus unseren Kernkraftwerken hervorgeht, wird sogar Jahrtausende benötigen, bis seine gefährliche Strahlung aufhört, und dagegen läßt sich mit technischen Mitteln bis heute überhaupt nichts machen.

Ich kann und will hier nicht all das wiederholen, was inzwischen in einer Vielzahl von Untersuchungen und Darstellungen zur ökologischen Problematik festgestellt worden ist.[12] Wenn auch in vielen Einzelfragen noch nicht völlig geklärt ist, welche Ursachen zu welchen Wirkungen führen, so wächst doch gegenwärtig in allen Parteien und allen gesellschaftlichen Gruppen die Einsicht, daß es so wie bisher nicht weitergehen kann. In zahlreichen Fällen sind die ökologischen Nebenwirkungen der Technik schon heute so einschneidend geworden, daß sie zu einer gesundheitlichen Bedrohung der Menschen werden, ganz zu schweigen von möglichen Langzeitfolgen, die gegenwärtig noch gar nicht abzuschätzen sind. Und mit Sicherheit würden derartige Bedrohungen dramatisch wachsen, wenn man den Technisierungsprozeß in der bisherigen Form unbekümmert fortsetzen würde.

Ökotechnik statt Naturideologie

Aus dieser Problemlage folgt nun tatsächlich zwingend, daß das Verhältnis der Technik zur Natur revidiert werden muß. Strittig ist allerdings, welche Form ein verändertes Naturverhältnis annehmen soll. Eine ökotechnische Wende ist unumgänglich, wenn dieser Planet auch in Zukunft für Menschen bewohnbar bleiben soll; die Frage ist lediglich, mit welchen Einstellungen und mit welchen Modellen wir an diese Wende herangehen sollen.

Eine der möglichen Antworten, die ich im ersten Kapitel bereits erwähnt habe, ist die Vorstellung, die Menschen müßten ihre dominierende Stellung gegenüber der Natur aufgeben und die Natur wieder als eigenständige Wesenheit mit unantastbaren

Rechten und Ansprüchen respektieren. Statt die Natur zum Mittel für menschliche Zwecke zu degradieren, müßten sich die Menschen mäßigen und wieder im Einklang mit der Natur leben. Im zweiten Kapitel habe ich die ideologischen Züge dieser Auffassung kritisiert. Ich halte es für unangebracht, der Natur den Rang einer Persönlichkeit zu verleihen, die man respektieren muß wie ein menschliches Wesen. Man fällt mit solchen Vorstellungen in mythische Denkformen zurück, die Außermenschliches nach menschlichen Denkmustern personifiziert haben. Ein naturphilosophisches Denken dieser Art begreift die Natur nach menschlichem Maß und verlangt doch zugleich, die Natur dürfe nicht nach menschlichem Maß genutzt werden. Sie verurteilt die anthropozentrische Haltung der Technik und begründet dies mit einem Denken, das sich doch die Natur nicht anders als in menschlicher Gestalt vorstellen kann. Diese Naturideologie stimmt also mit ihren eigenen Voraussetzungen nicht überein. Überdies vermag man sich kaum auszumalen, welche Folgen es für die realen Lebensbedingungen der Menschen hätte, wenn man diese Auffassung beim Wort nehmen wollte. Müßte man dann womöglich auch das unantastbare Lebensrecht der Viren und Bazillen respektieren, ohne Rücksicht darauf, daß sie ihrerseits menschliches Leben vernichten?

Die Revision des Naturverhältnisses kann und darf nicht in solche Naturideologie einmünden. Gewiß hat eine unaufgeklärte Technik jahrhundertelang den Raubbau und die Ausplünderung der Natur betrieben. Aber was diese Technik zu wenig respektiert hat, ist nicht eine geheimnisvolle »Seele« des »Partners Natur«, sondern es sind die ökologischen Naturgesetze. Die Menschen haben sich darauf beschränkt, immer nur abgegrenzte Ausschnitte der Natur dem technischen Zugriff zu unterwerfen und die natürlichen Bedingungen und Folgen dieser Technisierung sich selbst zu überlassen. Sie haben wohl gelernt, die Regeln der Papierherstellung zu beherrschen, aber sie haben sich nicht darum gekümmert, was in der Natur geschieht, wenn dafür immer größere Mengen Holz benötigt und immer mehr Verunreinigungen in die Gewässer abgeleitet werden. Sie haben wohl gelernt, Prozesse der Energiewandlung zu gestalten, aber sie haben vernachlässigt, daß sich die verfügbaren Energieträger in absehbarer Zeit erschöpfen werden, und daß die Nebenwirkungen der Energiewandlung die natürlichen Lebensbedingungen zu bedrohen beginnen. Mit einem Wort: Die ökologische Krise, die sich abzeichnet, rührt nicht daher, daß die Menschen die Natur zu sehr beherrschten, sondern sie erklärt sich dadurch, daß die Menschen die Natur noch immer viel zu wenig beherrschen. Was wir brauchen, ist also keine neue Naturideologie, sondern ein ökotechnisches Naturverhältnis, das von vornherein die Wechselwirkungen zwischen technischen Systemen und ihrer natürlichen Umwelt einkalkuliert. Das ökotechnische Naturverhältnis muß von dem Grundsatz ausgehen, daß die ökologischen Systemzusammenhänge, denen die Menschen und ihre Technik die Existenz verdanken, nicht zusammenbrechen, sondern in einem dynamischen Gleichgewicht gehalten werden. Das bedeutet vor allem, daß die Technik des Raubbaues durch eine Technik der Hege und Pflege ersetzt wird. In vielen praktischen Konsequenzen stimme ich also mit Vorschlägen der ökologischen Bewegung durchaus überein. Nur halte ich es für redlicher und wirksamer, von den aufgepfropften ideologischen Träumereien Abschied zu nehmen und die ökologische Krise mit jener rationalen Klarheit zu analysieren, zu der uns das neuzeitliche Denken seit der Aufklärung befähigt. Die Problemlagen sind zu ernst, als daß wir in mythische Nebel zurücktauchen dürften.

Ein ökotechnisches Naturverhältnis wird sich also darin verwirklichen müssen, daß das Ausbeutungsprinzip durch das Prinzip der Hege und Pflege abgelöst wird. Diese jetzt erforderliche Wende hat aber eine historische Parallele, die ihr sehr ähnlich ist. Ich meine den Übergang von der Jäger- und Sammlergesellschaft zur Hirten- und Ackerbauerngesellschaft. Diese Agrarrevolution vollzog auf einer niedrigeren Stufe der technischen Entwicklung genau das, was heute auf sehr viel höherem Entwicklungsniveau erneut ansteht. Hatten die Sammler und Jäger vom natürlichen Bestand gezehrt, ohne sich um die Regeneration des Bestandes zu kümmern, so gingen die Ackerbauern und Hirten dazu über, die natürlichen Bestände planmäßig zu erhalten und zu erweitern. Durch Pflanzen- und Tierzucht domestizierten sie die Natur und konnten dann von den Früchten der Bestände leben, statt diese selbst aufzuzehren.

Was aber zugleich und notwendigerweise eintrat, war die erste Technisierung der Natur. Hausschweine und Getreidepflanzen, Maultiere und Rebstöcke und all die anderen Errungenschaften der Agrikultur sind eben nicht mehr reine Naturerscheinungen.

Vielmehr verdanken sie sich der züchterischen Aktivität des Menschen, der sie durch gelenkte Aussaat und Paarung überhaupt erst existieren läßt. Indem sich Land- und Forstwirtschaft immer weiter ausdehnten, wurde zumindest in den Kulturländern fast die gesamte Erdoberfläche künstlich überformt. Die Landschaft, die unsere Naturschützer bewahren wollen, hat längst aufgehört, Natur im strengen Sinne des Wortes zu sein. Landschaft ist zum Artefakt geworden, ebenso, wie die meisten Pflanzen und Tiere, die wir dort antreffen. Hege und Pflege sind eben – das wird in der gegenwärtigen ökologischen Diskussion meist übersehen – auch technische Kategorien.

Ich plädiere also für ein neues ökotechnisches Naturverhältnis, das diesen Grundsatz der Hege und Pflege auch für die industrielle Technik einlöst – das aber nicht aus ideologischer Naturfrömmigkeit, sondern aus der nüchternen Einsicht, daß nur so menschenwürdiges Leben auf der Erde dauerhaft zu sichern ist. Und ich sehe den Grund für die gegenwärtigen ökologischen Schwierigkeiten nicht darin, daß die Menschen zu viel Technik geschaffen hätten, sondern ganz im Gegenteil darin, daß die gegenwärtige Technik unvollständig ist und ökotechnischer Ergänzung bedarf. Dafür will ich nun einige Regeln und Beispiele anführen.

Planmäßige Geburtenkontrolle

Neben der Medizin, so hatte ich gesagt, ist auch die Technik in hohem Maße daran beteiligt, daß die Erdbevölkerung so sehr ansteigt. Mit Hilfe der Technik ist es den Menschen gelungen, jene ökologischen Gesetze zeitweilig außer Kraft zu setzen, die üblicherweise dafür sorgen, daß sich die Anzahl der Lebewesen einer bestimmten Art in vernünftigen Grenzen hält. Nun sind wir zwar an einen Punkt gelangt, an dem diese ökologischen Gesetze wieder zu greifen beginnen: Nahrungsmangel bedroht schon jetzt das Leben und die Entwicklung von Millionen von Menschen. Selbst wenn die Unterernährung in vielen Ländern der Dritten Welt gegenwärtig vielleicht durch höhere Agrarproduktion und bessere Verteilungsformen überwunden werden könnte, erscheint es mir doch sehr fraglich, ob dies auch dann noch gelingen kann, wenn sich die Weltbevölkerung im nächsten Jahrhundert erneut verdoppelt haben wird. Überdies hätten sich auch manche andere Umweltprobleme längst nicht derartig dramatisiert, wenn sich die Bevölkerungszahl auf dieser Erde rechtzeitig bei einem Wert von zwei bis drei Milliarden Menschen stabilisiert hätte.

Dies ist bekanntlich nicht geschehen. Man hat zahlreiche Techniken entwickelt und in Gebrauch genommen, mit deren Hilfe die Sterblichkeit verringert und die Bevölkerungszahl vergrößert wurde. Aber man hat bis in die Mitte unseres Jahrhunderts hinein versäumt, auch solche Techniken zu entwickeln, mit denen eine sichere Geburtenkontrolle möglich ist. Selbst die heute verfügbaren Verfahren der Geburtenkontrolle sind aus den verschiedensten Gründen alles andere als vollkommen. Ich räume ein, daß die Anwendung derartiger Verfahren auch auf Probleme der individuellen Einstellung und der gesellschaftlichen Wertsysteme stößt, daß hier also Probleme eines Typs vorliegen, der erst in den nächsten Kapiteln zu besprechen ist. Aber unabhängig davon ist es eben auch eine Frage der Technik im engeren Sinne. Künstliche Mittel zur Geburtenkontrolle, die völlig zuverlässig und ohne Nebenwirkungen zu benutzen sind, haben zu lange auf sich warten lassen, als daß sie die Auswirkungen der lebenserhaltenden und lebensverlängernden Techniken im Sinne einer ökologischen Stabilisierung hätten ausgleichen können. So ergibt sich eine erste Gruppe ökotechnischer Forderungen

– Die technischen Mittel der Geburtenkontrolle sind weiter zu verbessern.
– Technische Mittel der Geburtenkontrolle sind überall dort umfassend anzuwenden, wo eine Begrenzung des Bevölkerungswachstums dringend erforderlich ist.

Freilich ist es höchst bedauerlich, daß gegenwärtig nur wenige Länder, die es angeht, diese Forderungen ernst nehmen. Und es ist für mich unfaßbar, daß eine Institution mit weltweiter Autorität wie die katholische Kirche sich dieser ökologischen Einsicht immer noch verschließt.

Ästhetik der Künstlichkeit

Nur wenn es gelingt, die Bevölkerungszahlen zu stabilisieren, wird man auch die künstliche Überformung der Erdoberfläche in vertretbaren Grenzen halten können. Es ist selbstverständlich – und dies bereits aus logischen Gründen – unmöglich, Technik hervorzubringen und gleichzeitig die Natur unangetastet zu lassen. Die Technik ist nun einmal gegennatürlich; sie verändert Natur und sie fügt ihr Erscheinungen hinzu, die von Natur aus nicht entstanden wären. Die Artefakte, die sich die Menschen für Lebenserhaltung und Lebensentfaltung machen, verändern mit Notwendigkeit das Erscheinungsbild der Erdoberfläche, und viele davon überdauern als Zeugen menschlicher Gestaltungstätigkeit. Das gilt aber nicht nur für die moderne Technik der Hochhäuser, der Fabriken, der Eisenbahnen und der Wasserbauten, sondern bereits für die Technik der Hege und Pflege in der Agrikultur. Noch einmal muß ich daran erinnern, daß bereits Tier- und Pflanzenzucht seit Jahrtausenden eine künstliche Landschaft geschaffen haben. Auch die handwerkliche Technik vergangener Jahrhunderte hat, vor allem in ihren Bauwerken, die Künstlichkeit im Erscheinungsbild der Erdoberfläche gesteigert. Und gewiß ist es ein Stück konservativer Sentimentalität, wenn die Ruinen mittelalterlicher Ritterburgen als Bereicherung des Landschaftsbildes aufgefaßt werden, während man in modernen Straßenbrücken und Staudämmen nur die Ausgeburt widernatürlicher Häßlichkeit sehen will.

Doch ich will gerne einräumen, daß vor allem in den dicht besiedelten Regionen die Künstlichkeit überhand zu nehmen beginnt. Vor allem hat es in der hektischen Expansion der letzten Jahrzehnte an der hinreichenden ästhetischen Gestaltungskraft gefehlt. Die Einfamilienhaus-Siedlungen und Wohnblock-Anlagen, mit denen die Randzonen der Städte und Gemeinden zersiedelt worden sind, geben traurige Beispiele für die ästhetische Einfallslosigkeit der Planer und Architekten. Allerdings sind auch oft genug, zum Beispiel bei den erwähnten Straßenbrücken und Staudämmen, hervorragende Lösungen gelungen, die sich entweder bruchlos dem natürlichen Landschaftsbild einfügen oder eben doch Akzente setzen, die ich persönlich als Bereicherung empfinde. Und ich frage noch einmal: Warum soll die Staumauer, die sich in kühnem Schwung in ein Felstal einschmiegt, von vornherein häßlicher sein als die jahrhundertealten Terrassenkulturen der Rebenhänge? Aufs Ganze gesehen, wird man freilich trotzdem eine zweite Gruppe ökotechnischer Forderungen zu berücksichtigen haben:

- Der Zuwachs an landschaftsprägenden Artefakten ist in Grenzen zu halten.

- Die Ästhetik der Künstlichkeit muß ein höheres Gestaltungsniveau erreichen und eine weitergehende Angleichung an »natürliche« Landschaftsbilder anstreben.
- Die künstliche Überformung der Erdoberfläche soll nach Möglichkeit so betrieben werden, daß sie gegebenenfalls in Teilen rückgängig gemacht werden kann.

Reservate für die Natur

Immerhin haben ja auch Wiese, Feld und Wald, so, wie sie uns in den Kulturländern begegnen, mit »Natur« im engen Sinne nicht mehr viel zu tun und werden doch von den Menschen als »natürlich« empfunden. In der traditionellen Land- und Forstwirtschaft sind Nutzungsformen gelungen, die eine künstliche Landschaft auf hohem ästhetischen Niveau geschaffen haben. Freilich sind auch hier durch fragwürdige Modernisierungs- und Rationalisierungsmaßnahmen, beispielsweise durch den Übergang zu großflächigen Monokulturen, unerwünschte Nebenfolgen eingetreten, unter denen die Beeinträchtigung des Landschaftsbildes wohl noch die harmloseste ist. Schwerer fallen die Auslaugung der Böden durch einseitige Nutzung und Überdüngung, die Versteppungs- und Verkarstungsgefahr sowie die Beschränkung auf wenige spezialisierte Züchtungen und die damit verbundene Verarmung des genetischen Materials ins Gewicht. Überhaupt ist kaum abzuschätzen, welche Risiken damit verbunden sind, daß Jahr für Jahr der Technisierung weitere Arten in Tier- und Pflanzenwelt zum Opfer fallen. Ich bin, wie gesagt, nicht der Meinung, daß auch noch die exotischste Art irgendeiner Tier- oder Pflanzengattung um jeden Preis erhalten werden müßte. Doch die gegenwärtige Ausrottungspraxis scheint mir bedenklich genug. Daraus ergibt sich eine dritte ökotechnische Forderung:

- Eine ausreichende Anzahl von Reservaten für die Natur im engeren Sinne ist zu erhalten oder auch wieder zu schaffen.

Es müssen auf dieser Erde Regionen verbleiben, in denen sich die natürliche Evolution fortsetzen kann und in denen eine entsprechende Artenvielfalt bestehenbleibt. Tatsächlich haben Landschaftspfleger und Ökologen durchaus bereits Erfolge vorzuweisen, indem sie natürliche Lebensräume systematisch rekonstruieren. Und gegen die Naturideologie gewisser Technikkritiker muß ich vermerken, daß die Menschen in solcher ökotechnischen Rekonstruktion von »Natur« erst recht die cartesianische Formel einlösen, indem sie im Wortsinne zu »Herren und Meistern der Natur« werden. Aber bereits die bloße Schonung überkommener Natur, wenn man etwa Schutzgebiete und Reservate anlegt, enthält eine technische Note, da auch Dulden und Bewahren Formen menschlichen Handelns sind. Auch die Natur im Schutzgebiet ist nicht mehr unabhängige Natur, sondern verdankt sich menschlichem Entschluß und menschlicher Planung.

Schonung der Ressourcen

Der Schutz natürlicher Bestände muß selbstverständlich auch zu einem Grundsatz der globalen Material- und Energiewirtschaft werden. In der Einsicht, daß sich die menschliche Technik bislang zu sehr auf dem Prinzip des Raubbaues gründete, muß man sogar mit der technikfeindlichen Kulturkritik übereinstimmen; man muß ihr jedoch widersprechen, wenn sie behauptet, solcher Raubbau läge im Wesen der Technik. Frühere Formen des Raubbaues und seiner Folgen blieben regional begrenzt; man denke beispielsweise an die mediterranen Bergregionen, die durch schrankenlose Abholzung und Überweidung ihre Wälder verloren und nachfolgend verkarsteten. Seit sich jedoch die Bevölkerungszahl auf der Erde derart vergrößert und die Technik über den ganzen Planeten verbreitet hat, ist der Ressourcenverbrauch global geworden, und seine Folgen werden, wenn er nicht rechtzeitig begrenzt wird, die gesamte Menschheit treffen. Für eine Reihe von Rohstoffen und Energieträgern ist, wie gesagt, bereits jetzt abzusehen, wann sie erschöpft sein werden. Der Expertenstreit darüber, ob das nun ein paar Jahre früher oder ein paar Jahre später geschehen wird, ist für das Grundproblem unerheblich. Wir können nicht länger Ressourcen verschwenden, von denen wir ganz genau wissen, daß sie nur noch in begrenzter Menge vorhanden sind. Daraus folgen zwingend folgende Forderungen der Ressourcensparsamkeit:

- Natürliche Ressourcen dürfen nur dann verbraucht werden, wenn sie entweder unbegrenzt vorhanden sind oder sich in natürlicher Weise regenerieren.
- Begrenzte und nicht regenerierbare Ressourcen dürfen nicht

verbraucht, sondern nur gebraucht werden, indem sie nach Ablauf der Verwendung wiedergewonnen werden.

Was die Rohstoffe betrifft, läßt sich diese Forderung technisch durchaus erfüllen. Mit entsprechenden Lösungskonzepten läßt sich der Materialverbrauch technischer Systeme erheblich verringern. Dazu gehören vor allem auch Produktkonzeptionen längerer Lebensdauer. Sehr häufig kann man auf Ersatzmaterialien ausweichen, die im Gegensatz zu den ursprünglich verwendeten Rohstoffen entweder von Natur aus in praktisch unbegrenzter Menge zur Verfügung stehen oder künstlich in beliebiger Menge herzustellen sind. Hier ist beispielsweise an den Ersatz der Kupferkabel durch Glasfaserkabel in der Nachrichtentechnik zu erinnern, und es ist die Leistung der Kunststofftechnik hervorzuheben, die heute Materialien mit nahezu beliebigen Eigenschaften synthetisch herstellen kann.

Wenn Materialeinsparung und Materialsubstitution nicht ausreichen, müssen schließlich knappe Rohstoffe durch Wiederverwendung gesichert werden. An und für sich ist der Grundsatz der Wiederverwendung in der Technik nichts Neues. In der Eisen- und Stahlerzeugung ist immer schon Eisenschrott verwendet worden. In der Papierherstellung ist die Wiederverwendung von Altpapier geläufig. Auch in der Automobilindustrie wird für eine möglichst lange Materialnutzung gesorgt, indem sogenannte Austauschaggregate aufgearbeitet werden. Allerdings stößt das Prinzip der Wiederverwendung auf Schwierigkeiten, wenn in einem nicht mehr nutzungsfähigen Produkt zahlreiche verschiedene Materialien miteinander verbunden sind. Hier stellt sich die Ingenieuraufgabe, in verstärktem Umfang geeignete Prozesse und Systeme zum Zerlegen, Trennen und Aufbereiten der Materialien zu entwickeln. Die Technik ist unvollständig, solange sie nicht in der Lage ist, die wertvollen Materialien in Altprodukten einer neuen Nutzung zuzuführen.

Das Rohstoffproblem ist in technologischer Sicht also offenbar ohne größere Schwierigkeiten zu meistern. Verwickelter dagegen ist das Energieproblem, das überdies durch konsequente Rohstoffsparsamkeit verschärft werden kann. Ausgangsmaterialien der Kunststofftechnik sind vor allem Kohle und Erdöl, die gleichzeitig auch heute noch die wichtigsten Energieträger darstellen. Auch die geforderte Wiederverwendungstechnik wird ihrerseits nur um den Preis zusätzlichen Energiebedarfs zu verwirklichen sein. Die Energieträger jedoch, die heute vorwiegend benutzt werden, stehen mit Sicherheit nur noch für eine überschaubare Zeitspanne zur Verfügung. Das gilt auch für das Uran, mit dem die heute üblichen Typen von Kernkraftwerken betrieben werden. Das Prinzip, nur solche Ressourcen zu verbrauchen, die entweder im Überfluß vorhanden oder regenerierbar sind, wird also von den heute üblichen Energieträgern, mit Ausnahme der Wasserkraft, nicht erfüllt.

Nur gewisse kerntechnische Zukunftsentwicklungen und die sogenannten alternativen Energieträger wie Sonnenenergie, Windenergie, Gezeitenenergie, Erdwärme usw. würden jenem Prinzip genügen. Unter den kerntechnischen Entwicklungen sind insbesondere der Brutreaktor und der Fusionsreaktor zu nennen. Mit dem schnellen Brüter und den damit zusammenhängenden Techniken sind noch zu wenig Erfahrungen gesammelt worden. Die Kernfusion ist überhaupt noch nicht so weit entwickelt, daß sich über ihre Realisierungschancen verbindliche Aussagen machen ließen. Da überdies mit jeder Art von Kerntechnik höchst problematische Risiken verbunden sind, spitzt sich das Energieproblem langfristig zu der Frage zu, ob es der Energietechnik gelingen wird, den globalen Energiebedarf eines Tages ausschließlich mit regenerierbaren Energiequellen zu decken. Bekanntlich wird diese Frage in der gegenwärtigen energiepolitischen Diskussion sehr unterschiedlich beantwortet.[13] Anhänger alternativer Lösungen halten den vollständigen Übergang zu regenerativen Energiequellen für realistisch, sofern man gleichzeitig große Anstrengungen zur Energieeinsparung unternimmt. Andere Energieexperten bestehen darauf, daß regenerative Energiequellen auch in Zukunft nur einen Bruchteil des gesamten Energiebedarfs würden decken können.

Ich kann diese Streitfrage natürlich nicht entscheiden, glaube allerdings, daß die Ingenieure noch keineswegs alle energietechnischen Möglichkeiten ausgeschöpft haben. Niemand kann sagen, wie weit wir in der Nutzung regenerativer Energiequellen heute schon wären, wenn diese Bereiche der Energietechnik mit ebenso gigantischen Summen gefördert würden wie die Kernenergie. Vielleicht werden wir tatsächlich nicht ohne Kernenergie auskommen, und vielleicht werden auch Formen der Kerntechnik gefunden, mit denen sich die heutigen Bedenken zerstreuen lassen. Aber statt die Verbreitung der Kernenergie zum Glaubensbekenntnis zu erheben, wären die Energietechniker gewiß besser beraten, jede nur erdenkliche Anstrengung zu unternehmen, um die Nutzung und Verbreitung alternativer Energietechnik zu fördern. Selbstverständlich ist auch jede Möglichkeit der Energieeinsparung und der Nutzung von Energie»verlusten« in Betracht zu ziehen. Bessere Wärmedämmung beim Hausbau ist inzwischen ein akzeptiertes Programm, doch mit der Nutzung der Abwärme bei der Stromerzeugung beispielsweise steht es noch keineswegs zum besten. Während die Abwärme der Kraftwerke lediglich das Umgebungsklima und die Gewässer aufheizt, wird im Privathaushalt wenige Kilometer entfernt energetisch hochwertige Elektrizität dazu mißbraucht, Heizgeräte und Elektroherde zu betreiben. Auch die seit einiger Zeit so eifrig propagierte elektrisch betriebene Wärmepumpe holt beim Betrieb kaum die Energieverluste wieder heraus, die bei der Stromerzeugung im Kraftwerk entstanden waren.

Ich kann hier nicht auf die Fülle energietechnischer Alternativen eingehen, die inzwischen diskutiert werden. Ich möchte jedoch festhalten, daß in diesem Bereich die differenzierte Technikkritik nicht nur Mängel der herrschenden Technik zutreffend benannt, sondern zugleich auch konstruktive Gegenvorschläge entwickelt hat. Nicht alle diese Gegenvorschläge dürften realistisch sein. Aber es wäre gewiß besser, all diese Konzepte ernsthaft zu überprüfen, statt sie sogleich als alternative Hirngespinste abzutun. Umgekehrt müssen sich pauschale Technikkritiker sagen lassen, daß auch die Nutzung regenerativer Energiequellen nicht ohne neue Technik möglich sein wird, seien das nun umfangreiche Rohrleitungsnetze zur Nutzung der Abwärme aus den Kraftwerken oder seien das komplizierte Regelungsanlagen zur optimalen Energieverwendung. Jedenfalls aber wird sich jede neue Technik lohnen, wenn sie dem gegenwärtigen Verzehr nicht erneuerbarer Energieressourcen Einhalt gebietet.

Schonung des Ökosystems

Unersetzbare Bestände dürfen also dem Ökosystem nicht auf Dauer entzogen werden. Umgekehrt muß aber eine vierte Gruppe ökotechnischer Forderungen lauten:

– Dem Ökosystem dürfen durch die Technik keine Neben- und

Abfallprodukte hinzugefügt werden, die natürliche Abläufe schwerwiegend behindern und gefährden.

– Es dürfen auch keine Neben- und Abfallprodukte emittiert und deponiert werden, die sich nicht kurzfristig abbauen und neutralisieren lassen.

Auch hier spielt die Energietechnik wieder eine besonders heikle Rolle. Nach dem zweiten Hauptsatz der Thermodynamik sind Wärmeverluste bei Prozessen der Energiewandlung grundsätzlich nicht zu vermeiden. Es ist umstritten, ob es einen Schwellenwert der Energiewandlungskapazitäten gibt, bei dessen Überschreitung die entsprechenden Abwärmemengen zu einer bedrohlichen Klimaveränderung führen können. Aber die konventionelle Energietechnik ist auch insofern für die natürliche Umwelt besonders gefährlich, als sie in hohem Maße auf Verbrennungsprozessen beruht, deren Abgase zahlreiche schädliche Substanzen enthalten. Der vermutete Zusammenhang zwischen den Schadstoffbestandteilen der Rauchgase, dem sauren Regen und den Waldschäden ist hier nur ein besonders aktuelles und besonders schwerwiegendes Beispiel.

Mit Recht machen die Befürworter der Kernenergie darauf aufmerksam, daß diese Art von Umweltbelastung bei der Kerntechnik entfällt. Dafür hinterlassen allerdings Kernreaktoren radioaktive und hochgiftige Rückstände, die nach gegenwärtigem Kenntnisstand überhaupt nicht zu neutralisieren sind, sondern über viele hundert Jahre eine potentielle Gefahr darstellen.

Dagegen ist die Abgasreinigung, ebenso wie die Abwasserreinigung, technisch weitgehend beherrschbar geworden, auch wenn es einen erheblichen Aufwand verursacht, die letzten noch verbleibenden Prozente an Schadstoffen zu beseitigen; so ist vielfach aus wirtschaftlichen Gründen noch nicht vollzogen worden, was technisch längst möglich wäre. Aus dem gleichen Grund gibt es auch immer noch zu viele Materialien und Produkte, die nach Abschluß der Verwendungsdauer nicht auf natürlichem Wege abgebaut oder mit technischen Mitteln wieder verwendbar gemacht werden können. So ist die Wiederverwendungstechnik, die nicht nachdrücklich genug gefordert werden kann, gleich in zweifacher Hinsicht von Vorteil: Sie schont nicht nur knappe Rohstoffe, sondern verhindert auch, daß die Schrottberge und Müllhalden auf der Erde überhand nehmen.

Die Technik ist also so lange unvollständig, wie ihr die ökotechnische Ergänzung fehlt. Ein technisches System mag die erwünschte Funktion noch so gut leisten: Solange es Nebenwirkungen hat, welche die Qualität der natürlichen Umwelt beeinträchtigen, fehlt ihm ein entscheidendes konstruktives Element. Eine Papierherstellungsanlage, die nicht über Abwasserreinigung verfügt, ein Verbrennungsmotor, an dem die Abgasentgiftungsanlage fehlt, eine chemische Produktionsanlage, die als Nebenprodukt Giftmüll hervorbringt, ohne ein Aggregat zur Neutralisierung dieser Giftstoffe zu besitzen: all dies sind Beispiele für technische Lösungen, die erst zur Hälfte gelungen sind. Zu vollständigen Lösungen können sie erst werden, wenn sie Zusatzeinrichtungen erhalten, mit denen Emissionen und Deponate am Entstehungsort sogleich neutralisiert werden. Die Ingenieure müssen sich angewöhnen, die Verhinderung von Emissionen und die Beseitigung von Abfällen als konstitutive Funktion der technischen Systeme zu begreifen und von vornherein in das Lösungskonzept einzubeziehen. Freilich bedeutet dies, daß eine umweltverträglichere Technik eine umfassendere Technik sein wird.

Technisierung der Natur

Aber es geht ja auch gar nicht darum, aus einer wie auch immer gearteten Naturfrömmigkeit heraus das technische Handeln des Menschen zu beschränken. Es geht vielmehr darum, das technische Handeln in Bahnen zu lenken, in denen die natürlichen Lebensgrundlagen der Menschen nicht länger in Gefahr sind. Ökologische Gesetze zu beachten, ist nicht Selbstzweck, sondern Mittel zum Zweck menschenwürdigen Lebens. Und da muß selbstverständlich von Fall zu Fall abgewogen werden. Die Prinzipien, die ich hier formuliert habe, sind Maximalforderungen, an denen die Technik langfristig nicht vorbeikommen wird. Doch bedeuten diese Prinzipien nicht unbedingt, daß die gegenwärtige Verfassung des Ökosystems unter Denkmalschutz gestellt werden muß.

Als die Menschen noch nicht die Macht besaßen, nachhaltig in die Natur einzugreifen, hat sich das Ökosystem auch verändert. So mögen weitere Veränderungen zulässig sein, solange die wohlverstandenen Lebensgrundlagen der Menschen nicht bedroht sind. Was bei der Rekonstruktion begrenzter Biotope dem praktischen Ökologen bereits heute gelingt, mag sich in Zukunft zu einer umfassenden Ökosystemtechnik ausweiten und auf die durchgängige Technisierung der Natur hinauslaufen. Jedenfalls wird eine ökologisch begründete weltweite Material-, Energie-, Ernährungs-, Landschafts-, Klima- und Bevölkerungsplanung die Erde nur dadurch bewohnbar erhalten können, daß sie die Natur allseitig domestiziert. Zu einem guten Teil wird es darum gehen, lebenswichtige ökologische Gleichgewichtszustände zu bewahren oder wiederherzustellen. In anderen Teilen aber wird es auch um ein künstliches Neuarrangement des Ökosystems gehen, und damit ist eine gewaltige Steigerung der technischen Problemlösungs- und Erfindungskunst herausgefordert.

Wenn sich Hege und Pflege auf ökologischer Grundlage weltweit ausbreiten, läuft das gewissermaßen auf das Ende der Natur hinaus. Dies mag überspitzt klingen; aber die gebotene ökologische Einbettung der Technik wird notwendigerweise mit einer fortschreitenden Technisierung der Natur einhergehen. Und wer die »Natur« kunstvoller Parkanlagen und agrikultureller Landschaftsgestaltung zu schätzen pflegt, wird nichts dagegen einzuwenden haben, wenn solchermaßen die menschliche Gestaltung der Natur fortgeführt wird.[14]

Fünftes Kapitel

Die Technik erschöpft sich nicht in den künstlich gemachten Gegenständen. Die Maschinen, Apparate und Geräte bekommen erst Sinn, wenn Menschen sie verwenden und im Verwendungsakt eine Handlungseinheit mit ihnen eingehen. Daher muß die Technik mit den jeweiligen körperlichen, seelischen und geistigen Bedürfnissen und Fähigkeiten der Individuen abgestimmt werden, damit die Menschen ihre Souveränität bewahren. Vor allem aber erfordert die Technik eine *persönliche Kompetenz* der Benutzer, die der Potenz der technischen Gegenstände gewachsen ist. Persönliche Kompetenz bedeutet nicht nur, die technischen Gegenstände sachgemäß bedienen zu können, sondern darüber hinaus die Fähigkeiten: die Funktion und den Aufbau technischer Gegenstände zu durchschauen; bei deren Anschaffung eine begründete Auswahl zu treffen; in Wartungs- und Reparaturfällen nicht vollständig auf fremden Sachverstand angewiesen zu sein; besonders aber die Auswirkungen ihrer Nutzung auf Zielvorstellungen und Lebensformen zu begreifen und einzukalkulieren. Ohne solche Nutzungskompetenz bliebe die Technik unvollständiges Stückwerk.

Im letzten Kapitel hatte ich die ökotechnische Unvollständigkeit der Technik beklagt und einige Forderungen zusammengestellt, die auf eine weitestgehende ökologische Einbettung der technischen Artefakte hinauslaufen. Mit diesen Überlegungen habe ich lediglich zusammengefaßt, was sich in der Umweltdiskussion der letzten Jahre inzwischen herumgesprochen hat. Mehr und mehr setzen sich hier die Gedanken einer differenzierten Technikkritik gegen die plumpe Schwarzweißmalerei der Technikfeindlichkeit durch: Nicht dadurch, daß wir auf Technik verzichten, sollten wir die Natur schützen, sondern indem wir die Technik umweltverträglich machen und dafür sorgen, daß neue technische Lösungen auf lebenswichtige natürliche Kreisläufe abgestimmt werden.

Aber die Technik, wie wir sie bis heute kennen, ist nicht nur unvollständig, weil ihr die ökologische Einbettung vielfach fehlt. Sie ist auch unvollständig, weil über der Perfektionierung von Apparaten, Geräten und Maschinen vernachlässigt worden ist, daß die Menschen, die dann mit den technischen Gegenständen umgehen, entsprechende Fähigkeiten dafür besitzen müssen. Wenn ich von Fähigkeit spreche, meine ich keineswegs allein die

Fertigkeit, auf den richtigen Knopf zu drücken. Ich denke vielmehr an erweiterte Kenntnisse und verfeinerte Einstellungen gegenüber den technischen Gegenständen. All das zusammengefaßt soll als persönliche Kompetenz bezeichnet werden. Die Sachtechnik, so lautet die These, die in diesem Kapitel zu entwikkeln ist, muß also durch persönliche Kompetenz ergänzt werden. Das ist eine Feststellung, die, im Gegensatz zur Forderung nach Umweltverträglichkeit, in der Technikdebatte bislang nicht genügend vertieft wurde.

Unbehagen gegenüber der Technik

Daß es an solcher persönlichen Kompetenz gegenüber der Technik bei vielen Menschen fehlt, dafür gibt es zahlreiche Beispiele. So wird für ein Großteil der Autounfälle als Ursache menschliches Versagen angeführt; nicht der technische Zustand des Fahrzeugs oder der Straße ist in solchen Fällen für den Unfall verantwortlich, sondern die Verfassung des Menschen, der das Fahrzeug lenkt. Dazu gehört beispielsweise mangelnde Erfahrung in bestimmten Verkehrssituationen, mangelndes Gefahrenbewußtsein, ein unterschätzter Ermüdungszustand oder auch das geheime Verlangen, mit abenteuerlichem Autofahren außergewöhnliche Erregungszustände zu erleben. Mangelnde Kompetenz belastet aber auch den Produktionsarbeiter, der wohl angelernt worden ist, seine Maschine zu bedienen, der aber kaum weiß, wie diese Maschine, mit der er täglich acht Stunden umgeht, wirklich funktioniert; und der überdies noch weniger weiß, welche Automatisierungstendenzen in seinem Produktionszweig gerade im Gange sind, und daher nicht abschätzen kann, wann er durch mikroelektronische Steuerungen von seinem Arbeitsplatz verdrängt wird; dem aber trotzdem die bange Ahnung nicht fremd ist, daß dies früher oder später geschehen könnte. Hinreichende Kompetenz wird auch den Kernkraftgegnern mit dem polemischen Aufkleber abgesprochen: »Wieso Kernkraftwerke? Bei uns kommt der Strom aus der Steckdose«; und viele müssen wirklich, weil sie die Komplexität der Energieversorgung nicht durchschauen, im verwirrenden Hin und Her der energiepolitischen Argumente irritiert die Waffen strecken.

So gibt es wirklich eine Art von Unbehagen gegenüber der Technik, und vor allem gegenüber neuen technischen Entwicklungen. Bei manchen Menschen mag sich dieses Unbehagen in gewissen Fällen gar bis zur Angst steigern. Ich kann mich hier natürlich nicht auf die Frage einlassen, inwieweit Unbehagen und Angst gelegentlich in ganz anderen Lebenssphären wurzeln mögen und in der Technik lediglich einen faßbaren Gegenstand finden, an dem sie sich festhalten können. Oft genug freilich, und das muß ich noch einmal ausdrücklich wiederholen, sind es konkrete Mängel und reale Gefahren, die solchem Unbehagen Nahrung geben. Außerdem sind es, wie in den ersten beiden Kapiteln dieses Buches ausführlich besprochen, auch tief verwurzelte Vorurteile einer technikfeindlichen Kulturkritik, von denen Unbehagen und Angst geschürt werden. Aber es äußert sich in solchen irritierten und ängstlichen Empfindungen eben auch der Umstand, daß man sich der Technik nicht gewachsen fühlt, da man sie nicht hinreichend durchschaut, daß man sich von technischen Abläufen bestimmen läßt und daß man von Neuerungen sozusagen überfahren wird.

Tatsächlich gibt es einen ausgeprägten Zusammenhang zwischen Unbehagen und fehlendem Technikverständnis. Das legen die Erkenntnisse einer psychologischen Forschungsstudie nahe[1]: Dreiviertel derer, die skeptisch gegenüber der Technik eingestellt sind, räumen ein, daß ihr Verständnis der Technik eher gering sei; bei Befürwortern der technischen Entwicklung schreibt sich nur ein gutes Drittel mangelndes Technikverständnis zu. Wer meinen bisherigen Überlegungen gefolgt ist, wird mir natürlich nicht unterstellen können, ich wollte allein durch Aufklärung die Technikkritik zum Verstummen bringen. Im Gegenteil: Solche Kompetenz wird gerade auch für sachlich fundierte Kritik gefordert. Doch wo Ängste vor technischen Erscheinungen lediglich auf Unwissenheit beruhen, muß selbstverständlich diesem Mangel abgeholfen werden.

Tatsächlich gehen die Schwierigkeiten, die viele Menschen heute mit der Technik haben, auf einen tieferen Zusammenhang zurück, der meines Wissens bislang nicht gründlich genug bedacht worden ist. Dafür muß ich nun freilich etwas weiter ausholen. Schon im zweiten Kapitel hatte ich darauf aufmerksam gemacht, daß die Technik vor allem von Ingenieuren, aber auch von vielen Nichttechnikern zu eng verstanden wird, wenn sie allein als das Insgesamt der künstlich gemachten Gegenstände aufgefaßt wird. Vielmehr – und das ist so wichtig, daß ich es wiederholen muß – gehören zur Technik auch alle Handlungen und Einrichtungen, aus denen künstliche Gegenstände hervorgehen, und alle menschlichen Handlungen, bei denen künstliche Gegenstände verwendet werden.

Nun wissen wir dank der Ingenieurwissenschaften zwar sehr viel darüber, wie und warum die technischen Gebilde funktionieren. Wir wissen auch ein wenig darüber, welchen Weg eine technische Lösung von der ersten Idee über die Entwicklung und Konstruktion bis zur Produktionsreife nimmt. Wir wissen aber so gut wie gar nichts darüber, was mit den technischen Gegenständen geschieht, besser gesagt vielleicht noch: was sie geschehen lassen, wenn sie dem Verwender angeboten und zur Verfügung gestellt werden. Der Ingenieur betrachtet seine Arbeit meist als abgeschlossen, sobald der technische Gegenstand, den er geplant und gebaut hat, die Endkontrolle erfolgreich bestanden hat.

Tatsächlich jedoch beginnt der technische Gegenstand sein wirkliches Leben erst in dem Augenblick, in dem er von einem Verwender in Gebrauch genommen wird. Karl Marx, den ich als scharfsinnigen Technikphilosophen noch öfter zitieren muß – seine diesbezüglichen Verdienste sind im nicht-marxistischen Denken infolge der ideologischen Polarisierung bislang kaum beachtet worden –, hat schon 1858 in den »Grundrissen der Kritik der politischen Ökonomie« notiert: »Eine Eisenbahn, auf der nicht gefahren wird, die also nicht abgenutzt, nicht konsumiert wird, ist nur eine Eisenbahn dynamei« (d. h.: der Möglichkeit nach), »nicht der Wirklichkeit nach« ... »das Produkt erhält erst den letzten Finish in der Konsumtion«, also während der Verwendung.[2] Und so verhält es sich mit allen technischen Produkten: Solange sie unbenutzt bleiben, sind sie nichts als tote Dinge; erst wenn sie von Menschen in Gebrauch genommen werden, entfalten sie die Funktion, für die sie bestimmt sind.

Technischer Gegenstand und menschliches Handeln

Was aber bedeutet es, daß ein Mensch in seinem Handeln und in seiner Arbeit einen technischen Gegenstand verwendet? Denken wir zunächst einmal an den Anfang der Menschheitsgeschichte zurück, der zugleich der Anfang der Technikgeschichte ist. Zum ersten Mal entdeckt ein Mensch, daß er mit einem scharfkantig geformten Stein die Gestalt von anderen vorgefundenen Gegenständen verändern kann. Statt unmittelbar mit den Händen auf natürliches Material einzuwirken, wie das wohl bei Pflanzenstauden oder Lehm möglich war, schiebt er nun den Faustkeil zwischen seine Hand und den Arbeitsgegenstand, mit dem Ergebnis, daß er auch härteres Material bearbeiten kann. Diese Situation ist immer wieder so beschrieben worden, daß der Mensch sich nun eines künstlichen Mittels bedient, um einen bestimmten Zweck zu erreichen. Dieses Mittel hat sich der Mensch zunächst verschaffen müssen, sei es, daß er planmäßig danach gesucht, sei es auch, daß er es selbst verfertigt hat. So ist der Faustkeil zunächst selbst ein Zweck, den es zu erreichen gilt, wird dann aber, sobald er verfügbar ist, zum Mittel für andere Zwecke.

Wenn man die Verwendung technischer Gegenstände auf diese Weise deutet, so entsteht der Eindruck, als ob der handelnde Mensch, ohne sich selbst zu verändern, nach Belieben ein technisches Mittel einsetzen oder auch weglassen könnte. Da das Mittel, ebenso wie der Zweck, als Sachverhalt in der äußeren Welt des Menschen erscheint, liegt es bei dieser Deutung nahe, die technischen Gegenstände als rein äußerliche Zutat aufzufassen, die zwar bestimmte Arten des Handelns erleichtert oder überhaupt erst möglich macht, den Handelnden selbst aber nicht wesentlich berührt. Genau dies ist das stillschweigende Vorurteil der Ingenieurpraxis, die sich nur um die technischen Gegenstände kümmert und viel zu wenig an die Menschen denkt, die dann mit den technischen Gebilden umgehen werden.

Etwas näher kommt den wirklichen Zusammenhängen eine Deutung von Arnold Gehlen, die ich bereits im letzten Kapitel erwähnte; diese Auffassung ist übrigens schon in der ersten ausgearbeiteten »Philosophie der Technik« von Ernst Kapp 1877 entwickelt worden. Danach sind die technischen Gebilde nicht bloße Mittel, die dem Menschen äußerlich blieben, sondern sie verlängern und ergänzen die natürlichen Organe des Menschen. Der Faustkeil ist dann nicht länger ein Mittel, das losgelöst vom arbeitenden Menschen für sich alleine bestehen würde, sondern er muß als zusätzlicher, künstlicher Bestandteil des menschlichen Organismus betrachtet werden. Richtig scheint mir an dieser Auffassung, daß sich, wenn ein Mensch ein technisches Gebilde verwendet, eine neuartige Einheit bildet. Und bei einfachen Handwerkszeugen scheint mir der Bezug auf die natürlichen Organe des Menschen anzugehen.

Bei den komplexen und automatisierten technischen Sachsystemen, mit denen wir es heute weithin zu tun haben, wird jedoch auch dieses Technikverständnis fragwürdig. Betrachten wir als Beispiel ein modernes Personenauto, so ist es mit Sicherheit mehr als ein äußerliches Mittel. Gegenüber dem einfachen Handwerkszeug verkehrt sich bereits die körperlich-räumliche Beziehung zwischen Mensch und technischem Gebilde: Es ist nicht mehr ein bestimmtes Körperorgan, das sich des technischen Gegenstandes bemächtigt und dadurch ergänzt, sondern der gesamte menschliche Körper taucht sozusagen im technischen Gebilde unter; aus einer gewissen Entfernung vermag der Beobachter den Menschen, der mit dem technischen Gebilde umgeht, gar nicht mehr auszumachen, er sieht nicht mehr den Fahrer, sondern nur noch das Auto. Tatsächlich ist es natürlich nicht allein das Auto, das da fährt. Aber man kann wohl vernünftigerweise auch nicht mehr sagen, der Mensch fahre mittels des Autos oder das Auto sei eine Ergänzung seiner Fortbewegungsorgane. Vielmehr verschmelzen Fahrzeug und Mensch zu einer geschlossenen Handlungseinheit. Nur eine derart integrierte Handlungseinheit aus Fahrzeug und Mensch vermag diese besondere Form der gesteuerten Ortsveränderung zu leisten. Mensch und Maschine bilden also eine Art von Symbiose, ein aufeinander bezogenes Zusammensein, in dem der menschliche Bestandteil vom technischen und der technische vom menschlichen Bestandteil abhängig ist. Was aus mehreren, aufeinander bezogenen und miteinander verknüpften Bestandteilen sich zusammensetzt, nennt man ein System. So ist es sinnvoll, die Handlungseinheit, die der Mensch mit einem technischen Gebilde eingeht, als ein Mensch-Maschine-System oder auch als ein anthropotechnisches System zu bezeichnen.

Mensch-Maschine-System als Handlungseinheit

Mit dieser Wortwahl kann man eine ganze Theorie verbinden, die Allgemeine Systemtheorie nämlich, die sich seit einiger Zeit zu entwickeln beginnt, um sehr komplexe und vernetzte Zusammenhänge fachübergreifend zu beschreiben, zu erklären und zu beeinflussen.[3] Ohne das hier vertiefen zu können, muß ich doch jedenfalls das systemtheoretische »Grundgesetz« erwähnen. Ausgehend von der alten philosophischen Einsicht, daß oft das

Ganze mehr ist als die Summe seiner Teile, besagt dieses Gesetz, daß die Gesamtfunktion eines Systems sich nicht allein aus den Teilfunktionen seiner Elemente erklären läßt, sondern ganz wesentlich von der Art des Zusammenwirkens zwischen diesen Teilfunktionen abhängt. So reicht es ja für eine Erklärung des Autofahrens auch nicht aus, wenn wir lediglich die technischen Teilfunktionen der einzelnen Fahrzeugaggregate und die menschlichen Teilfunktionen der Wahrnehmung und der Steuertätigkeit kennen würden. Vielmehr kommt die Gesamtfunktion dieses Mensch-Maschine-Systems nur dadurch zustande, daß die technischen und die menschlichen Teilfunktionen in einer ganz bestimmten Weise zusammenwirken. Aus dieser Betrachtungsweise aber ergibt sich, daß Autofahren nicht mehr als menschliches Handeln verstanden werden kann, das sich lediglich eines Mittels bedienen würde, sondern tatsächlich ein anthropotechnisches Handeln darstellt, das ohne die technischen Teilfunktionen gar nicht denkbar wäre.

Beim Autofahren verbleiben dem Menschen wesentliche Teilfunktionen der Informationsaufnahme, der Informationsverarbeitung und der Steuerung; es ist der menschliche Lenker, der ständig die Fahrbahn beobachtet und dementsprechend die Fahrtrichtung und die Geschwindigkeit des Fahrzeuges beeinflussen muß. Alle Teilfunktionen dagegen, die unmittelbar mit der Umwandlung und dem Einsatz der Energie zu tun haben, sind bereits in technischen Komponenten vergegenständlicht, die den Menschen im Vollzug des Handelns insoweit ersetzen. Bekanntlich gibt es inzwischen zahlreiche technische Entwicklungen, die dem Menschen nun auch geistige Teilfunktionen abnehmen. Man kann die technische Entwicklung geradezu dadurch kennzeichnen, daß sie Stück für Stück immer mehr Handlungs- und Arbeitsfunktionen vom Menschen ablöst und auf gegenständliche künstliche Gebilde überträgt. Die computergesteuerte Werkzeugmaschine beispielsweise benötigt gar keine menschliche Bedienung im engeren Sinne mehr. Alle Angaben über das Produkt, das hergestellt werden soll, sind im Computer gespeichert, und dieser steuert selbsttätig die Abläufe der Werkzeugmaschine, bis der vorbestimmte Zustand des Produkts erreicht ist. Was im klassischen Sinne Arbeit bedeutete, planvolle und zweckmäßige Umgestaltung natürlichen Ausgangsmaterials in künstliche Nutzgegenstände, ist nun fast völlig auf die Maschine übergegangen;

nur für die Zielbestimmung, die Vorbereitung und die Überwachung des Produktionsvorganges ist noch der Mensch erforderlich. So erweist sich die automatische Produktionsanlage als ein Mensch-Maschine-System, in dem nur noch ganz wenige menschliche Teilfunktionen verbleiben. Ganz abwegig wäre es, da noch von einem Mittel zu sprechen, dessen sich der Mensch bedient, oder in der Maschine eine Verlängerung menschlicher Organe zu erblicken.

Ein technisches Gebilde zu verwenden, heißt mithin nicht, daß dieses Artefakt nur neben den Menschen träte. Vielmehr bedeutet Technikverwendung, daß sich eine anthropotechnische Handlungseinheit eigener Qualität bildet. Und vor diesem Hintergrund behaupte ich die anthropotechnische Unvollständigkeit der bisherigen Technik. Diese Unvollständigkeit rührt daher, daß man die Systemqualität der Mensch-Maschine-Verknüpfung zu wenig beachtet hat. Weder hat man die Anpassung der technischen Gebilde an menschliche Bedürfnisse und Fähigkeiten weit genug getrieben, noch hat man gründlich genug darüber nachgedacht, daß sich ja auch der Mensch in gewissem Umfang anpassen muß, wenn er eine anthropotechnische Handlungseinheit eingeht.

Anthropotechnische Unvollständigkeit tritt also in zweifacher Form auf: als mangelnde Anpassung technischer Sachsysteme an den Menschen und als mangelnde Kompetenz des Menschen gegenüber den Sachsystemen, mit denen er sich doch zur Handlungseinheit verbindet.

Zweifellos gibt es zwischen diesen beiden Ausprägungen der anthropotechnischen Unvollständigkeit bestimmte Zusammenhänge. Die Anpassungsfähigkeit, die vom Menschen gefordert wird, muß um so größer sein, je schlechter die Anpassung der technischen Gegenstände an den Menschen gelungen ist. Solange beispielsweise Computer nicht in der Lage sind, mit ihrem Benutzer einen Dialog in natürlicher Sprache zu führen, muß der Mensch erst eine gekünstelte Programmiersprache erlernen, ehe er vom Computer erfolgreiche Problemlösungen erwarten darf. Umgekehrt wird dem Menschen um so weniger Anpassung abverlangt, je besser die technischen Gebilde auf die menschlichen Nutzungsbedingungen abgestimmt sind. So muß bei konventionellen Fahrzeugbremsen der Lenker selbst das Feingefühl aufbringen, die Bremskraft immer unter jener Schwelle zu halten, bei der die Räder blockieren könnten; die neuen Anti-Blockier-

Systeme dagegen regeln das automatisch und ersparen damit dem Fahrer die früher erforderliche Anpassungsleistung.

Anpassung der Technik an den Menschen

In der Anpassung technischer Systeme an menschliche Erfordernisse hat die technische Entwicklung allenthalben spürbare Fortschritte gemacht. Es ist verständlich, daß Ingenieure in ersten Entwicklungsschritten froh waren, überhaupt eine angestrebte Funktion technisch zu verwirklichen, und daß sie zunächst den Einzelheiten der menschlichen Nutzung keine so große Aufmerksamkeit schenkten. Wichtig war zunächst, daß sich die Motorkutsche überhaupt mit eigener Kraft bewegte, und die Anstrengung, die dem Fahrer beim Anwerfen des Motors und bei Betätigen des Lenkrades zugemutet wurde, galt demgegenüber als zweitrangig. Indem die Ingenieure lernten, technische Prinzipien zu beherrschen, konnten sie dann auch der Anpassung der technischen Lösungen an menschliche Erfordernisse größere Aufmerksamkeit schenken. Das ist, wie gesagt, vielfach geschehen und häufig auch durchaus gelungen. Trotzdem bleiben für den kritischen Beobachter auch heute noch lange Wunschzettel offen.

Gewiß wird sehr viel für die Unfallsicherheit der Geräte und Maschinen getan, und auch die Bedienungsfreundlichkeit nimmt zu, zumal die Arbeitswissenschaften seit einiger Zeit sehr systematisch untersuchen, wie man größte Bequemlichkeit in der Handhabung und Bedienung und möglichst geringe Belastungen körperlicher und psychischer Art erreicht. Freilich ist es oft ein langer Weg, bis Einsichten in die Tat umgesetzt werden, zumal sich neues Wissen oft zu langsam verbreitet. So muß ich selbst an meinem Arbeitsplatz ein Telefon neuerer Bauart benutzen, bei dem die Wählscheibe aus unerfindlichen Gründen nahezu waagerecht angeordnet ist, so daß ich sie nur in äußerst verkrampfter Hand- und Fingerhaltung betätigen kann. Viel öfter natürlich werden unzureichende Lösungen einfach darum eingesetzt, weil besser angepaßte Technik mehr Geld kosten würde und der Vorherrschaft rein wirtschaftlicher Bewertungsgesichtspunkte zum Opfer fällt. Daß beispielsweise die Darbietungsqualität von Bildschirmarbeitsplätzen der ersten Generation miserabel und nahezu unzumutbar war, lag für jeden nicht ganz unempfindlichen Beobachter auf der Hand; trotzdem wurden solche Bildschirme in Betrieb genommen, weil man Entwicklungskosten, die schon aufgewandt worden waren, möglichst schnell wieder hereinholen und mit der Markteinführung nicht so lange warten wollte, bis Bildschirme mit akzeptabler Bildqualität entwickelt waren.

Noch schlechter steht es um die menschengerechte Anpassung technischer Systeme, wenn man zusätzlich zu Unfallsicherheit und Bedienungsfreundlichkeit fordert, daß sie möglichen Mißbrauch weitestgehend verhindern. Wenn Kritik an der Technik, und sei sie noch so differenziert, abgewehrt werden soll, bedient sich die Verteidigung immer wieder des altehrwürdigen Gemeinplatzes, die technischen Gegenstände seien wertneutral, und es hänge allein vom menschlichen Benutzer ab, was er damit mache. Und dann wird auch sogleich das triviale Beispiel angeführt, es liege doch nicht am Messer, wenn es statt zum Brotschneiden als Mordwaffe mißbraucht werde.

Doch schon dieses einfache Beispiel ist nicht überzeugend, wenn wir uns die folgende Anekdote in Erinnerung rufen. Als Columbus bei seiner ersten Atlantiküberquerung schon allzu lange Zeit auf hoher See war, ohne daß das von ihm erwartete indische Festland in Sicht kam, begann sich Unruhe in der Mannschaft zu verbreiten. Die Unruhe steigerte sich, und Columbus mußte eine Meuterei befürchten. Dabei hätten ihm und seinen Offizieren die dolchartigen Messer gefährlich werden können, die alle Matrosen besaßen und üblicherweise für die verschiedensten friedlichen Zwecke benutzten, aber selbstverständlich auch als Stichwaffen einsetzen konnten. So ließ Columbus alle Messer einsammeln und deren Spitzen abschlagen. Dadurch blieben die Schneiden benutzbar, doch die Messer waren keine Stichwaffen mehr. Angeblich soll auf diesen Vorfall die stumpf abgerundete Klinge unserer Tafelmesser zurückgehen. Wie dem auch sei – lehrreich ist an dieser Geschichte, daß man dem Mißbrauch sehr oft durch entsprechende Gestaltung der technischen Gegenstände begegnen kann.

Da sind die Techniker oft allzu blauäugig, wenn sie Produkte schaffen, mit denen lebensgefährlicher oder gesundheitsschädlicher Mißbrauch getrieben werden kann, und sich darauf zurückziehen, dies läge doch nicht am Produkt, sondern am Benutzer. Sicherlich sind es die Benutzer, die den Verstärker in der Stereoanlage oder in der Diskothek bis zu gehörschädigender Lautstärke aufdrehen, und die Verstärker selbst tragen, so sagen die Ingenieure, an diesem Mißbrauch keine Schuld. Doch warum hat man sich, wenn die Verführung zum Mißbrauch derart groß ist, nicht schon einmal überlegt, die maximale Lautstärke auf technische Weise, zum Beispiel durch Schalldruckregler, auf ein erträgliches Maß zu begrenzen? Solange den Menschen die Kompetenz fehlt, mit technischen Geräten vernünftig umzugehen, sollte man eben schon bei der Gestaltung der technischen Gegenstände alles unternehmen, um den zu erwartenden Mißbrauch unmöglich zu machen. Auch dies ist ein Stück Anpassung der Technik an den Menschen.

Aber selbstverständlich müssen solche Anpassungserwägungen noch weitergehen. Aus dem Modell des anthropotechnischen Handlungssystems, das ich oben beschrieben habe, folgt nämlich eine Einsicht, die eigentlich sehr simpel ist, in der technischen Praxis jedoch bislang kaum begriffen wird: Mit einer technischen Neuerung wird nicht nur ein neuer künstlicher Gegenstand in die Welt gesetzt, sondern es wird zugleich auch eine neue Form menschlichen Handelns geschaffen. Da sollte man eigentlich von den Handlungsbedürfnissen und Handlungsfähigkeiten der Menschen ausgehen, wenn man technische Neuerungen einführen will. Statt dessen jedoch wird die technische Neuerung meist ohne Rücksicht darauf verwirklicht, ob die Menschen sie tatsächlich in dieser Form brauchen und ob sie richtig damit umgehen können. Da werden Millionen von Heizanlagen mit verschwenderisch schlechtem Wirkungsgrad und hoher Umweltbelastung installiert, ohne daß man sich darüber Rechenschaft gegeben hätte, was die Menschen wirklich brauchen: nämlich angenehm temperierte Räume, die zu einem gut Teil auch durch bessere Wärmedämmung zu erreichen wären. Und da wird gegenwärtig die totale Verkabelung der Nation in Angriff genommen, damit der Fernsehteilnehmer zwischen zehn oder zwanzig vorgegebenen Programmen auswählen kann, ohne ihm doch das zu geben, was er wirklich braucht: Die Freiheit, sein eigenes Programm zu gestalten, wozu der Videorecorder in Verbindung mit einem gut ausgebauten Verleihsystem für bespielte Kassetten viel geeigneter ist.

Es ist also noch viel zu tun, um die technischen Systeme besser an den Menschen anzupassen, damit optimale anthropotechnische Handlungssysteme zustande kommen. Aber die Mängel liegen, wie gesagt, nicht nur bei den technischen Gegenständen. Sie liegen eben auch darin, daß den Menschen die erforderliche Kompetenz allzu häufig fehlt. Wenn Menschen technische Produkte benutzen, dann handeln sie – ich muß daran erinnern – nicht länger allein als Mensch, sondern sie gehen eine neuartige Handlungseinheit ein, in der das technische Produkt eine wesentliche Rolle spielt. Nun ist aber ein solches Produkt in aller Regel nicht von dem hergestellt worden, der es benutzt. Die gesellschaftliche Arbeitsteilung zwischen Produktion und Konsumtion, zwischen Herstellung und Gebrauch läuft darauf hinaus, daß sich die Verwender auf technische Gegenstände einlassen müssen, die fremden Ursprungs sind. Solange ein Mensch ohne Technik handelt, erreicht er seine Ziele allein durch eigenes Wissen und Können. Macht er sich hingegen für wesentliche Teilfunktionen seines Handelns technische Gegenstände zunutze, so verleibt sich das nun gebildete Handlungssystem Sachsysteme ein, in denen sich das Wissen und Können fremder Menschen verkörpert.

Um diesen Vorgang zu kennzeichnen, möchte ich nun selbst den Begriff der Entfremdung aufgreifen. Ich knüpfe dabei ausdrücklich an Karl Marx an, benutze den Begriff der Entfremdung aber in einem genauer umrissenen Sinn, der zugleich enger und allgemeiner ist. In den »Grundrissen der Kritik der politischen Ökonomie« gibt Marx eine höchst scharfsinnige Beschreibung des Verhältnisses, in dem Arbeiter und Maschine zueinander stehen: »Die Wissenschaft, die die unbelebten Glieder der Maschinerie zwingt, durch ihre Konstruktion zweckgemäß als Automat zu wirken, existiert nicht im Bewußtsein des Arbeiters, sondern wirkt durch die Maschine als fremde Macht auf ihn, als Macht der Maschine selbst« ... »das Wissen erscheint in der Maschinerie als Fremdes außer ihm« (dem Arbeiter; GR). Und die Maschinerie ist nichts anderes als die »Akkumulation«, die Ansammlung »des Wissens und des Geschicks, der allgemeinen Produktivkräfte des gesellschaftlichen Hirns«.[4]

Wenn ich allein dieses Verhältnis zwischen Mensch und Technik als Entfremdung bezeichne, dann sehe ich von weitergehenden wirtschafts- und sozialphilosophischen Überlegungen ab, die Marx darüber hinaus ebenfalls mit dem Entfremdungsbegriff verknüpft. Andererseits sehe ich den Tatbestand der Entfremdung als eine viel allgemeinere Erscheinung an. Entfremdung geschieht nicht nur in der technisierten Produktionsarbeit, kennzeichnet nicht nur das Verhältnis zwischen Lohnarbeiter und Produktionsmaschine, sondern begleitet ganz allgemein jede menschliche Handlung, die sich technischer Gebilde bedient: Entfremdung in diesem präzisen Sinn ist ein notwendiges Charakteristikum jeglicher Technikverwendung.

Das bedeutet natürlich, daß Entfremdung nicht von den Eigentumsverhältnissen abhängig ist und nicht durch die kapitalistische Wirtschaftsform entsteht, sondern allein durch die gesellschaftliche Arbeitsteilung zwischen Herstellung und Verwendung, die ja auch im Sozialismus nicht rückgängig gemacht wird. In einem Manuskript, das erst vor kurzem veröffentlicht wurde, scheint Marx dies selbst gesehen zu haben. Das eben beschriebene Verhältnis zwischen Technik und Mensch bezeichnet Marx an jener Stelle als »die Herrschaft der vergangenen Arbeit über die lebendige« und er sieht darin »nicht nur sociale, – in der Beziehung von Capitalist und Arbeiter ausgedrückte – sondern so zu sagen *technologische* Wahrheit«.[5] Damit aber ist gesagt, daß Entfremdung ein Wesensmerkmal des Mensch-Maschine-Systems darstellt. Gewiß erhält Entfremdung einen zusätzlichen Akzent, wenn Lohnarbeiter mit Maschinen umgehen müssen, die ihnen gar nicht gehören und auf deren Produktionszweck sie keinen Einfluß haben; dann nämlich verkörpert die Maschine nicht nur fremdes Wissen und Können, sondern offen und ausdrücklich auch fremdes Wollen. Für den grundlegenden Tatbestand der Entfremdung aber sind, wie gesagt, die Eigentumsverhältnisse von untergeordneter Bedeutung: Entfremdung charakterisiert auch das Mensch-Maschine-System des Autofahrens, ohne Rücksicht darauf, daß das Auto im Regelfall privates Eigentum des Fahrers ist.

Es ist nun meine These, daß die Technik solange unvollständig ist, wie den Menschen die erforderliche Kompetenz fehlt, diese Entfremdung zu begreifen und zu bewältigen. Ich sage also nicht, die Entfremdung müsse beseitigt werden. Wollte man das ernsthaft verlangen, liefe es darauf hinaus, die gesellschaftliche Arbeitsteilung vollends rückgängig zu machen, und jeder müßte die technischen Gegenstände, die er verwenden will, selbst herzustellen lernen. In der pauschalen Technikkritik wird diese Forderung wohl tatsächlich hie und da erhoben; Otto Ullrich beispielsweise meint, man müsse Kraftfahrzeuge auf ein so simples technisches Niveau zurücksenken, daß sie von kleinen Arbeitsgruppen ohne besondere technische Vorkenntnisse für eigenen Bedarf gebaut werden können.[6] Aber damit ist auch schon der Preis genannt, den es kosten würde, die Arbeitsteilung rückgängig zu machen: Die Technik müßte auf ein Primitivniveau zurückgeführt werden, das ein einzelner Mensch mit seinen begrenzten Fähigkeiten und Kenntnissen gerade noch beherrschen könnte. Solche Kritiker scheinen nicht zu bemerken, daß man, wenn ihr romantischer Wunschtraum erfüllt würde, weit hinter jenes Entwicklungsniveau zurückfallen würde, das schon im mittelalterlichen Handwerk erreicht war. Mit der völligen Abschaffung der Arbeitsteilung würden wir also nicht nur der modernen Technik die Grundlage nehmen, wir würden zugleich die kulturellen Errungenschaften der ganzen Menschheitsgeschichte großenteils annullieren.

Man muß also mit der Entfremdung auf andere Weise fertig werden. Dazu empfiehlt es sich, zunächst genauer zu untersuchen, was Entfremdung für die Menschen bedeutet und in welcher Hinsicht und in welchem Umfang sie überhaupt problematisch ist; denn wir sollten den negativen Beigeschmack, der diesem Wort seit Marx anhaftet, nicht ungeprüft übernehmen. Untersuchen wir also an wenigen Beispielen, was es bedeutet, daß durch die Verwendung technischer Gegenstände fremdes Können, fremdes Wissen und fremdes Wollen in das menschliche Handeln eindringen.

Fremdes Können muß gemeistert werden

Fremdes Können gelangt auf zweifache Weise in das menschliche Handlungssystem. Zum einen sind es die technischen Teilfunktionen, die menschliche Handlungsfunktionen ersetzen oder ergänzen. So ersetzt die Fortbewegungsfunktion des Autos die menschlichen Gehwerkzeuge und ist ihnen an Kraft und Schnelligkeit haushoch überlegen. Dadurch aber werden, wie jeder Autofahrer weiß, die beim Menschen verbleibenden Steuerungsfunktionen wesentlich höher belastet. Es ist aber nicht damit getan, die technische Funktion einfach in das Handlungssystem aufzunehmen, ohne daß sich die menschlichen Funktionen auf diese neue technisch vermittelte Fähigkeit einstellen würden. Der Mensch erwirbt durch das Auto eine ihm zunächst fremde Fähigkeit der Fortbewegung, die er erst dann zu meistern vermag, wenn er selbst zusätzliche Kompetenzen erwirbt. Gewiß wird die Mindestkompetenz zum Führen eines Kraftfahrzeuges durch den Fahrunterricht und die Führerscheinprüfung sichergestellt. Aber jeder weiß, daß man unmittelbar nach der Fahrprüfung noch nicht wirklich Auto fahren kann. Geschicklichkeit in der Bedienung des Fahrzeugs, Reaktionsschnelligkeit in außergewöhnlichen Situationen, Erfahrung mit Fahrzeugverhalten und Straßenbedingungen und vieles andere eignen sich die Menschen erst in einem langwierigen Lernprozeß an.

Die Geschichte der Verkehrsunfälle deutet darauf hin, daß solche menschlichen Kompetenzen sich erheblich langsamer verbreiten als die technischen Gegenstände, für die sie benötigt werden. Wenn auch die Anzahl der Unfallopfer immer noch erschreckend hoch ist, so ist sie doch relativ, d. h. bezogen auf die insgesamt zurückgelegten Fahrzeugkilometer (Anzahl der Personenkraftwagen mal Fahrleistung pro Jahr), fortgesetzt gesunken – ein Tatbestand, der gewiß nicht nur auf technische Verbesserungen zurückzuführen ist, sondern vor allem auch darauf, daß die Menschen durchschnittlich reifer im Umgang mit dem Kraftfahrzeug geworden sind. Vor allem haben sie wohl auch gefühlsmäßige Fehleinstellungen abgebaut, die zunächst von der fremden Fähigkeit heraufbeschworen worden waren. Die einen konnten ihre Angst und Unsicherheit gegenüber dem vervielfachten Handlungspotential nicht überwinden und blieben für die anderen Autofahrer ein fortgesetztes Verkehrshindernis. Die anderen erlebten in der fremden Fähigkeit eine rauschhafte Steigerung ihres Selbstgefühls und trauten sich einen Fahrstil zu, dem weder die technischen noch die menschlichen Komponenten des Handlungssystems gewachsen waren.

Ähnliche Fehleinstellungen wie beim Auto begleiten die Einführung fast aller technischer Neuerungen; das gilt im privaten Bereich, wie zum Beispiel beim Fernsehen, genauso wie in der Arbeitswelt, wo sich ebenfalls höchst gemischte Gefühle gegenüber dem fremden Können der Computer und Automaten entwickeln. Persönliche Kompetenz aber fehlt solange, wie man sich von den neuen Fähigkeiten entweder bedroht fühlt oder sich in übersteigerter Faszination darin verliert.

Aber noch in einer zweiten Form läßt sich das Handlungssystem beim Gebrauch technischer Gegenstände auf fremdes Können ein. Ich meine damit jenes Können, das erforderlich war, um das technische Gebilde herzustellen. Meist wird den Menschen gar nicht bewußt, in welchem Maße sie heute auf fremdes Können angewiesen sind, dem sie doch all jene technischen Handlungsmöglichkeiten verdanken, mit denen sie in der Berufswelt und in der Privatsphäre umgehen. Daß eigenes Handeln von fremdem Können abhängt, wird meist erst im Reparaturfall begriffen. Dann nämlich muß man schmerzlich erfahren, daß einem Geschicklichkeit und Fertigkeiten fehlen, die man doch brauchen würde, um ein defektes Gerät zu demontieren, bestimmte Teile auszutauschen und das Ganze dann wieder zusammenzusetzen. Nach einer Umfrage – die allerdings schon einige Zeit zurückliegt – trauten sich nur 35% der Befragten zu, eine elektrische Deckenleuchte anzuschließen, immerhin 14% – bei den Frauen gar 21% – fühlten sich nicht fähig, eine Glühlampe auszuwechseln.[7] Und auch heute dürfte es noch genügend Autofahrer geben, die Angst davor haben, bei einer Reifenpanne das Rad auszuwechseln. So ist alle Freiheit, die man durch technische Handlungsmöglichkeiten zusätzlich gewinnt, immer nur eine Freiheit auf Widerruf. Jeder Reparaturfall macht einem schmerzlich bewußt, daß diese Freiheit am seidenen Faden fremder Fähigkeiten hängt.

Fremdes Wissen muß beherrscht werden

Schwerwiegender fast noch als das fremde Können wird das fremde Wissen erfahren, mit dem man konfrontiert wird, wenn man technische Gegenstände verwendet. Manche Menschen haben schon Schwierigkeiten mit dem elementaren Bedienungswissen, das sie sich doch auf jeden Fall aneignen müssen, wenn sie mit dem technischen Gegenstand umgehen wollen. Es gibt Leute, die mit den Knöpfen am Steuergerät einer Stereoanlage kaum zurechtkommen und sich, aus Mangel an Bedienungswissen, mit dem Ein- und Ausschalten ihres Ortssenders begnügen. Und der große Verkaufserfolg der sogenannten Automatik-Kameras beweist, daß einem Großteil der Fotoamateure das eigentlich doch leicht überschaubare Wissen über den Zusammenhang von

Blende und Belichtungszeit nicht zu Gebote steht. So weiß der Laie kaum etwas über die Funktionsweise all der technischen Geräte, mit denen er doch tagtäglich umgeht. Er verläßt sich ganz selbstverständlich darauf, daß der Thermostat in seinem Wohnzimmer für gleichmäßig angenehme Raumtemperatur sorgt, und hat doch keine Ahnung, mit welch einfachem Prinzip dies bewerkstelligt wird. So eng sich die Menschen auch mit den technischen Gegenständen zur Handlungseinheit verbinden, so fremd bleibt den meisten das Wissen, das in der Wirkungsweise und im Aufbau der Produkte verkörpert ist. Und im Beruf sind sie meist auch nicht besser dran als in der Alltagswelt. Welche Sekretärin kann sich schon vorstellen, was im elektronischen Schreibautomat vor sich geht, den sie zwar zu bedienen lernt, aber doch nicht wirklich versteht?

Wiederum ist es der Reparaturfall, bei dem sich der Mangel an persönlicher Kompetenz besonders deutlich zeigt. Nur wenn man die Wirkungsweise und den Aufbau eines technischen Gerätes in den Grundzügen kennt, vermag man die Störursache abzuschätzen und in einfachen Fällen bei entsprechender Geschicklichkeit zur Selbsthilfe zu schreiten. Ebenfalls kann man dann halbwegs abschätzen, ob die Reparatur schwierig genug ist, um sie einem Fachmann zu überlassen. Und man ist vorbereitet, mit dem Fachmann ein sachkundiges Gespräch über Art und Umfang der Reparatur zu führen. Vermag man dagegen nicht einmal die einzelnen Positionen auf der Reparaturrechnung zu verstehen, bleibt man dem fremden Wissen vollends ausgeliefert.

Ständig also bedienen sich die Menschen in Form der technischen Gegenstände eines Wissens, das ihnen doch selbst fremd bleibt, da sie es nicht nachvollziehen können. Nun wird mir der Leser vielleicht entgegenhalten, was ich zuvor über die Arbeitsteilung sagte. Zu Recht läßt sich einwenden, daß heute niemand mehr in der Lage ist, all jenes Wissen in sich zu vereinen, worauf die moderne Technik beruht. Das ist gewiß richtig, wenn man damit alle naturwissenschaftlichen Gesetze, alle technologischen Regeln und alles ingenieurpraktische Know-how meint, denen sich die Technosphäre verdankt. Doch soweit will ich auch gar nicht gehen. Man muß ja gar nicht all jenes in mathematischen Formeln und abstrakt definierten Kennwerten präzisierte Wissen der Naturwissenschaftler und Ingenieure beherrschen, um doch die qualitativen Zusammenhänge überblicken zu können.

Man muß, um den Thermostaten der Raumheizung zu verstehen, ja nicht die Auslenkung der Bimetallfeder in Abhängigkeit vom Verhältnis der beiden Ausdehnungskoeffizienten kennen, man muß auch nicht die Differentialgleichung für das Schwingungsverhalten einer Zweipunktregelung aufschreiben können, um doch den Kern der Sache zu begreifen: daß sich nämlich eine aus zwei Metallen zusammengesetzte schmale Platte bei steigender Raumtemperatur so verbiegt, daß sie die Heizung ausschaltet, und bei nachfolgender Abkühlung des Raumes zurückbiegt und dadurch den Heizungsschalter wieder betätigt; daß also durch eine recht einfache Vorrichtung der Zustand, den man beeinflussen möchte (die Raumtemperatur), selbsttätig auf jenen Prozeß zurückwirkt, von dem dieser Einfluß ausgeht (die Heizung). Solch qualitatives Wissen über die grundlegenden Aufbau- und Ablaufprinzipien reicht aus, der kognitiven Entfremdung die Spitze zu nehmen. Auch wenn vieles Detailwissen notwendigerweise dem Benutzer fremd bleiben wird, begreift er von den technischen Gegenständen, mit denen er sich zum Handlungssystem verbunden hat, doch nun immerhin genug, um sich nicht mehr einer fremden Macht ausgeliefert zu fühlen.

Freilich gehört dazu noch mehr. Ein Minimum technischen Wissens im engeren Sinne, so wie ich es am Beispiel eben umrissen habe, ist sicher sehr wichtig, und wenn man es nicht präsent hat, sollte man wenigstens das Gefühl haben, sich solches Wissen jederzeit in allgemeinverständlicher Form aus geeigneten Informationsmedien aneignen zu können. Für mindestens genauso bedeutsam halte ich jedoch jenes technische Wissen im weiteren Sinne, das sich auf die in diesem Buch beschriebenen Zusammenhänge zwischen Technik, Umwelt, Mensch und Gesellschaft bezieht.

Wer sich entschließt, an den Bildschirmtext-Diensten teilzunehmen, die jetzt eingeführt werden, der sollte im voraus wissen, daß er nicht nur Telefon und Fernsehgerät um ein paar technische Zusatzgeräte ergänzt. Vielmehr muß er sich darüber im klaren sein, daß er sich, wenn er die neuen Dienste ausgiebig nutzt, auf einen neuen Lebensstil einläßt: Statt ins Kaufhaus zu gehen, statt sich im Reisebüro persönlich beraten zu lassen, statt beim Abgeben von Überweisungsaufträgen in der Bankfiliale ein kleines Gespräch mit dem Kundenbetreuer zu führen, statt in der Buchhandlung nach einem passenden Nachschlagewerk zu stöbern, statt also all dies zu tun, was ihm sinnliche Eindrücke und menschliche Kontakte außer Hause eröffnet, wird er nun vor dem Bildschirm im häuslichen Wohnzimmer immer häufiger elektronische Heimarbeit ausführen und immer mehr Information und Entscheidung allein über abstrakte Texte und Symbole abwickeln. Ich lasse an dieser Stelle bewußt offen, wie man das bewerten will. Nur muß der einzelne, wenn er sich zur Teilnahme am Bildschirmtext entschließt, wissen, daß Folgen der genannten Art sein Handeln nachhaltig verändern werden. So sollte er sich im voraus Gedanken darüber machen, ob die zu erwartenden Veränderungen tatsächlich seinen Bedürfnissen entsprechen.

Bei der Verbreitung des Personenautos und des Fernsehens sind solch tiefgreifende Veränderungen des Lebensstils tatsächlich geschehen. Aber die Menschen wurden sich erst darüber klar, als alles schon gelaufen war. Natürlich ist niemand im handgreiflichen Sinne gezwungen worden. Die meisten haben sich durchaus freiwillig entschlossen, ein Auto oder ein Fernsehgerät anzuschaffen, weil bestimmte Nutzungsvorteile auf der Hand lagen. Aber die schleichenden Veränderungen des Lebensstils, die eben doch auch gleichsam wie von einer fremden Macht ausgelöst wurden, hat zuvor kaum jemand bedacht – und manches, was dann tatsächlich eingetreten ist, hätte er auch nicht wirklich gewollt. Den meisten Menschen sind derartige Zusammenhänge bislang nicht ausdrücklich bewußt. Aber manchmal ergreift sie doch eine undeutliche Ahnung, daß mit ihrer Lebenspraxis etwas geschieht, was sie nicht vorausgesehen und was sie nicht beabsichtigt haben. Es ist nur allzu verständlich, wenn aus solchen Ahnungen jenes Unbehagen gegenüber der Technik erwächst, von dem man immer wieder hört. Aber dann ist das Unbehagen tatsächlich nur ein Reflex auf die bisherige Unvollständigkeit der Technik: daß eben nur technische Gegenstände entwickelt und verbreitet werden, nicht aber jenes Wissen, das die Benutzer brauchen würden, um die Entfremdung zu bewältigen.

Fremdes Wollen muß begriffen werden

Aber die technischen Sachsysteme tragen nicht nur fremdes Können und fremdes Wissen, sondern im gewissen Umfang auch fremdes Wollen in das anthropotechnische Handlungssystem hinein. Bis zu einem gewissen Grade verkörpern sie fremde

Bedürfnisse, fremde Zielvorstellungen und fremde kulturelle Einstellungen. Indem technische Gegenstände maßgebliche Teile des Handlungssystems werden, prägen sie wie gesagt die Art des Handelns. Neue Handlungsformen, die von der Nutzung technischer Gegenstände hervorgerufen werden, antworten aber nicht unbedingt auf genau die Bedürfnisse, die der betreffende Mensch vorher hatte. Manchmal sind es ganz neue Bedürfnisse, die dadurch überhaupt erst geweckt werden, und manchmal sind es neuartige Formen, ein ursprüngliches Bedürfnis nun anders zu befriedigen. Solche Prägungen mögen durchaus im wohlverstandenen Interesse des Benutzers liegen, und oft macht er sie sich bewußt zu eigen. Doch gibt es genügend Beispiele dafür, daß die Bedürfnis- und Handlungsprägungen dem Benutzer im Grunde fremd bleiben, weil sie ihm ohne Rücksicht auf seine wirklichen Bedürfnisse einfach übergestülpt werden.

So geht, wie ich schon andeutete, der Plan, über privates Kabelfernsehen die Anzahl der Programme zu vervielfachen, an dem wirklichen Bedürfnis des Teilnehmers vorbei, ein Programm seiner eigenen Wahl zum selbstgewählten Zeitpunkt zu sehen. Tatsächlich sind ja auch für dieses Projekt gar nicht so sehr die Bedürfnisse der Teilnehmer, sondern vielmehr die Interessen bestimmter Teilgruppen in Staat und Gesellschaft maßgebend, beispielsweise das Interesse der Wirtschaft, die Bürger mit einem noch größeren Übermaß an Werbung zu überschütten. Dieses Interesse aber könnte über die konkurrierende Videokassette nicht befriedigt werden, denn wer würde schon freiwillig auf Leihkassetten Werbeunfug besichtigen, wenn er diesen durch einfachen Knopfdruck überspringen könnte? Auch hier also zeigt sich wieder eine Unvollständigkeit der Technik, wenn bestimmten technischen Neuerungen eine angemessene Bedürfnisorientierung fehlt und diejenigen, die mit der neuen Technik umgehen sollen, bislang nicht die Kompetenz besitzen, ihre wirklichen Bedürfnisse zu erkennen und zu artikulieren.[8]

Möglicherweise greift fremdes Wollen auch in einer noch verdeckteren, noch schwerer durchschaubaren Art in die anthropotechnischen Handlungssysteme ein. Ich meine damit kulturspezifische, gruppenspezifische oder auch geschlechtsspezifische Wertmuster und Einstellungstypen, die, wenn auch wohl meist ohne ausdrückliche Absicht, dennoch in die Gestaltung der technischen Gegenstände und ihre handlungsprägende Potenz einfließen. So hat sich die Idee des Fernsehens in der heute vorherrschenden Nutzungsform im kulturellen Milieu Mitteleuropas und Nordamerikas verbreitet, wo es die Menschen seit langem lieben, sich in die ungestörte Abgeschlossenheit der privaten Wohnung zurückzuziehen. Aufgrund des mitteleuropäisch-nordamerikanischen Vorbildes, auch bedingt durch die Größe des Bildschirms, die heute noch durch technische Schwierigkeiten begrenzt ist, überträgt das Fernsehen diese Art des Lebensstils nun auch in die Mittelmeerländer, in denen die Menschen sonst viel mehr in der Öffentlichkeit, auf Höfen, Straßen und Plätzen zu leben gewohnt waren. Schließlich wird gar die Vermutung geäußert, daß in den technischen Gegenständen, die ja tatsächlich bislang fast ausschließlich von Männern entworfen und geplant werden, spezifisch männliche Wertorientierungen und Verhaltensmuster verkörpert seien. Man sollte dieser Vermutung sehr sorgfältig und anhand exakter Fallstudien nachgehen und sie nicht gleich als feministische Übertreibung abtun; denn es ist eine Tatsache, daß Frauen im Umgang mit der Technik durchweg größere Schwierigkeiten haben als Männer, und das muß ja nicht unbedingt an den Frauen liegen.

Jedenfalls gehört es auch zur Unvollständigkeit der Technik, daß sich die persönlichen Werteinstellungen der Menschen gegenüber dem fremden Wollen, dem sie durch die technischen Gegenstände ausgesetzt sind, nicht selbständig genug behauptet haben. Solange die Sachkompetenz fehlt, die technischen Gegenstände und ihre Einflüsse auf das menschliche Handeln richtig zu verstehen, kann sich auch keine angemessene Urteilskompetenz herausbilden. Und so kommt es dann immer wieder zu überzogenen Erwartungen und Befürchtungen. Vieles beeinflußt und verändert die Technik im menschlichen Leben, gewiß, aber eines kann sie nie und nimmer sein: eine neue Art der Sinnerfüllung, die an die Stelle religiöser und philosophischer Sinnsysteme rükken könnte. Da bleibt die Technik in einer radikalen Weise unvollständig, denn sie stellt nur Bedingungen bereit, vermag durch sich selbst aber nie und nimmer zu schaffen, was doch die Menschen vor allem anderen erstreben: das gelungene, erfüllte Leben. Die Sachwelt der Technosphäre entspricht vor allem den materiellen Wertorientierungen, indem sie das Leben von Not und Mangel befreit und leichter und bequemer macht. Auch kulturellen Wertorientierungen kommen manche Zweige der

Technik sehr entgegen, wenn Wissen, Kunst und Musik, die früher nur für Eliten erreichbar waren, heute durch technische Vermittlung für jedermann zugänglich sind. Doch Werte der persönlichen Lebenserfüllung zu verwirklichen, dürfen die Menschen nicht von der Technik erwarten. Das bleibt, so hilfreich technische Hervorbringungen auch dafür im einen oder anderen Fall sein mögen, letztlich doch allein der individuellen Selbstentfaltung und gesellschaftlichen Solidaritätserfahrung vorbehalten. Auch dieses muß begreifen, wer in seinem Verhältnis zur Technik persönliche Kompetenz erwerben und bewahren will.

In der bekannten Erzählung »Der kleine Prinz« läßt Saint-Exupéry einen Fuchs zum kleinen Prinzen sagen: »Bitte zähme mich«, und der Fuchs erläutert: »Es bedeutet: sich ›vertraut machen‹.« Genau dies ist die Aufgabe, zu deren Bewältigung die Menschen mehr persönliche Kompetenz benötigen. Die Technik kann nur gezähmt, sie kann nur domestiziert werden, indem die Menschen sie sich vertraut machen und damit die Entfremdung bewältigen.

Sechstes Kapitel

> Lange Zeit ist die Technik als Privatangelegenheit der Erfinder und Unternehmer mißverstanden worden, woran der gemeine Mann lediglich durch Verkauf von Arbeitskraft und durch Kauf von Waren beteiligt war. Tatsächlich jedoch greifen technische Entwicklungen so nachhaltig in die Arbeitswelt und in die Lebenswelt der Betroffenen ein, daß die Technik eine gesellschaftspolitische Kraft geworden ist. Technische Neuerungen beeinflussen den Arbeitsmarkt, die Berufsqualifikationen und das Bildungssystem; sie verändern die Gestaltung und den Ablauf des privaten Alltags und des menschlichen Zusammenlebens; sie veranlassen wirtschaftlichen und sozialen Wandel und haben auf diese Weise eine Macht gewonnen, die nur noch politisch begriffen werden kann. Soll aber alle politische Macht demokratisch legitimiert sein, dann bedürfen auch die weltverändernden Kräfte der Technik der *gesellschaftlichen Kontrolle.*

Wenn Menschen in der Berufsarbeit und im privaten Alltag technische Gegenstände verwenden, so gehen sie eine neuartige Handlungseinheit ein, deren technische Bestandteile das Können, das Wissen und das Wollen anderer Menschen verkörpern. Das ist, wie ich im letzten Kapitel gezeigt habe, der Kern der Entfremdung. Ich habe das bislang so beschrieben, als ginge es allein um die Beziehungen zwischen den technischen Gegenständen und den einzelnen Menschen. Tatsächlich jedoch steckt in dem Tatbestand der Entfremdung sehr viel mehr. Was nämlich in der anthropotechnischen Handlungseinheit dem einzelnen Menschen fremd ist, stammt ja doch von anderen Menschen. Die Fremdheit der technischen Handlungsbestandteile ist keine außermenschliche, keine dämonische Macht, sondern gesellschaftliche Macht. Und wie ich im letzten Kapitel die anthropotechnische Unvollständigkeit der Technik begründet habe, die in der mangelnden persönlichen Kompetenz besteht, so muß ich mich nun mit der soziotechnischen Unvollständigkeit der Technik beschäftigen. Die soziotechnische Unvollständigkeit der Technik sehe ich darin, daß den technischen Gegenständen, obwohl sie ganz wesentlich gesellschaftlichen Charakter tragen, dennoch die angemessene gesellschaftliche Einbettung fehlt.

Schon im zweiten Kapitel hatte ich darüber gesprochen, daß in traditionellen Betrachtungsweisen, beispielsweise auch in der technikfeindlichen Kulturkritik, der Technik meist ganz abstrakt »der Mensch« gegenübergestellt wird. Auch wenn in solcher Redeweise nicht der individuelle Mensch, sondern der Mensch als Gattungswesen gemeint ist, wird doch in aller Regel übersehen, daß dieses Gattungswesen vor allem eben auch gesellschaftliches Wesen ist. Allzuoft wurde das Verhältnis zwischen Mensch und Technik so aufgefaßt, als gehe es um Robinson Crusoe, der mit seiner Technik auf der einsamen Insel ganz allein war. Doch nicht einmal dieser Robinson war in seiner Entwicklung völlig auf sich allein gestellt. Immerhin war er in einem Land mit handwerklich hochstehender Technik aufgewachsen und hatte, bevor ihn der Schiffbruch auf die einsame Insel verschlug, von den meisten Techniken, die er nun selber nachvollziehen mußte, doch wenigstens schon gehört. Selbst die Robinson-Technik also gründete letztlich bereits auf gesellschaftlichem Können und Wissen, dem der Schiffbrüchige überhaupt erst die Ahnungen und Ideen verdankte, selber nacherfindend die technische Entwicklung allein zu wiederholen.

Bedeutung der Arbeitsteilung

In einem entscheidenden Punkt freilich mußte die Robinson-Technik untypisch bleiben: Ihr blieben die Leistungs- und Qualitätssteigerungen verwehrt, die aus der Arbeitsteilung hervorgehen. Schon mehrfach hatte ich die Arbeitsteilung erwähnen müssen, da in der Technikdebatte sehr oft davon die Rede ist, und dann meist mit höchst skeptischem Unterton. Tatsächlich hängen Technik und Arbeitsteilung so eng miteinander zusammen, daß man das eine kaum ohne das andere verstehen kann.

Was Arbeitsteilung bedeutet und zu welcher Komplexität gesellschaftlicher Verflechtung die Arbeitsteilung geführt hat, versteht man am besten, wenn man sich ihr vorgeschichtliches Gegenstück, die archaische Subsistenzwirtschaft, anschaut. In diesem Fall hat der einzelne Mensch oder doch wenigstens die einzelne Familie oder Sippe alles, was zur Existenzerhaltung erforderlich ist, mit eigener Hände Arbeit zu besorgen. Die Mittel zur Befriedigung der Bedürfnisse werden von dem gleichen Subjekt geschaffen, das diese Bedürfnisse selbst hat: Bedürfnis und Arbeit sind im gleichen Subjekt vereint. Da auch schon auf dieser Entwicklungsstufe durchaus vielfältige Bedürfnisse bestehen, muß das Individuum eine Vielzahl verschiedener Fertigkeiten besitzen, um die jeweils erforderlichen Befriedigungsmittel arbeitend produzieren zu können. Arbeit ist überdies vorwiegend Handarbeit, und nur die unmittelbare Einwirkung auf natürliche Materialien wird durch Werkzeuge technisch vollzogen. Aber auch diese einfachen Arbeitsmittel produziert sich der Arbeitende im allgemeinen selbst: Produktionsmittelherstellung und Produktionsmittelverwendung sind ebenfalls im gleichen Subjekt vereint.

Die Arbeitsteilung hat bekanntlich all das, was in vorgeschichtlicher Zeit einmal in ein und demselben Subjekt vereint gewesen ist, ausdifferenziert und auf eine Vielzahl von Individuen verteilt. Bedürfnis und Arbeit sind auseinandergetreten und haben sich bei dieser Trennung in unerhörter Weise differenziert und spezialisiert. Da der einzelne nicht mehr alles produzieren muß, was er selbst braucht, kann er sich auf eine bestimmte Arbeit spezialisieren und seine Fertigkeiten zu hoher Vollendung steigern. Und die anderen entwickeln das Niveau ihrer Bedürfnisse in dem Maße, in dem die Qualität der Produkte aus spezialisierter Arbeit wächst. Wenn ich als Dilettant neben meiner sonstigen Arbeit ein wenig Gitarre spiele, so macht mir die Tätigkeit selbst wohl eine gewisse Freude, doch bin ich mit der Qualität des Hervorgebrachten keineswegs zufrieden. Musiker, die ihr ganzes Leben darauf verwenden, sich in der Beherrschung des Instruments zu vervollkommnen, bieten mir ein derart hohes Qualitätsniveau, daß mein Bedürfnis weit über das gewachsen ist, was ich für mich selbst befriedigen kann. Nicht jeder also kann alle Fähigkeiten in solchem Maße entfalten, daß sie zur Befriedigung seiner gestiegenen Bedürfnisse ausreichen würden. Also tut jeder einzelne das, was er am besten kann, und vervollkommnet sich darin, weil er nichts anderes tut. Er stellt einen Großteil seiner Arbeitsergebnisse den anderen zur Verfügung, weil er selbst davon nur wenig braucht. Er erhält dafür jene Bedarfsgüter, die er auch benötigt, von den anderen, die sie in besserer Qualität hervorbringen können als er selbst. Das ist das Geheimnis der Arbeitsteilung.

Das Prinzip der Arbeitsteilung hat sich im Laufe der Menschheitsgeschichte immer weiter entfaltet. Was als Aufgabenverteilung in der Familie und in der Sippe begann, setzte sich im gesellschaftlichen Maßstab als Berufsdifferenzierung und Produktionsteilung fort und führte schließlich zu jenen ausgeprägten

Formen der Arbeitszerlegung, wie wir sie in der technisierten Produktion kennen. Schon der britische Ökonom Adam Smith erkannte, als er das Prinzip der Arbeitsteilung Ende des 18. Jahrhunderts beschrieb, daß die Arbeitsteilung eine Voraussetzung der Technisierung ist.[1] Erst wenn man aus einer komplexen Arbeitsaufgabe eine einfache eng umrissene Teilaufgabe herauspräpariert hat, kann es gelingen, für diese Teilaufgabe eine technische Einrichtung zu erfinden, der man diese Teilarbeit übertragen kann. Doch umgekehrt bringt die Technisierung auch neue Formen der Arbeitsteilung hervor. Oft nämlich kommt es vor, daß Teilfunktionen menschlicher Arbeit bereits erfolgreich auf technische Einrichtungen übertragen werden können, während bestimmte Restfunktionen noch von Menschen ausgeführt werden müssen. In solchen Fällen wird der Mensch tatsächlich zum Lückenbüßer der Automatisierung, solange nicht auch jene Restfunktionen technisiert werden. Arbeitsteilung bedeutet also nicht nur die Verteilung der gesellschaftlichen Gesamtarbeit zwischen den Menschen, sondern auch die Verteilung der Arbeit zwischen Mensch und Maschine – mit der Tendenz, immer mehr Arbeit den Maschinen zu übertragen.

Arbeitsteilung begründet Gesellschaftlichkeit der Technik

Ohne Arbeitsteilung hätte sich nicht all jenes spezialisierte Können und Wissen entwickeln können, das für die Technik erforderlich ist, und ohne Arbeitsteilung wären viel weniger Ansatzpunkte für die Technisierung von Teilaufgaben erkannt worden. So ist tatsächlich die Technik undenkbar ohne Arbeitsteilung. Arbeitsteilung aber existiert nur, insofern Gesellschaft existiert, da Arbeit ja nur dort geteilt werden kann, wo zahlreiche Menschen miteinander leben und zusammenwirken. Daraus aber folgt, daß die Technik nie und nimmer als Robinsonade gedacht werden kann, sondern grundsätzlich als gesellschaftliche Veranstaltung begriffen werden muß. Technik ist ein wesentliches Stück gesellschaftlicher Praxis.

Aller Arbeitsteilung liegt, wie gesagt, die Trennung von Arbeit und Bedürfnis zugrunde, mit anderen Worten also die Trennung zwischen Herstellung und Verwendung der Güter, die der Bedürfnisbefriedigung dienen. Eine ziemlich kleine Gruppe von Menschen spezialisiert sich darauf, ein bestimmtes Produkt herzustellen, und eine sehr große Anzahl von Menschen verwenden das Produkt, ohne es selbst hergestellt zu haben. Im letzten Kapitel hatte ich mich schon ausführlich mit der Entfremdung beschäftigt, die aus dieser Tatsache für den Verwender technischer Produkte entsteht. Jetzt gilt es zu verstehen, daß aus dem gleichen Grunde jede Technikverwendung ein gesellschaftliches Verhältnis darstellt. Von jenen wenigen Fällen abgesehen, in denen ich noch selbst herstellen kann, was ich brauche, bin ich fortgesetzt auf Produkte angewiesen, die andere Menschen ersonnen, entwickelt und hergestellt haben.

Ich sitze beispielsweise allein in meinem Arbeitszimmer und benutze ein Diktiergerät, um den Ausdruck meiner Überlegungen festzuhalten. Das sieht nach einer ganz individuellen Tätigkeit aus, und für das Denken und Sprechen gilt das ja auch. Wenn aber das, was ich spreche, ganz nach meinem Wunsch auf einem Magnetband gespeichert und beliebige Zeit später wieder abgehört werden kann, so verdanke ich das dem Wissen und Können jener Menschen, die das Prinzip der magnetischen Tonaufzeichnung erfunden haben, die das Prinzip in einem handlichen und zuverlässigen Gerät verwirklicht haben und die mit Fachkönnen und Geschicklichkeit für die Herstellung dieses Gerätes gesorgt haben. Das persönliche Handeln, die Formulierung und Speicherung eines Textes, ist also doch auf die vergangene Arbeit anderer Menschen angewiesen und gewinnt auf diese Weise gesellschaftlichen Charakter. Und dieser gesellschaftliche Charakter schon des individuellen Handelns kommt durch den technischen Gegenstand ins Spiel.

Hatte ich im letzten Kapitel, in dem es zunächst um den einzelnen Menschen und sein Verhältnis zur Technik ging, die Handlungseinheit aus Mensch und Maschine als anthropotechnisches System bezeichnet, so sehen wir jetzt, daß im Grunde schon bei der individuellen Verwendung technischer Produkte ein soziotechnisches System vorliegt, weil die vergangene Arbeit anderer Menschen, weil deren Können, Wissen und Wollen über die Gestaltung des technischen Subsystems in die Funktion des gesamten Handlungssystems eingreifen.

Technische Gegenstände und gesellschaftliche Handlungsmuster

Man mißversteht also die Technik, wenn man darin nur die Beherrschung von Naturprozessen oder nur das Zusammenspiel zwischen technischen Produkten und einzelnen Menschen sehen würde. Vielmehr ist Technik in einem sehr tiefgreifenden Sinn eine gesellschaftliche Angelegenheit, über die sich Beziehungen zwischen den Menschen vermitteln und worin dauerhafte Verhältnisse menschlichen Zusammenlebens geronnen sind. Gesellschaft besteht bekanntlich ja nicht nur darin, daß eine größere Anzahl von Menschen auf einem bestimmten Territorium miteinander leben und in der einen oder anderen Form in Kontakt treten. Zwischenmenschliche Kontakte und Bezüge in der Arbeit ebenso wie in der Kommunikation sind wohl wesentliche Merkmale einer Gesellschaft, doch muß etwas Entscheidendes hinzutreten, damit Gesellschaft ihren Bestand erhält: Aus den aktuellen Beziehungen und Kontakten müssen sich verallgemeinerte Muster herauskristallisieren und gewissermaßen verfestigen, die unabhängig von den einzelnen Menschen andauern und von ihnen als vorgegeben erfahren werden.

Ein beliebtes Beispiel für solche überindividuellen Verhaltensmuster geben die Begrüßungsformen: Wenn ich einen Bekannten treffe, erwarte ich von ihm, daß er mir die Hand gibt, und umgekehrt erwartet er dasselbe von mir. So kommt das Händeschütteln ganz selbstverständlich zustande, weil wir beide wissen, daß man das so tut. Daß wir uns die Hand geben, entscheiden wir nicht individuell im Einzelfall, sondern wir tun es, weil wir wissen, daß »man« das von uns erwartet. Eine Handlungsweise, die irgendwann einmal von einzelnen Menschen in bewußtem Entschluß begonnen worden war, hat sich von den Individuen abgelöst und ist zu einem allgemeinen Handlungsmuster geworden. Im beschriebenen Beispiel verfestigt sich das Handlungsmuster durch regelmäßige Wiederholung von Vorbild und Nachahmung, durch Lernen und Wissen sowie durch die Angst vor abweichendem Verhalten und möglicher Mißbilligung durch andere. Solchen Zusammenhängen ist die Soziologie sehr gründlich nachgegangen, und sie hat verständlich gemacht, wie überindividuelle, also gesellschaftliche Einstellungs- und Handlungsmuster entstehen und wie sie funktionieren.

Was die Soziologie jedoch bis in die Gegenwart hinein übersehen hat, ist die Tatsache, daß technische Gegenstände ebenfalls verfestigte Handlungsmuster darstellen – jedenfalls bezüglich der Handlungsfunktionen, die darin technisch vergegenständlicht sind. So hat sich beispielsweise ein großer Teil der Informationsübertragung von der direkten zwischenmenschlichen Kommunikation abgelöst und als millionenfacher Fernsehempfang verallgemeinert. Bedurfte es für die Zeitungslektüre noch des individuellen Entschlusses, wann, wo und wie der einzelne Information aufnehmen wollte, so gibt nun das Fernsehen, etwa zu den festgelegten Stunden der Nachrichtensendung oder auch bei besonders wichtigen Sportereignissen, Millionen von Menschen das ganz bestimmte Verhaltensmuster vor: allein oder auch in der Familienrunde vor dem Bildschirm zu sitzen und genau diese Information aufzunehmen. So sehr ist dieses Verhaltensmuster Gegenstand allgemeiner Erwartung und Anerkennung geworden, daß ein moderner »Telefon-Knigge« bereits empfiehlt, Anrufe während solcher Sendezeiten zu unterlassen, da der, den man eigentlich anrufen will, dann höchstwahrscheinlich beim Fernsehen gestört würde. Und wie beim Fernsehen setzen sich auch bei den meisten anderen technischen Gebrauchsgütern neue gesellschaftliche Verhaltensmuster durch, die den Individuen eben durch die Technik nahegelegt werden, ohne daß es noch eines ausgeprägten individuellen Entschlusses bedürfte.
Das Beispiel des Fernsehens zeigt, daß wir es in der modernen Technosphäre natürlich nicht nur mit den soziotechnischen Systemen zu tun haben, in denen einzelne Menschen mit technischen Gegenständen zusammenwirken. Daneben gibt es soziotechnische Organisationen einer mittleren Ebene, hier also Fernsehanstalten und Filmateliers, in denen all das ebenfalls mit technischen Mitteln produziert wird, was dann den Teilnehmern auf den Bildschirm gesandt wird. Und schließlich muß man auch die Gesamtgesellschaft als ein umfassendes soziotechnisches System betrachten, denn nicht nur in den Kommunikationsstrukturen – wie es das Fernsehbeispiel zeigt –, sondern vor allem auch in den arbeitsteiligen Produktionsstrukturen verkörpern sich gesellschaftliche Beziehungen und Verhältnisse zunehmend durch technische Sachsysteme.

Individuelles Können, Wissen und Wollen löst sich also von einzelnen Menschen ab, vergegenständlicht sich in technischen

Sachsystemen und verfestigt sich zu gesellschaftlich verallgemeinerten Einstellungs- und Handlungsmustern. Dies ist der tiefere Grund für die schon oft beschriebenen einschneidenden Folgen, denen die Gesellschaft durch den Technisierungsprozeß ausgesetzt ist. Auch wenn die meisten dieser Folgen weithin bekannt sind, möchte ich doch einige Entwicklungen noch einmal kurz in Erinnerung rufen, damit das ganze Ausmaß dessen überschaubar wird, was man tatsächlich als die Technisierung der Gesellschaft bezeichnen kann.

Gesellschaftliche Folgen der Technisierung

Die meisten Beispiele in diesem Buch habe ich dem Bereich der Konsumgüter entnommen, weil damit wohl jeder Leser seine eigenen Erfahrungen hat. Es ist daher schon mehrfach angedeutet worden, wie sehr sich der private Alltag und das menschliche Zusammenleben unter dem Einfluß technischer Entwicklungen verändern. Wir brauchen uns nur auszumalen, was in unserem Leben alles anders wäre, wenn wir nicht über Autos, Fernsehgeräte und die vielen Hilfsmittel der Haustechnik verfügten; wenn es keine Telefone, Eisenbahnen und Düsenflugzeuge gäbe, die unsere Stimme oder gar uns selbst an jeden beliebigen Ort bringen; wenn uns nicht Beleuchtung und Beheizung von den Zwängen natürlicher Rhythmen entlasten würden. All diesen Veränderungen in der Lebensweise nachzugehen, würde mehrere Bücher füllen.[2] Aber mit ein bißchen Fantasie kann sich das jeder Leser selbst ausmalen, und er wird, wenn er in Einzelfällen die vorteilhaften und die nachteiligen Folgen gegeneinander abwägt, schnell zu jener differenzierten Technikkritik gelangen, die ich hier verfolge. Aber wie auch immer man im Einzelfall bewertet, so ist doch generell festzuhalten, daß sich unser aller Lebensweise durch die bisherige Technisierung beträchtlich gewandelt hat und durch weitere technische Entwicklungen fortgesetzten Veränderungen unterliegen wird.

Ebenso tiefgreifend, wenn nicht noch dramatischer, sind die Folgen der Technisierung in der Berufswelt. Auf der einen Seite sind Hunderte von neuen Berufen entstanden, für die sich die Menschen das erforderliche Können und Wissen aneignen mußten, um technische Neuerungen herstellen und betreiben zu können. Andererseits aber sind auch zahlreiche Berufe durch neue

Technik erheblich verändert oder gar beseitigt worden. Natürlich ist es das erklärte Ziel der Technik, den Menschen Arbeit abzunehmen, indem menschliche Handlungsfunktionen durch technische Subsysteme ersetzt werden. Zu Recht sagt der Philosoph Ortega y Gasset, »daß die Technik die Anstrengung ist, Anstrengung zu ersparen«.[3]

Wenn sich nun aber Menschen innerhalb der gesellschaftlichen Arbeitsteilung ganz auf bestimmte Teilarbeiten spezialisiert haben, und diese Teilarbeiten fallen der Technisierung anheim, so ist ihr ganzes Können und Wissen entwertet, und sie werden arbeitslos. Das ist in der Vergangenheit immer wieder geschehen, und es geschieht gegenwärtig, seit die Mikroelektronik die Automatisierung in Produktion und Verwaltung außerordentlich erleichtert und verbilligt hat, in wachsendem Ausmaß. Solche Wandlungen im Arbeitsleben sind für die Betroffenen nie einfach gewesen. Je schneller jedoch der Wandlungsprozeß verläuft, desto schwieriger wird es für die Betroffenen, sich auf neue Arbeitsaufgaben umzustellen, neues Können und Wissen zu erwerben und überhaupt neue Arbeitsplätze zu finden.

Dies gilt um so mehr, als technische Freisetzungen gegenwärtig nicht mehr durch weiteres Wirtschaftswachstum aufgefangen werden. Wenn auch die Wirtschaftswissenschaftler und Wirtschaftspolitiker die gegenwärtige Lage und die zu erwartenden Zukunftsentwicklungen unterschiedlich beurteilen, spricht doch vieles dafür, daß Bedarf und Produktion nicht so weiterwachsen werden, wie das in der Vergangenheit der Fall war. Wenn dann durch die Technisierung immer mehr Arbeit von Maschinen übernommen wird, verringert sich notwendigerweise das Volumen der gesellschaftlich noch erforderlichen Arbeit. Und ganz gleich, ob ein Teil der Menschen viel arbeiten wird und ein anderer Teil arbeitslos ist, oder ob das gesamte Arbeitsvolumen durch Verkürzung der Arbeitszeit wieder auf alle Arbeitsfähigen und Arbeitswilligen gleichmäßig verteilt wird: In jedem Fall wird berufliche Erwerbsarbeit das Leben der Menschen nicht mehr in dem gleichen Umfang ausfüllen, in dem das bislang der Fall war.

So ergeben sich aus der Technisierung auch neue Anforderungen an das Bildungssystem. Früher konnte man einen Beruf, den man in jungen Jahren erlernt hatte, meist auch bis ins Alter hinein ausüben. Heute müssen die Menschen damit rechnen, sich während ihres Arbeitslebens immer wieder auf neue Arbeitsaufgaben umzustellen. Das heißt aber, daß sie sich in der Jugend nicht mehr auf einen bestimmten Beruf spezialisieren dürfen, sondern neben der Vorbereitung auf die erste Berufsaufgabe auch schon solche Fähigkeiten erwerben müssen, die ihnen einen späteren Berufswechsel erleichtern. Die Spezialisierung, die in manchen Teilen des Bildungssystems schon sehr weit fortgeschritten ist, muß also zumindest teilweise wieder zurückgedrängt werden und durch »generalistische« Orientierungen ergänzt werden. Dazu gehören beispielsweise fachübergreifendes Überblickswissen, Bereitschaft und Fähigkeit zu lebenslangem Lernen, Mobilität, Kreativität und dergleichen mehr.

In zunehmendem Maße muß sich das Bildungssystem aber auch darauf einstellen, die jungen Menschen nicht nur auf künftige Berufe vorzubereiten, sondern auch darauf, daß sie die wachsende freie Zeit kreativ und produktiv für eigene Selbstentfaltung zu nutzen lernen. Wenn Berufsarbeit im Leben des einzelnen zurücktritt, so muß er rechtzeitig darauf vorbereitet werden, befriedigende freie Tätigkeiten für sich selbst, in der Familie, in der Nachbarschaftsgemeinschaft, in Vereinen und Gruppen sowie im öffentlichen Leben auszuüben. Es läßt sich noch gar nicht in allen Einzelheiten ausmalen, welche Veränderungen in der Lebensweise auf uns zukommen, doch eines ist gewiß: Die Technisierung und ihre Folgen werden, stärker vielleicht noch als bislang, nachhaltig in die Lebenspraxis der Menschen eingreifen. Und das Bildungssystem muß die Heranwachsenden darauf vorbereiten.

Die Technisierung und Industrialisierung wirkt aber nicht nur unmittelbar auf den häuslichen Alltag und die berufliche Situation der einzelnen. Sie hat auch gesamtwirtschaftliche und gesellschaftliche Verhältnisse tiefgreifend verändert, und es ist nicht abzusehen, daß dieser Wandlungsprozeß ein Ende fände. Wenn die pauschale Technikkritik die Verstädterung anprangert, dann ist zwar das Werturteil, das darin enthalten ist, problematisch, doch die Tatsachenfeststellung selbst trifft zu: Lebten vor hundert Jahren kaum fünf Prozent der Deutschen in Großstädten, so hat sich dieser Anteil in der Bundesrepublik bis 1970 auf ein Drittel vergrößert; geht man über die eigentlichen Stadtgrenzen hinaus, die ja oft nur noch für die Verwaltung eine Rolle spielen und von weitausgreifender Besiedelung überdeckt werden, so lebt inzwischen fast die Hälfte der Bevölkerung in sogenannten Verdichtungsräumen.[4]

Die Menschen sind näher zusammengerückt, und die Zentralisierung hat ihnen eine Fülle neuer Möglichkeiten gebracht: bessere Einkaufsmöglichkeiten, leichteren Zugang zu Kunst und Kultur, größere Chancen, auch noch für sehr spezielle Interessen Gleichgesinnte im näheren Umkreis zu finden. Wenn ich auch nicht in den Chor derer einstimme, die in der Verstädterung ein Grundübel unserer Zeit sehen, so kann natürlich niemand die Augen davor verschließen, daß dieser Wandel auch seinen Preis hat. Da gibt es den Verlust an freier Landschaft und Bewegungsspielraum, da gibt es die bedrückende Enge der Mietskasernen, da gibt es ein Übermaß an Straßenverkehr, Lärm und Luftverschmutzung, und da gibt es die Anonymität der Massensiedlungen, die zwar die individuelle Selbstentfaltung vor der Kontrolle engstirniger Gemeinschaftszwänge bewahrt, zugleich jedoch auch Bedürfnisse nach sozialer Geborgenheit enttäuscht und Einsamkeit heraufbeschwört.

Mit der Veränderung der Siedlungsstruktur geht ein durchgreifender Wandel in der Beschäftigungsstruktur einher. Vor hundert Jahren arbeiteten rund 45 Prozent der Erwerbstätigen in der Landwirtschaft; inzwischen ist dieser Anteil auf gut fünf Prozent zurückgegangen. Der Anteil derer, die in Industrie und Handwerk ihren Erwerb finden, stieg im gleichen Zeitraum von gut 30 Prozent auf 45 Prozent. Besonders stark aber ist der sogenannte tertiäre Wirtschaftsbereich gewachsen, in dem man Handel, Verkehr und sonstige Dienstleistungen zusammenfaßt; vor hundert Jahren arbeiteten hier wenig mehr als 20 Prozent der Erwerbstätigen, während dieser Sektor heute etwa die Hälfte aller Erwerbsarbeit umfaßt. Es ist zu erwarten, daß der Beschäftigungsanteil im Produktionsbereich aufgrund der Automatisierung wieder sinken wird. Die Hoffnung allerdings, das könnte durch ein weiteres Anwachsen des Dienstleistungssektors aufgefangen werden, ist inzwischen trügerisch geworden, da die Automatisierung der Büro- und Verwaltungstätigkeit ebenfalls einen großen Teil menschlicher Arbeit einsparen wird.[5]

Die Wandlungen in der Beschäftigungsstruktur, verbunden mit einem gewissen Massenwohlstand, kommen auch darin zum Ausdruck, daß ein klassisches Proletariat in den modernen Industrieländern nur noch in Restbeständen zu finden ist. Der Anteil der Angestellten gegenüber den Arbeitern wächst beständig. Wenn wohl auch Helmut Schelskys Proklamation der »nivellierten Mittelstandsgesellschaft« überzogen war, wenn auch der Gegensatz zwischen selbständigen Kapitaleignern und lohnabhängig Beschäftigten im Prinzip geblieben ist, so sind doch in den äußeren Erscheinungsformen der praktischen Lebensweise ebenso wie im Selbstverständnis der Erwerbstätigen kaum noch Merkmale einer festgefügten Klassengesellschaft zu finden.

Technik als Politikum

Dazu hat gewiß auch die wirtschaftsstrukturelle Entwicklung beigetragen. Der Typus des Eigentümer-Unternehmers, der in früheren Phasen der Industrialisierung dominierte, findet sich inzwischen weitaus seltener. Er ist den großen Kapitalgesellschaften gewichen, in denen angestellte Manager die Geschäfte führen und den Kapitaleignern nur noch durch Erfolgsnachweis und mehr oder minder verdeckte Gewinnbeteiligung verbunden sind. Auch die Konzentrations- und Zentralisierungsprozesse in Wirtschaft und Industrie hängen mit der Technisierung eng zusammen. Wenn nämlich ein großer Teil der Technisierung darin besteht, menschliche Handlungsfunktionen durch technische Subsysteme zu ersetzen, so bedeutet das, wirtschaftlich gesprochen, nichts anderes, als anstelle von Arbeit nun Kapital wirken zu lassen. Dadurch aber wächst der Kapitalbedarf in solchem Maße, daß er die Finanzierungskraft von Eigentümer-Unternehmern überschreitet. Bei manchen Großprojekten sind heute nicht einmal mehr nationale Kapitalgesellschaften in der Lage, die erforderliche Finanzierung aus eigener Kraft aufzubringen. Nicht zuletzt aus diesem Grunde entstanden multinationale Konzerne, die über die Staatsgrenzen hinweg operieren. Aber es entstanden auch zahlreiche Verflechtungen zwischen Industrie und Staat. Die Entwicklung der Kernenergietechnik beispielsweise wäre mit rein privatwirtschaftlichen Mitteln kaum zu betreiben gewesen. Erst durch staatliche Forschungs- und Entwicklungsfinanzierung konnten die Voraussetzungen geschaffen werden, auf denen dann die kerntechnische Industrie aufbaute. Ähnliches zeigt sich auch in anderen Bereichen der aktuellen technischen Entwicklung, so zum Beispiel in der Mikroelektronik und der Computertechnik. Die technische Entwicklung ist längst nicht mehr die Domäne einzelner Erfinder und Unternehmer; sie ist zu einer politischen Angelegenheit geworden.

Das ist es überhaupt, worauf die Bestandsaufnahme der letzten Seiten hinausläuft. Die verschiedenen Folgen der Technisierung, die ich in Erinnerung gerufen habe, sind weithin bekannt. Erst wenn man sie zu einem Gesamtbild zusammenfaßt, tritt die gewaltige gesellschaftliche Prägekraft der Technisierung plastisch hervor. Kaum eine politische Bewegung hat die Gesellschaft so nachhaltig verändert wie die Technik. Aber auch das wußte bereits Karl Marx: »Dampf, Elektrizität und Spinnmaschine waren Revolutionäre von viel gefährlicherem Charakter als selbst die Bürger Barbès, Raspail und Blanqui«[6], drei radikale Wortführer in den französischen Revolutionen des 19. Jahrhunderts. Die Technik ist tatsächlich eine revolutionäre Kraft, die nur noch gesellschaftspolitisch begriffen werden kann.

Liberalistisches Gesellschaftsbild – Stärken und Schwächen

Dazu aber ist die Gesellschafts- und Staatsauffassung, die bislang bei uns den größten Einfluß hat, nicht in der Lage. Ich meine den Liberalismus, der gewiß große Verdienste für die Durchsetzung und Verteidigung bürgerlicher Freiheiten hat.[7] Aber da sich diese Sozialphilosophie so sehr an der Freiheit des Individuums orientiert, gerät sie in Schwierigkeiten, sobald es um Erscheinungen und Probleme geht, die den Handlungshorizont des Individuums überschreiten. So versucht der Liberalismus, alles, was auf gesamtwirtschaftlicher und gesamtgesellschaftlicher Ebene geschieht, allein aus dem Handeln der einzelnen Menschen zu verstehen, und er hält es daher auch nicht für erforderlich, auf gesamtgesellschaftlicher Ebene politisch einzugreifen, solange die einzelnen Menschen ihre Angelegenheiten allein betreiben können. Ja, die liberale Theorie nimmt sogar an, daß gerade dann, wenn alle einzelnen Menschen ihre Angelegenheiten bestmöglich alleine betreiben, auch für die Gesamtgesellschaft das Beste herauskommen wird.

Was, unter anderem, dabei herausgekommen ist, ist die Technik, die wir heute haben. Es hat zwar einzelne Bereiche gegeben, so die Militärtechnik oder in vielen Ländern auch die Fernmeldetechnik und die Eisenbahntechnik, die sehr früh in staatliche Regie genommen wurden. Der weitaus überwiegende Teil der Produktionstechnik ebenso wie der Technik der Konsumgüter jedoch blieb der Entscheidungs- und Handlungsfreiheit der Wirtschaftsbürger überlassen. Einzelne Erfinder dachten sich aus, was die Menschen wohl brauchen könnten, produzierten das dann selbst oder suchten nach Unternehmern, die bereit und in der Lage waren, die Erfindungen in die Tat umzusetzen. Unternehmer suchten nach menschlichen Bedürfnissen, für die sie neue Produkte in die Welt setzen konnten, und wenn die Bedürfnisse noch nicht da waren, taten sie, was sie konnten, um entsprechende Bedürfnisse zu wecken. Wenn die Produkte dann auf den Markt kamen, konnten die Käufer nach liberaler Vorstellung frei entscheiden, ob sie diese haben wollten oder nicht. So wird, teilweise noch bis heute, der Markt als der Ort demokratischer Produktauswahl verstanden, und man vergißt zu gerne, daß es sich, angesichts steigenden Kapitalbedarfs für Forschung, Entwicklung und Produktion, ein Unternehmen gar nicht mehr leisten kann, bei dieser Wahl zu unterliegen. Also wird alles getan, um die bereits fertigen Produkte dem Käufer schmackhaft zu machen, der dann allzuoft den Mechanismen psychosozialer Überredung unterliegt.

Auch die Menschen, die wirklich produzieren, die Angestellten und die Arbeiter in den Fabriken und Dienstleistungsunternehmen, werden nicht gefragt, was sie zu produzieren für nötig halten und was ihnen wünschenswert erscheint. Sie werden von den Unternehmen lediglich als private Anbieter von Arbeitskraft verstanden, und die Unternehmen setzen diese Arbeitskraft so ein, wie sie es für richtig halten. Was in der technischen Entwicklung wirklich geschehen ist, ergibt sich als eine Summe privater Entscheidungen. Doch das Ergebnis ist eine gesellschaftliche Macht.

Diesen Vorgang, den Marx und Engels auch zur Entfremdung rechnen, möchte ich als Verdinglichung bezeichnen. Das, was die einzelnen Menschen erfinden, produzieren, kaufen und verwenden, wird »zu einer sachlichen Gewalt über uns, die unserer Kontrolle entwächst, unsere Erwartungen durchkreuzt, unsere Berechnungen zunichte macht ... Die soziale Macht, das heißt die vervielfachte Produktionskraft, die durch das in der Teilung der Arbeit bedingte Zusammenwirken der verschiedenen Individuen entsteht, erscheint diesen Individuen, weil das Zusammenwirken selbst nicht freiwillig, sondern naturwüchsig ist, nicht als ihre eigene, vereinte Macht, sondern als eine fremde, außer ihnen stehende Gewalt, von der sie nicht wissen woher und wohin, die sie also nicht mehr beherrschen können, die im Gegenteil nun eine eigentümliche, vom Wollen und Laufen der Menschen unabhängige, ja dies Wollen und Laufen erst dirigierende Reihenfolge von Phasen und Entwicklungsstufen durchläuft.«[8]

Soziotechnische Systeme noch unvollständig

Es genügt also nicht, sich mit den soziotechnischen Systemen der untersten Ebene zu beschäftigen, in denen einzelne Menschen mit technischen Gegenständen umgehen. Es genügt auch nicht, jene soziotechnischen Systeme der mittleren Ebene in den Blick zu nehmen, in denen zahlreiche Menschen mit Maschinen zusammenwirken, um technische Produkte zu erzeugen. Herstellung und Verwendung technischer Systeme sind in das umfassende soziotechnische System eingebettet, als das wir unsere technisierte Gesellschaft verstehen müssen. Aber dieses umfassende soziotechnische System ist noch unfertig: Die soziotechnische Unvollständigkeit der Technik besteht darin, daß die Gesellschaft noch nicht über die Institutionen verfügt, die sie benötigen würde, um ihre eigene Technisierung bewältigen zu können.

Wiederum ist ein Rückblick in die ferne Vergangenheit der Agrarrevolution lehrreich, als Ackerbau und Viehzucht »erfunden« wurden. Allgemein wird heute angenommen, daß sich diese biotechnischen Innovationen nur darum erfolgreich durchsetzen konnten, weil gleichzeitig eine neue gesellschaftliche Einrichtung entstand: die Institution des Privateigentums. Was für den Jäger und Sammler noch wenig Sinn hatte, wird für den Ackerbauer und Viehzüchter zur notwendigen Voraussetzung: Nur wem das ausschließliche Nutzungsrecht an einer Sache garantiert ist, wird die Arbeit der Hege und Pflege investieren, die ja erst nach einer gewissen Zeitspanne Früchte wirft. Ich sehe in diesem kulturgeschichtlichen Tatbestand einen Beleg für meine These, daß die Technik unvollständig bleibt, solange sie nicht von entsprechenden gesellschaftlichen Einrichtungen begleitet wird.

Wie sich gesellschaftliche Handlungsmuster und Verhältnisse sozusagen hinter dem Rücken der einzelnen Menschen herausbilden und prägende Kraft erlangen, hatte ich vorher schon am Beispiel der Begrüßungsformen dargestellt. Was viele einzelne regelmäßig im Umgang miteinander tun, löst sich von den einzelnen ab und verfestigt sich als Systemstruktur, die dann auf die einzelnen zurückwirkt. Das geschieht im Falle der Begrüßungsregeln zugegebenermaßen bereits ohne Technik. Aber es ist leicht einzusehen, welche zusätzliche Kraft solche überindividuellen Verfestigungen erhalten, wenn sie sich in technischen Systemen konkretisieren.

Das hat schon sehr früh mit den ersten Formen der schriftlichen Informationsspeicherung begonnen. Die überindividuelle Wirksamkeit der biblischen Zehn Gebote beruhte nicht zuletzt darauf, daß sie, den Zufälligkeiten mündlicher Überlieferung entzogen, auf Steintafeln schriftlich festgehalten wurden. Und die Geltung neuzeitlicher Höflichkeitsregeln verdankte sich lange Zeit dem berühmten Buch des Freiherrn von Knigge. Heute ist die Technik der Schriftspeicherung und des Buchdrucks bekanntlich um eine Fülle weiterer informations- und kommunikationstechnischer Möglichkeiten bereichert worden, und die gesellschaftliche Prägekraft der modernen Massenmedien erlebt jeder, der beobachtet, wie schnell sich die Erscheinungs- und Verhaltensformen populärer Stars in bestimmten Gruppen der Gesellschaft verbreiten.

Aber auch Techniken, in denen Verhaltensregeln und Handlungsmuster nicht ausdrücklich präsentiert werden, besitzen, wie wir schon an einigen Beispielen gesehen haben, überindividuell verhaltensprägende Macht. Wir brauchen uns nur die neuen weitverbreiteten Lebensformen anzuschauen, die den Menschen durch das Auto nahegelegt worden sind. Was den Menschen früher allein durch persönliche Kontakte übermittelt wurde, prägt ihnen heute in vielen Lebensbereichen die Technik auf. Im soziotechnischen System der Industriegesellschaft hat die Technik tiefgreifende Funktionen der Sozialisation übernommen, jenes Prozesses also, in dessen Verlauf der Mensch zum Mitglied einer Gesellschaft und Kultur wird.

Aber die »kulturelle Verzögerung«, von der im Einleitungskapitel die Rede war, besteht darin, daß die gesellschaftlichen Wirkkräfte der Technik zu lange undurchschaut blieben und daß es auch noch heute an den gesellschaftlichen Einrichtungen fehlt, diese Wirkkräfte steuern und kontrollieren zu können. Was auf der übergeordneten Systemebene des soziotechnischen Systems Industriegesellschaft geschieht, kann auch nur auf dieser gesamtgesellschaftlichen Ebene beeinflußt werden. Solange man, wie der

Liberalismus, eine individualistische Vorstellung von der Gesellschaft hat, müssen die soziotechnischen Veränderungen als eine Art von Eigengesetzlichkeit erscheinen, weil sie sich abspielen, ohne daß die Individuen als einzelne darauf Einfluß nehmen könnten. Die soziotechnische Unvollständigkeit der Technik kann erst überwunden werden, wenn man begreift, daß die Technik auf jener Ebene beherrscht werden muß, auf der sie selbst ihre »Herrschaft« ausübt: auf der umfassenden Ebene gesellschaftlicher Organisation.

Ich will das noch einmal an einem aktuellen Beispiel verdeutlichen. Ich hatte auf die Vorteile des Videorecorders hingewiesen, der den Betrachter von Sendezeit und Inhalten des starren Programmschemas unabhängig macht. Wenn ein entsprechendes Verleihsystem für bespielte Videokassetten existiert, steht dem Benutzer des Videorecorders das gesamte Repertoire der Filmkunst und der gepflegten Filmunterhaltung zur Verfügung. Tatsächlich aber haben sich die bestehenden Verleihsysteme sogleich sehr fragwürdigen Machwerken zugewandt und verbreiten in erschreckendem Ausmaß Horrorfilme, in denen Gewaltdarstellungen nicht nur den guten Geschmack, sondern mehr und mehr auch die Gebote der Menschlichkeit verletzen. Einzelne Produzenten stellen, von leider berechtigten Gewinnerwartungen geleitet, derartige Filmkassetten her. Ein Netz von Verleihfirmen und Videotheken verdient daran, diese Machwerke dem Publikum anzubieten. Und Hunderttausende von Entleihern können ungehindert ihrer Sensationslust und perversen Neugier folgen, sich selbst der Darbietung widerlichster Brutalitäten aussetzen und, schlimmer noch, bei der üblichen Fahrlässigkeit kaum verhindern, daß auch Kinder und Heranwachsende davon in Mitleidenschaft gezogen werden.

Damit aber wird, so befreiend diese technische Neuerung bei vernünftiger Verwendung wirkt, der Mißbrauch des Videorecorders zu einer gesellschaftlichen Gefahr. Alle gut gemeinten Appelle an das Verantwortungsbewußtsein der Produzenten und Verleihfirmen und an die Einsicht der Konsumenten nutzen da wenig. Es ist ein neues soziotechnisches Problem entstanden, das auf der Ebene der einzelnen Menschen und auf der Ebene unabhängiger Wirtschaftsorganisationen nicht gelöst werden kann. Die Entscheidungen einzelner Menschen und einzelner Organisationen haben zu einer Gesamtbewegung geführt, die jetzt von den einzelnen nicht mehr ohne weiteres zurückgenommen werden kann. Will man den Mißbrauch wirksam verhindern, braucht man neue gesellschaftliche Einrichtungen, die auf gesetzlicher Grundlage die Qualität aller Videoproduktionen überprüfen und die Verbreitung unmenschlich brutaler Darstellungen unterbinden.

Wieder zeigt sich die soziotechnische Unvollständigkeit der bis jetzt herrschenden technischen Praxis. Man kann nicht einfach Geräte und Kassetten produzieren und verbreiten, ohne gleichzeitig dafür zu sorgen, daß so wenig Mißbrauch wie möglich damit getrieben wird. Mit den technischen Gegenständen ist es nicht getan. Zugleich mit den technischen Gegenständen muß man die gesellschaftlichen Bedingungen gestalten, die allein gewährleisten können, daß mit den technischen Gegenständen verantwortungsvoll umgegangen wird. Neue Sachtechnik ist unvollständig, solange sie nicht in entsprechende gesellschaftliche Einrichtungen eingebettet wird.

Neue Wertsysteme?

Das muß auch zu all jenen Vorschlägen gesagt werden, die neue Wertsysteme empfehlen, damit man die Technik besser bewältigen kann. In dem Beispiel, das ich eben erläutert habe, steht der zugrundeliegende Wert völlig außer Frage: Menschliches Leben und körperliche Unversehrtheit haben in allen Wertsystemen höchsten Rang. Daraus ergibt sich selbstverständlich, daß auch in filmischen Darstellungen nicht verherrlicht werden darf, was diesem Wert eindeutig widerspricht. Es fehlt also gar nicht an der Wertbasis, wenn trotzdem die Videotechnik in jugendgefährdender Weise mißbraucht wird. Es fehlt vielmehr an gesellschaftlichen Kontrollmechanismen, die dafür sorgen, daß geltende Werte auch wirklich beachtet werden.

Überhaupt scheinen manche Stimmen in der Technikdebatte nicht zu bedenken, daß Werte durchweg gesellschaftlichen Charakter tragen. Gewiß können einzelne Menschen sich die verschiedenartigsten Wertorientierungen ausdenken und vornehmen, doch zeichnen sich Werte in der Regel dadurch aus, daß sie für mehr als einen Menschen, oft sogar für alle Menschen Geltung beanspruchen. Wenn aber zum Wert ein überindividueller Geltungsanspruch hinzutritt, haben wir es nicht mehr mit persönlichen Vorlieben, sondern mit gesellschaftlichen Orientierungsmustern zu tun.

Es ist in der Wertforschung noch keineswegs geklärt, wie Werte zustande kommen, wie sie sich durchsetzen und wie sie sich verändern. So viel jedoch scheint klar zu sein: Die einzelnen Menschen, auf sich gestellt, vermögen bei diesen Vorgängen kaum etwas auszurichten. Es ist daher naiv, sich viel von Appellen zu versprechen, mit denen man die einzelnen Menschen zum Umdenken bewegen möchte. Wenn Bewegungsfreiheit im Wertsystem unserer Gesellschaft einen hohen Rang besitzt, dann nutzt es herzlich wenig, den Menschen das Autofahren ausreden zu wollen, indem man auf ihre Einsicht in die schädlichen Nebenfolgen setzt. Zwar beginnt der Wert der Umweltqualität immer mehr Anhänger zu finden, doch konkretisiert sich das im praktischen Handeln immer nur bis zu jener Grenze, an der andere Werte übermäßig beeinträchtigt würden. Man würde wohl aus Gründen der Umweltqualität das Elektroauto bevorzugen, wenn es annähernd die gleichen Vorteile böte, die man heute beim Auto mit Verbrennungsmotor kennt. Solange aber eine derartige Alternative nicht bereitsteht, wird man im Zweifelsfall der Bewegungsfreiheit den Vorzug gegenüber der Umweltqualität geben.

Doch auch der Wert der Umweltqualität ist nicht ganz so neu, wie das in der öffentlichen Diskussion heute manchmal den Anschein hat. Immer haben es die meisten Menschen zu schätzen gewußt, wenn sie in einer angenehmen Umgebung lebten, wenn sie gesundes Wasser und gesunde Nahrungsmittel besaßen, wenn die Landschaft um sie herum ein angenehmes Bild bot und wenn sie weder durch natürliche noch durch künstliche Umgebungseinflüsse bedroht oder belästigt wurden. Wenn dieser Wert seit einiger Zeit zunehmend in den Vordergrund rückt, dann liegt das vor allem daran, daß ihm viele Folgen der technischen Entwicklung regelrecht zuwiderlaufen, daß daher das Erwünschte und Erstrebte immer häufiger verfehlt wird und daß man nun größeren Nachdruck darauf legen muß, wieder zu erreichen, was verloren zu gehen droht. Neue Akzentsetzungen im Wertsystem haben also vor allem mit realen Erfahrungen zu tun. Freilich – und das hatte ich ja schon in der Einleitung erwähnt – spielt dann auch die öffentliche Meinung mit, indem sie die Erfahrungen mit Wertdeutungen in Verbindung bringt, die Wertorientierungen beim Namen nennt und auf diese Weise weiterverbreitet. Daß dabei auch arge Verzerrungen auftreten können, indem beispielsweise Umweltqualität mit romantischer Naturidylle verwechselt wird, hatte ich ja in den ersten Kapiteln bereits ausführlich besprochen.

Eines allerdings ist richtig an der Wertdiskussion, die in den letzten Jahren aufgekommen ist. Zur gesellschaftlichen Einbettung der Technik gehört es auch, daß sich ein angemessenes soziotechnisches Wertbewußtsein gesellschaftlich durchsetzt. Gegenwärtig erscheinen die Wertsysteme, nicht zuletzt durch gesellschaftliche Arbeitsteilung und liberalistische Gesellschaftsauffassungen, sozusagen parzelliert. Die einzelnen Werte des Wertsystems sind auf verschiedene Menschengruppen und Organisationen aufgeteilt. Ingenieure und Entwicklungsabteilungen verfolgen vorrangig die bestmögliche Funktionsfähigkeit der technischen Systeme. Manager und Unternehmensführungen haben vor allem Wirtschaftlichkeit und Gewinnerzielung im Auge. Wohlstand soll dann, nach liberalistischer Vorstellung, durch die Wirkkräfte des Marktes sozusagen von alleine herausspringen, und wenn das nicht geschieht, müssen die Wirtschaftspolitiker eingreifen, um das sicherzustellen, was der Markt nicht leistet. Letzten Endes aber werden ja diese materiellen Werte nicht um ihrer selbst willen verfolgt, sondern sollen dazu dienen, außertechnische und außerwirtschaftliche Werte wie Sicherheit, Gesundheit, Umweltqualität, Gesellschaftsqualität und Persönlichkeitsentfaltung zu ermöglichen.[9] Es gehört zu den Unvollständigkeiten technisch-wirtschaftlicher Organisationen, daß sie diese Werte, um die es doch letztlich geht, bei ihren Entscheidungen zu selten ausdrücklich berücksichtigen. Als ob das, was den Menschen wirklich wichtig ist, sozusagen von allein entstünde, wenn man nur genügend Technik produziert und genügend Geld verdient!

Auch dieses erweiterte Wertbewußtsein wird sich nicht allein durch Aufklärung verbreiten. Auch dafür müssen Institutionen geschaffen werden, die dafür sorgen, daß die außertechnischen und außerwirtschaftlichen Werte wirklich beachtet und ernsthaft verfolgt werden. All das aber bedeutet, daß sich die Gesellschaft verändern muß, wenn sie die Technik bewältigen will. Darum halte ich nicht viel von dem Wort »Sozialverträglichkeit«, das in der Technikdebatte so beliebt geworden ist. Der Ausdruck klingt nämlich so, als stehe die Verfassung der Gesellschaft ein für allemal fest, und es dürfe nur solche Technik entwickelt werden, die sich mit diesem Rahmen verträgt. Demgegenüber spreche ich lieber von der soziotechnischen Ergänzungsbedürftigkeit der Technik und rechne damit, daß auch weiterhin, wie bislang, technischer und gesellschaftlicher Wandel Hand in Hand gehen werden. Allerdings werden wir, anders als in der Vergangenheit, die gesellschaftlichen Folgen der Technik nicht länger sich selbst überlassen dürfen, sondern die Einsicht in die Tat umsetzen müssen, daß jede technische Neuerung zugleich die gesellschaftlichen Verhältnisse verändert. Das aber bedeutet nichts anderes, als diese gesellschaftlichen Wirkkräfte schon vor und während der Einführung technischer Neuerungen einzukalkulieren und zu beeinflussen. Technische Entwicklung ist immer auch Gesellschaftspolitik, und es ist an der Zeit, diesen gesellschaftspolitischen Anteil der technischen Entwicklung seiner Naturwüchsigkeit zu entheben und planmäßiger Steuerung und Kontrolle zu unterwerfen.

Dritter Teil: Die entwicklungsfähige Technik

Siebtes Kapitel

Die *sachtechnische Entwicklung* wird keineswegs zum Stillstand kommen, zumal eine wohlverstandene Umwelttechnik neue Ingenieuraufgaben stellt. Neue Techniken der Rohstoff- und Energiebereitstellung, effiziente Wiederverwendungstechniken sowie langlebigere, umweltverträglichere und reparaturfreundlichere Produktkonzepte werden an Bedeutung gewinnen. Die Innovationsschübe, die vom rapiden Fortschritt der Informationstechnik erwartet werden können, sind noch kaum abzuschätzen. Auf jeden Fall wird die Automatisierung, sowohl in der Produktion als auch im Dienstleistungsbereich, fortgeführt werden, zumal sie durchweg solche Arbeiten erfaßt, die man am besten dadurch humanisiert, daß man sie abschafft. Vorstellungen von einer sogenannten »alternativen Technik« werden die technische Entwicklung nicht völlig verändern, jedoch hier und da auf eine gewisse Dezentralisierung, Verkleinerung und Vereinfachung technischer Systeme hinwirken. Was »angepaßte Technik« im Einzelfall heißt, bestimmt sich durch die jeweiligen Herstellungs- und Verwendungsbedingungen.

Im ersten Teil dieses Buches hatte ich zunächst die pauschalen Vorwürfe behandelt, die man seit langem und auch heute wieder der Technik macht. Nachdem ich diese pauschale Technikkritik wegen ihrer logischen und ideologischen Schwächen zurückgewiesen hatte, mußte ich aber dann doch auf eine Reihe von Fehlentwicklungen in der Technik eingehen, die tatsächlich nicht zu leugnen sind. Die Sachtechnik, die wir heute haben, ist nicht die beste aller möglichen. Die Technik ist verbesserungsbedürftig.

Im zweiten Teil des Buches habe ich die tatsächlichen Mängel der modernen Technik auf ihre Unvollständigkeit zurückgeführt. Unvollständig ist die Technik, weil ihr die ökologische Einbettung fehlt, weil die einzelnen Menschen nicht genügend persönliche Kompetenz im Umgang mit der Technik entwickelt haben und weil es nicht die erforderlichen gesellschaftlichen Einrichtungen gibt, die zur Bewältigung der technischen Entwicklung nötig wären.

Der dritte und letzte Teil dieses Buches wird sich jetzt damit beschäftigen müssen, wie es denn weitergehen kann und wie es weitergehen soll. Damit wende ich mich also der dritten Wortbedeutung der »Unvollkommenheit« zu, indem ich nun auf die Entwicklungsfähigkeit der Technik eingehe. Gewiß ist das ein heikles Unterfangen, denn es sieht im ersten Augenblick so aus, als wollte ich unter die Propheten gehen. Darum muß ich gleich mit aller Deutlichkeit sagen: Verbindliche Voraussagen über die technische Entwicklung kann niemand machen. Das einzige, was möglich ist, sind sogenannte bedingte Prognosen. Bedingte Prognosen haben die folgende Form: Wenn sich bestimmte Rahmenbedingungen nicht ändern, und wenn ganz bestimmte zusätzliche Bedingungen eintreten, dann ist es wahrscheinlich, daß bis zu einem bestimmten Zeitpunkt in der Zukunft eine bestimmte technische Entwicklung zu verwirklichen ist. Auch wenn ich im folgenden solche Einschränkungen nicht immer ausdrücklich anführe, müssen sie doch stets mitgedacht werden.

Probleme der technologischen Zukunftsforschung

Als zu Beginn der sechziger Jahre die technologische Zukunftsforschung in damals noch ungebrochenem Optimismus einsetzte, wurden die skeptischen Einschränkungen, die ich eben erwähnte, meist unterlassen. Tatsächlich ist vieles von dem, was seinerzeit für die erste Hälfte der achtziger Jahre vorhergesagt wurde, bis heute nicht eingetroffen; dazu gehört beispielsweise die verbreitete Anwendung komplexer Lehrautomaten, die automatische Fremdsprachenübersetzung mit korrekter Grammatik oder der Einsatz von Robotern im Haushalt.[1] Gewiß wird weiter daran gearbeitet, und manches wird dann vielleicht mit zehn- oder zwanzigjähriger Verspätung doch noch eingeführt werden. Doch auf jeden Fall ist festzuhalten, daß die Treffsicherheit technischer Prognosen nicht besonders hoch ist, insbesondere, wenn sie sich auf bestimmte Zeithorizonte festlegen.

Das liegt vor allem daran, daß die meisten Propheten der technischen Entwicklung zu naiv vorgehen. Es sieht so aus, als ob unterderhand immer wieder angenommen würde, technische Entwicklungen ließen sich in gleicher Weise vorhersagen wie eine Sonnenfinsternis. Dabei vergißt man aber, daß astronomische Prognosen auf einer ganz anderen Grundlage beruhen. Die Bewegungen der Himmelskörper gehorchen ganz bestimmten Naturgesetzen, die klar erkannt und mathematisch präzise erfaßt sind. Zunächst mußte man die Bewegungen von Erde, Sonne und Mond hinreichend lange beobachten, und dann stellte man eine Formel auf, in der das bisherige Geschehen zusammengefaßt war.

Aus einer gegebenen Konstellation der Himmelskörper berechnete man dann mit Hilfe der Formel, wann die nächste Sonnenfinsternis eintreten müsse. Diese Vorhersagen ließen sich immer wieder durch die Erfahrung bestätigen und, mehr noch, die verwendeten Rechnungsformeln konnten durch physikalische Theorien zuverlässig begründet werden. Daher ist man berechtigt, die Formeln für die Bewegungszusammenhänge der Himmelskörper als gültige Naturgesetze zu betrachten, aus denen sich immer wieder zutreffende Vorhersagen ableiten lassen.

Das ist aber auch die einzige Form, in der wissenschaftlich begründete Prognosen gemacht werden können. Man darf nicht nur die Regelmäßigkeit im Ablauf vergangener Ereignisse zugrunde legen, sondern muß erst theoretische Gründe zur Erklärung dieser Regelmäßigkeit gefunden haben, wenn man sich darauf verlassen will, daß sich die Regelmäßigkeiten auch in Zukunft fortsetzen. Für eine Fülle von Naturprozessen ist dies den Naturwissenschaften tatsächlich gelungen. Bei geschichtlichen Abläufen in menschlichen Gesellschaften sind dagegen derartige Regelmäßigkeiten viel schwieriger zu entdecken und bislang auch theoretisch kaum zu begründen. Vertreter der technologischen Zukunftsforschung tun nun häufig so, als verlaufe die technische Entwicklung wie ein Naturprozeß.

Betrachten wir hierfür ein willkürliches Beispiel. Man kann eine Liste der Geschwindigkeitsrekorde hernehmen, die von Kraftfahrzeugen mit Ottomotor erreicht wurden. Man kann dann die jeweils erreichten Höchstgeschwindigkeiten in einem Diagramm über den Jahreszahlen dieses Jahrhunderts auftragen. So wurde schon im Jahre 1904 eine Geschwindigkeit von fast 170 Kilometer pro Stunde erreicht, und 1965 lag der Rekord bei fast 660 Kilometer pro Stunde. Verbindet man nun diese beiden Punkte durch eine Linie, so zeigt sich ein sogenannter Trend, nach dem die erreichten Höchstgeschwindigkeiten im Laufe der Zeit gestiegen sind; diesen Trend nimmt man an, auch wenn in den Jahren zwischendurch die jeweiligen Höchstgeschwindigkeiten mal unter und mal über der Trendlinie liegen. So zeigt diese Trendlinie in vereinfachter und schematisierter Form, welche Entwicklung die erzielten Höchstgeschwindigkeiten in den ersten zwei Dritteln unseres Jahrhunderts tatsächlich genommen hat. Das ist aber nichts anderes als die graphische Schematisierung technikgeschichtlicher Tatsachen. Nichts berechtigt uns, diesen Trend als gültiges Gesetz anzusehen, das auch auf die Zukunft angewandt werden kann. Diesen Fehlschluß aber begehen viele Prognostiker. Sie verlängern den Trend einfach in die Zukunft, ohne eine theoretische Begründung dafür geben zu können, und prophezeien dann in unserem willkürlichen Beispiel, daß im Jahre 2000 ein Kraftfahrzeug mit Verbrennungsmotor die Höchstgeschwindigkeit von 950 Kilometer pro Stunde erreichen wird. Es sei angemerkt, daß tatsächlich schon längst höhere Geschwindigkeiten erzielt worden sind, aber nicht mit Ottomotoren, sondern mit anderen Antriebsaggregaten.

Während die Astronomie die Bewegungsgesetze der Himmelskörper theoretisch begründet hat, werden bei Trenduntersuchungen der genannten Art tiefere Gründe für die tatsächliche Entwicklung gar nicht erst gesucht. Man tut einfach so, als stecke in der Zeitreihe der technikgeschichtlichen Daten eine Regelmäßigkeit von der Art eines Naturgesetzes. In Wirklichkeit aber gibt es solche strengen Gesetze in der technischen Entwicklung nicht.

Wirkkräfte der technischen Entwicklung

Wir müssen uns also zunächst mit der Frage beschäftigen, wie wir uns den Ablauf und die Wirkkräfte der technischen Entwicklung vorzustellen haben. Erst dann können wir überlegen, was sich über die künftige technische Entwicklung überhaupt sagen läßt. Doch wenn wir diese Frage aufwerfen, stoßen wir sogleich wieder auf einen Mangel in der Bewältigung der Technik. Eine umfassende, in sich geschlossene und bewährte Theorie der technischen Entwicklung gibt es nämlich bis heute gar nicht, und so sucht man denn auch vergeblich nach entsprechenden Lehrbüchern. Natürlich kann ich diesen Mangel mit dem vorliegenden Kapitel keineswegs beheben. Ich muß mich darauf beschränken, die wichtigsten Vorschläge, die zur Erklärung der technischen Entwicklung vorgelegt wurden, zu erwähnen und ein halbwegs plausibles Gesamtbild daraus zu machen.

Falsch ist jedenfalls die Vorstellung, die technische Entwicklung verlaufe mit naturgesetzlicher Zwangsläufigkeit. Wir haben gesehen, daß diese Fehldeutung den naiven Trendverlängerungen zugrunde liegt. Unterschwellig bestimmt sie häufig auch das Selbstverständnis der Ingenieure, die sich dann sozusagen als Vollzugsorgane eines unausweichlichen technischen Fortschritts fühlen. Schließlich begegnet uns die Idee von der Eigengesetzlichkeit der technischen Entwicklung vor allem aber auch in der pauschalen Technikkritik; schon in der Einleitung hatte ich auf entsprechende Beispiele hingewiesen. Die Dämonisierung der Technik, die beim Publikum immer wieder Unbehagen, Angst und Abwehr hervorruft, lebt ganz wesentlich von der Idee, die technische Entwicklung sei eine Schicksalsmacht, die uns mit naturgesetzlicher Notwendigkeit beherrsche. Ich gebe zu, daß nicht nur solche Mystifikationen vorgetragen werden, sondern daß man auch nüchternere Erklärungsversuche findet, die eine innere Logik der technischen Entwicklung behaupten. Auf einzelne dieser Argumente komme ich noch zurück, will aber doch hier schon betonen, daß ich alle diese Versuche für abwegig halte, weil sie ein Hauptmerkmal der Technik vernachlässigen: ihren geschichtlich-gesellschaftlichen Charakter!

Evolutionstheoretische Deutung unangemessen

Das gilt übrigens auch für eine Auffassung, welche die technische Entwicklung nach Art der Naturgeschichte deuten will. Nun heißt das Fremdwort für Entwicklung tatsächlich »Evolution«, und es mehren sich seit einiger Zeit die Versuche, das Modell der biologischen Evolutionslehre auf andere Fachgebiete zu übertragen. Die Evolutionslehre, von Charles Darwin im letzten Jahrhundert begründet, sagt, daß bei den Lebewesen im Fortpflanzungsprozeß immer wieder zufällige Veränderungen, sogenannte Mutationen, auftreten. Wenn solche Mutationen den Umweltbedingungen besser angepaßt sind als die ursprünglichen Formen, verbreiten sie sich, wenn nicht, sterben sie sehr bald wieder aus. Diese »natürliche Auslese« oder Selektion bewirkt, so die Evolutionstheorie, daß immer nur die bestangepaßten Arten überleben und sich durch fortgesetzte Reproduktion verbreiten.

Wie man in der Biologie auf diese Weise die Entwicklung der Natur zu erklären versucht, meinen nun einige Technikforscher, nach dem gleichen Muster auch die Entwicklung der Technik deuten zu können. Erfindungen spielen nach dieser Auffassung die Rolle von Mutationen, in denen immer wieder neue technische Lösungsmöglichkeiten hervortreten. Da immer nur ein Teil der Erfindungen ausgearbeitet und zur Produktionsreife gebracht wird, sieht man hier das Wirken der Selektion, der Auslese der bestangepaßten Lösungen. Wenn sich diese ausgewählten Lösungen bewähren, verbreiten sie sich in einer Art von Reproduktionsvorgang.

Allerdings wirkt dieser Gedankengang nur auf den ersten Blick bestechend. Schaut man genauer zu, sieht man sehr schnell, daß aus sehr oberflächlichen Ähnlichkeiten im äußeren Ablauf auf tiefere Wesenszüge geschlossen wird, in denen der menschliche Faktor völlig unberücksichtigt bleibt. Tatsächlich nämlich sind technische Erfindungen alles andere als zufällige Mutationen. Vielmehr denken sich Erfinder neue technische Lösungen zielstrebig aus, weil sie ein menschliches Bedürfnis dafür entdeckt haben oder doch entdeckt zu haben glauben. Eine Erfindung ist von allem Anfang an immer auch schon eine Nutzungsidee, also die Vorstellung einer neuen Art menschlichen Handelns. Das Lösungskonzept, also die technische Gestaltungsidee, kann im Kopf des Erfinders durchaus zufällig entstehen; immer aber ist es eine bestimmte Zwecksetzung, für die der Erfinder seine schöpferischen Kräfte überhaupt in Bewegung setzt. Mutationen sind zufällig, doch hinter Erfindungen steckt stets menschliche Absicht.

Das gilt in noch stärkerem Maße für den nächsten Entwicklungsschritt, die Auswahl derjenigen Lösungsmöglichkeit, die als die jeweils beste erscheint. Hier haben sich, scheint mir, die technologischen Evolutionstheoretiker von dem auch in der biologischen Evolutionstheorie unglücklichen Wort »Selektion« narren lassen. In der Naturgeschichte nämlich gibt es niemanden, der bewußt auswählen würde; was überlebt und was zugrunde geht, entscheidet sich aufgrund natürlicher Umweltbedingungen, ohne daß dabei irgendeine lenkende Hand im Spiele wäre. Anders in der technischen Entwicklung. Da werden von Menschen ganz bewußte Auswahlentscheidungen getroffen, und die Entscheidungsgesichtspunkte sind in der Regel mehr oder minder klar formuliert. Auch in dieser Phase also herrscht nicht natürliche Zufälligkeit, sondern menschliche Absicht. Und das gilt selbstverständlich auch für den dritten Entwicklungsschritt, die Verbreitung der technischen Lösungen. Auch dies geht in Wirklichkeit nicht von alleine vor sich, sondern setzt Entscheidungen der Produzenten und der Konsumenten voraus. Die technische Entwicklung also nach Art der Naturgeschichte erklären zu wollen, ist allenfalls ein weitläufiges Gleichnis.

Erfindungen sind keine Wissenschaft

Wenn eben von den Erfindungen die Rede war, erkennt man übrigens, daß man schlecht von *der* technischen Entwicklung sprechen kann, ohne die vielen einzelnen technischen Entwicklungen in den Blick zu nehmen, aus denen sich die Gesamtgeschichte der Technik zusammensetzt. Auch hier müssen wir in Systemzusammenhängen denken. Es hat wenig Sinn, sich nur mit den Höchstgeschwindigkeiten zu beschäftigen, die Kraftfahrzeuge mit Ottomotor erreichen. Vielmehr muß man das komplizierte Geflecht stützender, ergänzender und alternativer Entwicklungen in Betracht ziehen, die allesamt an dem Ziel orientiert sind, ein Landfahrzeug mit möglichst hoher Geschwindigkeit zu bauen (wenn denn dies überhaupt ein akzeptables Ziel für die Mehrheit der Menschen wäre, und nicht nur für eine Handvoll rekordbesessener Konstrukteure und Rennfahrer!). Ebensowenig Sinn macht es aber auch, in großer Verallgemeinerung nach Wirkkräften des technischen Fortschritts zu suchen, ohne im Detail zu prüfen, was denn nun bei der Entwicklung einer einzelnen technischen Lösung wirklich geschieht.

Daß jede Erfindung grundsätzlich zweckhaften Charakter hat, wurde schon gesagt. Dadurch unterscheidet sie sich grundlegend von naturwissenschaftlichen Erkenntnissen. Der Naturwissenschaft geht es um zweckfreies Wissen, der Technik dagegen um zweckmäßiges Können. Wenn ich das so holzschnittartig einander gegenüberstelle, muß ich selbstverständlich sogleich hinzufügen, daß es jede Menge von Zwischenformen gibt, daß also eine eindeutige Abgrenzung kaum zu treffen ist. Es gibt technologische Forschung, die einfach wissen will, auf welchen Gesetzmäßigkeiten längst funktionierende technische Systeme beruhen. Und es gibt angewandte Naturwissenschaft, die ausschließlich zu dem Zweck betrieben wird, technische Systeme zu verbessern. Trotzdem bleibt der fundamentale Unterschied zwischen Erkenntnis und Erfindung. Erkenntnis beschreibt, was ist, während die Erfindung angibt, was wir für menschliche Zwecke machen können.

Darum vor allem ist es so irreführend, die Technik als angewandte Naturwissenschaft zu charakterisieren. So bedeutend die Rolle der Naturwissenschaften in der modernen Technik auch sein mag, so ersetzen sie doch nie und nimmer den schöpferischen

Akt der Erfindung und die darin enthaltene Nutzungsidee. Diesen Irrtum aus dem Wege zu räumen, ist äußerst wichtig; denn die meisten Vorstellungen, die der technischen Entwicklung eine Eigengesetzlichkeit andichten, übersehen den Unterschied zwischen naturwissenschaftlicher Erkenntnis und technischer Erfindung. Wenn man diesen Fehler begeht, läßt man sich schnell zu der Fehldeutung verführen, naturwissenschaftliche Erkenntnisse drängten von alleine, sozusagen automatisch zu ihrer Anwendung, und die technische Entwicklung sei nichts anderes als die zwangsläufige Fortsetzung naturwissenschaftlicher Erkenntnisdynamik. In Wirklichkeit jedoch ist die Erfindung, das Kernstück aller technischen Entwicklung, von einer ganz anderen Qualität, da sie immer schon menschliche Bedürfnisse und menschliche Handlungspläne vorwegnimmt.

Wirksamkeit menschlicher Bedürfnisse

Freilich bleibt die Frage offen, ob die Bedürfnisse, die sich der Erfinder vorstellt, bei den Menschen wirklich anzutreffen sind. Nun kann man natürlich annehmen, daß Erfinder auf irgendeine Art und Weise erfahren haben, was die Menschen brauchen. Und tatsächlich gibt es die Auffassung, alle technische Entwicklung sei eine Antwort auf die ausdrücklichen oder auch nur erahnten Bedürfnisse der Menschen. Wenn man einige große Erfindungen aus der Technikgeschichte in Betracht zieht, spricht in der Tat einiges für diese Annahme. Mit künstlicher Beleuchtung, mit dem Fernsehen oder mit dem Flugzeug erfüllt die Technik tatsächlich uralte Menschheitsträume, die in Mythen, Sagen und Märchen ausgesprochen waren, längst bevor menschlicher Erfindungsgeist Lösungen dafür gefunden hatte. So stehen denn auch noch Erfindungen aus, für die Menschen schon in grauer Vorzeit Bedürfnisse angemeldet hatten; ich erinnere an die Tarnkappe, die einen Menschen unsichtbar macht und ihm dadurch ganz neue, wenn vielleicht auch fragwürdige Handlungs- und Erlebnismöglichkeiten verschafft. Auch heute noch ist die »Entmaterialisierungsmaschine« ein beliebtes Thema von Science-fiction-Geschichten; das Bedürfnis besteht fort, auch wenn sich in keiner Weise absehen läßt, ob Lösungen dafür überhaupt denkbar sind – ganz zu schweigen von der Frage, ob sie auch gesellschaftlich wünschenswert wären. Aber auch wenn dieses ausgefallene Bedürfnis bislang technisch nicht zu befriedigen ist, so scheinen doch die Wunschträume und Bedürfnisse der Menschen viele technische Entwicklungen angetrieben zu haben.

Freilich hat es einen direkten Zusammenhang zwischen Bedürfnis und Erfindung regelmäßig wohl nur in ganz frühen Zeiten gegeben, als die Arbeitsteilung noch unbekannt war und Menschen etwas erfanden, was sie selber brauchten. Heute kommt es wohl auch gelegentlich noch vor, daß Erfinder mit einer neuen technischen Lösung zunächst ein selbsterfahrenes Bedürfnis befriedigen wollen und dann erst annehmen, daß andere Menschen das gleiche Bedürfnis haben müßten. So lernte ich neulich jemanden kennen, der, wenn er seiner Frau beim Bettenmachen half, selber die Schwierigkeit erlebte, die Enden des Federbetts an den Ecken innerhalb des Bettbezugs festzuhalten, wenn man den Bezug über das Federbett zieht. Er empfand das Bedürfnis nach Arbeitserleichterung, und er erfand ein Gerät, das Federbett und Bettbezug an den Enden selbsttätig festklemmt, bis man den Bettbezug über das ganze Federbett gezogen hat. Als sich seine Erfindung im eigenen Haushalt bewährt hatte, meldete er sie zum Patent an, läßt sie jetzt in einem kleinen Betrieb produzieren und bietet sie auf dem freien Markt an.

Solche Fälle kommen also immer noch vor, und vielleicht öfter, als man denkt. Doch im großen und ganzen hat die Arbeitsteilung das Problem erzeugt, wie denn nun die Erfinder und technischen Entwicklungsabteilungen von den Bedürfnissen erfahren können, für deren Befriedigung sie dann neue technische Lösungen entwickeln sollen. Oft haben Erfinder eine Art sechsten Sinn für solche Bedürfnisse, aber je mehr Geld erforderlich ist, um eine neue technische Lösung marktreif zu machen, desto weniger kann man sich auf derartige Ahnungen verlassen; und desto seltener wird der einzelne Erfinder in der Lage sein, die Entwicklung seiner Lösungsidee selbst zu finanzieren. Mit dieser Überlegung aber stoßen wir auf die Rolle, die, jedenfalls in kapitalistisch-marktwirtschaftlichen Systemen, das Wirtschaftsunternehmen in der technischen Entwicklung spielt.

Gewinnerwartung als hinreichende Bedingung

Es ist richtig, daß neue naturwissenschaftliche Erkenntnisse oft den Gedanken nahelegen, man könne diese Erkenntnis für eine

Erfindung nutzen. Es ist auch richtig, daß menschliche Bedürfnisse einen entscheidenden Stellenwert in jeder Erfindungsidee haben. Trotzdem erweisen sich bei genauerer Betrachtung beide Faktoren lediglich als notwendige Bedingungen der technischen Entwicklung. Solange diese Bedingungen nicht eingetreten sind, kann keine neue technische Lösung entstehen. Doch auch wenn sie eingetreten sind, heißt das noch lange nicht, daß die Erfindung auch verwirklicht wird. Die Sammlungen der Patentämter sind übervoll von Erfindungen, die nicht zur Produktions- und Marktreife gebracht worden sind. Die beiden notwendigen Bedingungen waren zwar erfüllt, aber es fehlte die hinreichende Bedingung, die aus der Erfindung erst eine Innovation macht. Diese hinreichende Bedingung aber besteht darin, daß ein Wirtschaftsunternehmen den tatsächlichen oder auch den zu weckenden Bedarf hoch genug einschätzt, daß es sich lohnt, in die betreffende Erfindung Geld hineinzustecken. Damit aber erweisen sich die Gewinnerwartungen der Unternehmen als das Zünglein an der Waage. Nur Erfindungen, die in dieser Hinsicht in die richtige Waagschale fallen, haben die Chance, verwirklicht zu werden und damit ein greifbares Stück technischen Fortschritts zu bilden. Zugespitzt ausgedrückt, ist also die technische Entwicklung, wie sie bis jetzt stattgefunden hat, das Resultat unternehmerischer Gewinnerwartungen.

Ich muß betonen, daß diese Schlußfolgerung, für sich allein genommen, noch keine Wertung enthält. Soweit nämlich Wirtschaftsunternehmen ihre Gewinnerwartung darauf stützen, daß ein wirklicher Bedarf in der Gesellschaft vorhanden ist, dient das Gewinninteresse ja lediglich als ein Hilfsmittel, die technische Entwicklung an menschlichen Bedürfnissen zu orientieren. Dies wird denn auch von der liberalistischen Wirtschaftsauffassung mit einem gewissen Recht geltend gemacht. Unrealistisch wird diese Auffassung erst dann, wenn sie behauptet, auf diese und nur auf diese Weise könnten die menschlichen Bedürfnisse bestmöglich befriedigt werden. Dann nämlich werden zwei wichtige Fälle übersehen. Da ist zum einen der Fall, in dem Gewinne mit technischen Neuerungen zu machen sind, die wir in Wirklichkeit gar nicht brauchen würden, für die aber mit Hilfe der Werbung ein künstlicher Bedarf geschaffen wird; ich erinnere an die Nonsens-Produkte, von denen im dritten Kapitel die Rede war. Und es gibt den anderen Fall, daß handfeste menschliche Bedürfnisse vorliegen, für die bekannte technische Lösungsmöglichkeiten nicht verwirklicht werden, weil die Unternehmen keinen Gewinn damit machen können; man denke nur an haltbarere und reparaturfreundlichere Produkte.

Rolle des Staates

Technische Entwicklungen kommen also immer dann zustande, wenn Wissen und Bedürfnis gewinnträchtig miteinander zu vermitteln sind. Dabei darf freilich nicht übersehen werden, daß der Staat und bestimmte öffentliche Einrichtungen ebenfalls an der technischen Entwicklung mitwirken. Wie schon im letzten Kapitel erwähnt, gibt es Bereiche der Technik, die entweder grundsätzlich oder doch in zahlreichen Ländern unter staatlicher Regie stehen. Allen voran ist hier die Kriegstechnik zu nennen, die fast ausschließlich den Staat als Abnehmer hat. Ministerielle und militärische Stellen können den Erfindern und Produzenten auf direktem Wege sagen, was sie brauchen und auf diese Weise die technische Entwicklung unmittelbar durch ihren Bedarf steuern. Wenn es wahr ist, daß die meisten wichtigen Innovationen zunächst in der Kriegstechnik gemacht wurden und erst dann zivile Anwendungen fanden, so erweist sich neben dem unternehmerischen Gewinninteresse das staatliche Herrschafts- und Sicherheitsinteresse als eine weitere hinreichende Bedingung technischer Entwicklungen.

Zunehmend beeinflußt der Staat die technische Entwicklung aber auch dadurch, daß er durch Forschungs- und Technopolitik den wissenschaftlichen Erkenntnisgewinn fördert, die Ausarbeitung sehr aufwendiger technischer Lösungen vor- und mitfinanziert und durch zahlreiche andere Maßnahmen Entwicklungen begünstigt, die ohne solche Unterstützung von den Unternehmen nicht als gewinnträchtig angesehen würden. Da freilich die eigentliche Produktion in westlichen Wirtschaftssystemen nach wie vor durchweg in privater Hand liegt oder doch wenigstens privatwirtschaftlichen Entscheidungsgesichtspunkten unterliegt, kommen, nachdem der Staat gewisse Rahmenbedingungen geschaffen hat, schließlich doch wieder die Gewinninteressen ins Spiel.

Die wichtigsten Faktoren der technischen Entwicklung habe ich hier nur sehr knapp skizzieren können. Immerhin entnimmt man dieser Skizze ohne weiteres, daß die technische Entwicklung alles andere als ein zwangsläufiger Naturprozeß ist. An den Knotenpunkten, in denen die Faktorenstränge zusammenlaufen, finden wir grundsätzlich menschliche Entscheidungen, die aus menschlichen Bedürfnissen und gesellschaftlichen Interessen zu begründen sind. Darum also ist die technische Entwicklung kein natürlicher, sondern ein gesellschaftlicher Prozeß, und sie läßt sich auch nicht vorhersagen wie eine Sonnenfinsternis.

Was man freilich anstellen kann, sind begründete Vermutungen über die künftige Entwicklung der einzelnen Faktoren und über ihren wahrscheinlichen Einfluß auf die technische Gesamtentwicklung.[2] Auf der einen Seite kann man abschätzen, daß sich gegenwärtig erkennbare Tendenzen in naturwissenschaftlich-technologischer Forschung und technischer Entwicklung weiterhin fortsetzen und entsprechende Angebote an technischen Lösungsmöglichkeiten hervorbringen werden; das gilt beispielsweise für die Mikroelektronik, deren Lösungspotential bislang bei weitem nicht ausgeschöpft ist. Andererseits wird man davon ausgehen können, daß menschliche und gesellschaftliche Bedarfslagen, wenn sie drängend genug sind, einen hinreichend starken Anstoß für technische Neuerungen geben werden, indem sie entweder die unternehmerischen Gewinnerwartungen beflügeln oder auch die staatliche Forschungs- und Technopolitik zu entsprechenden Eingriffen bewegen; das gilt ganz sicher für die Energietechnik und die Umwelttechnik. Die Vermutungen, die ich im folgenden über die künftige technische Entwicklung äußere, sind mithin eine Mischung aus fortgeschriebenen Gegenwartstendenzen und begründetem Wunschdenken; ob und inwieweit sich das Wunschdenken, das sich freilich nicht aus persönlicher Beliebigkeit, sondern aus gesellschaftlichen Erfordernissen begründet, erfüllt, hängt ganz wesentlich davon ab, ob es gelingt, das zu entfalten, was ich in den nächsten beiden Kapiteln behandeln werde: technologische Aufklärung und neue gesellschaftliche Institutionen.

Tendenzen in der Informationstechnik

Schauen wir uns zunächst einen Bereich der Technik an, der oben schon als Beispiel für die Fortschreibung von Entwicklungstrends genannt wurde: die Informationstechnik. Zwar reichen die Erfindungen des Telegraphen, des Telefons und des Phonographen ins letzte Jahrhundert zurück, der Rundfunk verbreitete sich seit den zwanziger Jahren, und die programmgesteuerte Rechentechnik wurde auch bereits vor dem Zweiten Weltkrieg erfunden. Nebenbei bemerkt, läßt sich an solchen Beispielen erkennen, daß sich technische Entwicklungen oft doch gar nicht so schnell ausbreiten. So wurde das Telefon im Prinzip 1861 und in praktisch brauchbarer Ausführung 1876 erfunden; doch hundert Jahre später, im Jahre 1962, besaßen in der Bundesrepublik Deutschland erst 14% aller Haushalte ein Telefon. In den letzten zwanzig Jahren allerdings hat sich dann dieser Anteil geradezu sprunghaft auf 88% erhöht. Ein Teil der technischen Entwicklung, die wir gegenwärtig erleben, reicht also in ihren Ursprüngen recht weit zurück und macht sich nicht durch ihre Neuheit, sondern nur durch ihre wachsende Verbreitung bemerkbar.

Dann aber sind seit dem Zweiten Weltkrieg in der Informationstechnik einige Entwicklungen in Gang gekommen, die tatsächlich als dramatische Neuerungen zu betrachten sind. Das beginnt mit dem Begriff »Information«, der Ende der vierziger Jahre in die technologische Literatur eingeführt wurde, um Nachrichten, Daten, Steuerungsbefehle u.ä. als zusammengehörige Gruppe von Erscheinungen zu kennzeichnen. Die Informationstechnik – ein Ausdruck übrigens, der sich erst in neuester Zeit zu verbreiten beginnt – hat es dann mit all jenen künstlich gemachten Gegenständen zu tun, die der Gewinnung, der Verarbeitung, der Übermittlung und der Speicherung von Informationen dienen; dazu gehört neben der Nachrichten- und der Rechentechnik auch die Meß-, Steuerungs- und Regelungstechnik. Vor allem sind es drei Prinzipien, auf denen der geradezu unvorstellbare Fortschritt der Informationstechnik beruht: die Miniaturisierung, die Digitalisierung und die sachtechnische Integration.

Die Miniaturisierung, also die immer stärkere Verkleinerung informationstechnischer Bauelemente für gleiche Leistung, rührt daher, daß, im Gegensatz zur klassischen Technik, die gelegentlich als »transklassisch« bezeichnete neue Technik mikrophysikalische Wirkungen auszunutzen gelernt hat, die sich auf subatomarem Niveau in der Struktur der Materie abspielen. Zwar hatte schon die klassische Elektronenröhre, die man aus alten Radios kennt, wie der Name sagt, die Wirkungen von Bestandteilen der Atome ausgenutzt; doch sie war aus mehreren Bauelementen zusammengesetzt, die in einem luftleeren Gefäß aus Glas oder

Metall angeordnet wurden. Im Gegensatz dazu stellt der 1948 erfundene Transistor, der die gleiche Funktion wie eine Elektronenröhre leistet, nur noch ein einziges kleines Stück eines bestimmten Materials dar, das allerdings verschiedene Zonen unterschiedlicher elektrischer Leitfähigkeit aufweist. In der Folgezeit lernte man dann, durch neuartige physikalische und chemische Herstellungsverfahren auf einem solchen Materialplättchen, einem sogenannten Chip, immer mehr Transistorfunktionen unterzubringen. Heute hat ein Chip von Quadratzentimetergröße die Verarbeitungskapazität von 100 000 Elektronenröhren, und es ist damit zu rechnen, daß die Miniaturisierung noch weitere Fortschritte machen wird.

Gleichzeitig haben sich – und das ist vielleicht das Sensationellste an dieser Entwicklung – die Kosten pro Verarbeitungsfunktion im gleichen Maße verringert wie die Baugrößen. Hätte es im Automobilbau vergleichbare Preissenkungen gegeben, so würde ein Luxusauto, das in den sechziger Jahren 80 000,– DM kostete, heute für 8,– DM zu kaufen sein. Rechen- und Datenverarbeitungskapazitäten, für die man um 1950, als Computer noch mit Elektronenröhren ausgestattet waren, ganze Stockwerke benötigte und für die man zig Millionen Mark bezahlen mußte, sind heute als Heimcomputer in handlicher Pultform unter tausend Mark zu kaufen.

Inzwischen ist man dabei, mit neuen mikrophysikalischen Prinzipien auch die Leistungsfähigkeit der Informationsübertragung drastisch zu steigern. Nachdem man gelernt hat, auf elektronische Weise Lichtstrahlen besonders starker Bündelung, die sogenannten Laserstrahlen, zu erzeugen, hat man haardünne Glasfasern entwickelt, durch die man die Lichtstrahlen in bestimmten Rhythmen übertragen kann. Dadurch macht sich die Nachrichtentechnik nicht nur von dem immer seltener und immer teurer werdenden Rohstoff Kupfer frei, der bisher für Nachrichtenkabel notwendig war, sondern man kann auch durch entsprechende Überlagerungs- und Verschlüsselungsverfahren sehr viel mehr Informationen schneller und zuverlässiger übertragen.

Das leitet bereits zum zweiten Prinzip der modernen Informationstechnik über, dem Prinzip der Digitalisierung. In der klassischen Informationstechnik wurde ein Großteil der Information durch Signale dargestellt, die der Information physikalisch ähnlich waren. Bei der herkömmlichen Schallplatte beispielsweise werden in den Rillen Wölbungen und Vertiefungen eingraviert, deren Wellenverlauf den Schallwellen der Musik entspricht; bei alten Schellackplatten kann man solche Gravur-Unterschiede sogar noch mit bloßem Auge erkennen. Bei den neuen Digital-Schallplatten dagegen werden Folgen von »Ja/Nein«-Signalen gespeichert. So wie unsere Schreibschrift jedem Laut der gesprochenen Sprache ein im Grunde willkürliches Schriftzeichen zuordnet, so wird bei der Digital-Schallplatte jeder Tonschwingung der Musik eine ganz bestimmte Kette von »Ja/Nein«-Symbolen zugeordnet, die physikalisch durch schwarze bzw. weiße Felder, durch die elektrischen Zustände »Spannung vorhanden« bzw. »Spannung nicht vorhanden« oder auf manche andere Art dargestellt werden können. Bei der Musikaufnahme werden also die Tonschwingungen der Musik in derartige Symbolketten umgesetzt, als solche gespeichert und später beim Abspielen wieder in Tonschwingungen zurückverwandelt. Ein Hauptvorteil der Digitalisierung besteht darin, daß viele Störquellen ausgeschaltet werden können; außerdem lassen sich digitale Signale mit der Mikroelektronik unmittelbar verarbeiten und über Glasfaserkabel besonders leicht übertragen. Während die Computer, von bestimmten Sondergeräten abgesehen, von Anfang an nach dem Digitalprinzip gearbeitet haben, breitet sich gegenwärtig die Digitalisierung in alle Bereiche der Informationstechnik aus.

Damit werden weitere Möglichkeiten der sachtechnischen Integration geschaffen. Auf der Ebene der Bauelemente bedeutet ja schon die Miniaturisierung gleichzeitig auch Integration, da immer mehr Verarbeitungsfunktionen auf ein und demselben Chip miteinander verbunden werden. Nun aber ist man dabei, informationstechnische Teilprozesse auch auf höheren Ebenen zu integrieren, das heißt zu geschlossenen Systemen zusammenzufassen. So bestehen gegenwärtig für die Informationsübertragung noch mehrere verschiedene »Netze« nebeneinander: das Telefonnetz, das Fernschreibnetz, ein spezielles Netz zur Datenfernübertragung zwischen Computern, schließlich bestimmte Bereiche elektromagnetischer Schwingungen in der Atmosphäre für Rundfunk und Fernsehen. In Zukunft dagegen soll ein integriertes digitales Netz eingeführt werden, in dem alle diese und einige neue Arten von Informationsübertragung zusammengefaßt werden. Weitere integrative Verknüpfungen sind zwischen Informationsübertragung und Informationsverarbeitung zu erwarten, für die das neue Kunstwort »Telematik« vorgeschlagen wurde. Ein Beispiel dafür ist der bereits erwähnte Bildschirmtext, bei dem die Bilddarstellung des Fernsehgerätes, die Informationsübertragung des Telefonnetzes und die Verarbeitungs- und Speicherungsfähigkeit zentral installierter Computer integriert sind.

Fortschreitende Automatisierung

Diese hier nur ganz knapp skizzierten technischen Entwicklungstendenzen sind im Gange, und man kann sie, ihrer handfesten wirtschaftlichen Vorteile wegen, getrost in die Zukunft verlängern. Zahlreiche technische Neuerungen sind bereits konzipiert und warten auf ihre Anwendung; eine Fülle weiterer Lösungen, die noch zu erfinden sind, werden mit Sicherheit auf uns zukommen. All das zu erwähnen, worüber bereits in Fachkreisen diskutiert wird, oder auch mit freier Fantasie auszumalen, wo überall sonst noch die informationstechnischen Leistungen der Mikroelektronik benutzt werden könnten, würde den Rahmen dieser Darstellung sprengen. Auf einen besonders wichtigen Typ von Anwendungsmöglichkeiten muß ich jedoch noch eingehen, da sich hierin eine Tendenz vollendet, die seit eh und je in der technischen Entwicklung angelegt ist. Ich meine die Automatisierung.

Nach einer fast schon klassischen Definition von C. M. Dolezalek heißt Automatisierung, »einen Vorgang mit technischen Mitteln so einzurichten, daß der Mensch weder ständig noch in einem erzwungenen Rhythmus für den Ablauf des Vorgangs tätig zu werden braucht«.[3] Schon im Altertum und dann wieder im 18. Jahrhundert wurden »Automaten« erfunden, die bestimmte Abläufe selbsttätig erledigten, durchweg aber sehr verspielten Charakter hatten. Allerdings ist auch ein ernstzunehmender Automat, die mechanische Uhr, bereits seit dem Mittelalter bekannt; wenn nur von Zeit zu Zeit, und gar nicht einmal in einem unbedingt festgelegten Rhythmus, die Uhr aufgezogen, das heißt ihrem Energiespeicher neue Energie zugeführt wird, läuft sie selbsttätig, indem sie stets die jeweilige Tageszeit anzeigt. Bis in unser Jahrhundert hinein wurden im Zuge der Automatisierung vor allem Material umformende und energetische Funktionen dem Menschen abgenommen und auf technische Systeme übertragen; da in diesen Phasen der technischen Entwicklung die

Mechanik eine große, wenn auch nicht die einzige Rolle spielte, bezeichnet man diese Entwicklungsphasen auch als Mechanisierung. Allerdings können mit mechanischen Mitteln auch schon seit langer Zeit bestimmte Typen von Maschinen automatisch gesteuert werden; man denke an die Lochkartensteuerung für die Herstellung von Web- oder Strickmustern und an die Kurvenscheiben-Steuerung automatischer Werkzeugmaschinen. Noch die automatischen Fertigungslinien, die vor allem aus der Automobilindustrie bekannt sind, beruhen zum großen Teil auf mechanischen oder anderen makrophysikalischen Prinzipien.

Erst in den letzten drei Jahrzehnten begann die Elektronik in die Steuerung automatischer Maschinen einzudringen, und die Mikroelektronik machte es aufgrund der erwähnten Leistungsfähigkeit und Kostengünstigkeit möglich, nun nahezu alle Bedienungs- und Überwachungsaufgaben in der industriellen Produktion zu technisieren. Da sogenannte Industrieroboter nun auch komplizierte Bewegungsaufgaben übernehmen können, wird menschliche Arbeit in der Produktion mehr und mehr entbehrlich, und die Vorstellung von der menschenleeren Fabrik ist längst keine Utopie mehr.

Hatte man in einer früheren Phase der Automatisierungsdiskussion in den sechziger Jahren vielfach noch angenommen, die in der Produktion freigesetzten Arbeitskräfte könnten im Dienstleistungssektor Aufnahme finden, so wird diese Vermutung durch die bisherige und voraussehbare Entwicklung der Automatisierungstechnik inzwischen widerlegt. Ein sehr großer Teil des sogenannten Dienstleistungssektors umfaßt relativ einfache geistige Routinearbeiten, die ohne weiteres von informationstechnischen Einrichtungen übernommen werden können. Das gilt vor allem für den Büro- und Verwaltungsbereich, wo ein sehr großer Teil der Sachbearbeiter- und Hilfsaufgaben von Computern genausogut erledigt werden können. Beispielsweise gibt es den klassischen Buchhalter ohnehin kaum noch, die Tage des technischen Zeichners sind gezählt, und es ist nicht auszuschließen, daß in absehbarer Zeit der elektronische »Sprechschreiber«, ein Gerät, das gesprochene Sprache unmittelbar in geschriebenen Text verwandelt, auch Millionen von Schreibkräften außer Brot setzen wird.

Die Prognose, daß sich die Automatisierungstendenzen weiter fortsetzen werden, hat eine hohe Wahrscheinlichkeit, da die technischen Möglichkeiten mehr oder weniger bereitstehen und die wirtschaftlichen Interessen auf der Hand liegen; beispielsweise ersetzt ein Industrieroboter zwei Arbeitskräfte und bleibt etliche Jahre verwendbar, kostet dabei aber weniger, als man für zwei Jahreslöhne dieser Arbeitskräfte aufwenden müßte. Zwar gibt es gesellschaftliche Gegenkräfte, die eine weitere Automatisierung wegen der Freisetzung menschlicher Arbeitskraft und der damit zusammenhängenden Arbeitslosigkeit nicht für wünschenswert halten. Wenn aber diesen Bedenken dadurch Rechnung getragen wird, daß die Arbeitseinsparungen durch Arbeitszeitverkürzung, flexible Arbeitszeiten und andere arbeitsorganisatorische Maßnahmen so verteilt werden, daß jeder, der arbeiten will, auch einen Arbeitsplatz findet, dürfte der Widerstand gegen weitere Automatisierung keine nennenswerte Stärke erreichen, zumal die meisten Arbeiten, die da automatisiert werden, der menschlichen Persönlichkeitsentfaltung ohnehin nicht allzu förderlich sind.

Ich muß noch einmal wiederholen, daß gewiß nicht alles, was uns in der informationstechnischen Entwicklung und in der Automatisierung bevorstehen könnte, durchweg wünschenswert ist. Mancher Schnickschnack und manche psychosozialen Gefährdungen werden uns nur erspart bleiben, wenn wir die Steuerung dieser Entwicklung in den Griff bekommen; doch davon wird in den nächsten Kapiteln zu sprechen sein. Insgesamt allerdings kann man mit gutem Grund vermuten, daß die bereitliegenden technischen Möglichkeiten verwirklicht werden, vor allem wenn es gelingt, sie in gesellschaftliche Organisationsformen einzubetten, durch die sie wirklich akzeptabel werden.

Umweltverträgliche Techniken

Schwieriger ist es dagegen, Aussagen über eine ganz neue technische Entwicklung zu machen, die Biotechnik. Zeichnet sich alle andere Technik dadurch aus, daß sie sich der toten Materie bedient, zielt die Biotechnik darauf ab, die Gesetze des Lebendigen dem planenden und steuernden Zugriff des Menschen zuzuführen. Gewiß sind in der Pflanzen- und Tierzucht Vorformen einer Biotechnik seit Jahrtausenden bekannt. Doch was gegenwärtig in den Laboratorien der Mikrobiologie theoretisch analysiert und auf praktische Nutzanwendung hin ausgewertet wird, übertrifft doch die kühnsten Fantasien früherer Generationen. Zwar beruhigen uns die Experten, die Gentechnologie sei noch lange nicht soweit, den künstlichen Menschen mit vorbestimmten Eigenschaften planmäßig zu züchten. Viele Forscher in diesem Bereich wollen sich auch auf ein Berufsethos verstehen, das derartige Manipulationen am genetischen Erbe der Menschheit ausschließt. Doch bei bestimmten Mikroorganismen ist man längst soweit, und bei Pflanzen und Tieren sind die Experimente im Gange. Auch hier würde allein der Überblick über tatsächliche und vermutete biotechnische Möglichkeiten ein eigenes Buch füllen. Und noch weniger ist zu übersehen, welche dieser Möglichkeiten gesellschaftlich wünschenswert sind. Soweit allerdings aufwendige und umweltschädigende physikalische Techniken durch umweltfreundliche biologische Techniken ersetzt werden können und soweit lebenswichtige Produkte wie zum Beispiel gewisse Medikamente überhaupt erst durch die Biotechnik in hinreichender Menge erzeugt werden können, muß man auch auf diesem Gebiet mit durchgreifenden Innovationsschüben rechnen.

Schließlich möchte ich über einige denkbare technische Entwicklungen spekulieren, die eher begründetem Wunschdenken als soliden technisch-wirtschaftlichen Angebotspotentialen entsprechen. Doch wo ein Wille ist, ist auch ein Weg; und dieser Satz gilt mit der Einschränkung, daß selbstverständlich keine Naturgesetze außer Kraft gesetzt werden können, auch für die technische Entwicklung. 1960 erklärte es der amerikanische Präsident John F. Kennedy zur nationalen Aufgabe, innerhalb von zehn Jahren die Landung von Menschen auf dem Mond zu schaffen, und schon neun Jahre später wurde dieses Ziel erreicht. Ging es in diesem Fall um das Nationalprestige einer Großmacht im Wettbewerb mit der sowjetischen Konkurrenz, so könnten in anderen Fällen, davon bin ich überzeugt, auch ein ökologisch-ökonomischer Problemdruck und eine daraus folgende gesellschaftliche Nachfrage stark genug sein, neue technische Entwicklungen anzustoßen und zu erfolgreichen Lösungen zu führen. Was hier notwendig und möglich ist, habe ich ja schon im vierten Kapitel angedeutet.

Geht man beispielsweise davon aus, daß es starke gesellschaftliche Kräfte gibt, die der Kernenergie skeptisch gegenüberstehen und auf die Entwicklung alternativer Energietechniken drängen, so kann man getrost annehmen, daß sich die Entscheidungsträger in Politik und Wirtschaft diesem Drängen nicht auf Dauer verschließen können. Politiker sind auf die Zustimmung von Wählern angewiesen und auf diese Weise von gesellschaftlichen Forderungen abhängig. Unternehmer und Entwicklungsmanager andererseits können auf neue Gewinnmöglichkeiten setzen, wenn ihnen technische Neuerungen gelingen, die in meinungsführenden Teilen der Gesellschaft nachgefragt und angenommen werden. Daher halte ich es für wahrscheinlich, daß wir mit bemerkenswerten energietechnischen Neuerungen rechnen können, die gleichermaßen umweltfreundlich und gesellschaftlich unbedenklich sind.

Ähnliche Überlegungen können für die Wiederverwendungstechnik, das sogenannte Recycling, geltend gemacht werden, wo Abfälle aus der Produktion und aus verschlissenen Produkten wieder aufbereitet und als neue Rohstoffe eingesetzt werden. Wo entsprechende Techniken bereits existieren, zum Beispiel bei der Glasherstellung, ist es nur eine Frage der Organisation; seit überall Behälter zur Ablage leerer Flaschen aufgestellt worden sind, machen die Menschen davon regen Gebrauch und führen ein Großteil des Leergutes der Wiederverwendung zu. In zahlreichen anderen Fällen werden wohl noch neue und wirksame Verfahren und Maschinen entwickelt werden müssen, um Abfallstoffe voneinander zu trennen, zu reinigen und aufzubereiten. Oft ist es ja bereits der steigende Preis der Rohmaterialien, der Wiederverwendungstechniken attraktiv macht. Wo allerdings solche Marktmechanismen nicht funktionieren, werden umweltpolitische Eingriffe nötig sein, um das Anwachsen der Müllhalden einzudämmen und den Verzehr letztlich unersetzlicher Rohstoffe einzuschränken. Zusammengenommen dürften umweltökonomische und umweltpolitische Anstöße wirksam genug sein, um eine beschleunigte Entwicklung in der Wiederverwendungstechnik anzuregen.

Besser freilich, als Produktabfälle mühsam aufzubereiten, wäre es, die Produktabfälle selbst zu verringern, und das hieße vor allem, die Erzeugnisse verschleißfester und langlebiger zu machen. Hier sind die technischen Möglichkeiten großenteils vorhanden, doch – und das muß ganz offen gesagt werden – die wirtschaftlichen Interessen der Unternehmen stehen dem gegenwärtig entgegen. Wenn ein Auto während seiner Lebensdauer vier Auspufftöpfe verschleißt, verdienen Produzent und Reparaturbetriebe mehr, als wenn ein korrosionsfester Auspufftopf so lange hielte wie das ganze Auto. Die Zeche freilich zahlt der Autobesitzer, und der ist bislang nicht darüber aufgeklärt worden, daß er besser führe, wenn er auf einem korrosionsfesten Schalldämpfer bestünde. Liberalisten werden nun wieder sagen, es sei doch alles in bester Ordnung; man müsse nur etwas mehr Verbraucheraufklärung betreiben, und die aufgeklärte Nachfrage werde dann nach den Spielregeln des Marktes die Produzenten ganz von allein dazu bringen, haltbarere Erzeugnisse anzubieten. Gewiß ist das eine Möglichkeit, die man nicht aus dem Auge verlieren darf. Ich halte es aber für blauäugig, wenn erwartet wird, auf diese Weise könne die ökologisch gebotene Umstellung auf haltbarere Produkte schnell genug ins Werk gesetzt werden.

Bei aller Verbraucheraufklärung, auf die ich im nächsten Kapitel zurückkommen werde – der durchschnittliche Technikverwender kann unmöglich genügend Spezialwissen ansammeln, um auf den verschiedensten Gebieten der Technik die Produzenten unter entsprechenden Druck zu setzen; selbst wenn er solches Wissen sich angeeignet hat, nutzt es ihm wenig, wenn er zunächst in der Minderzahl ist und die Nachfrage nicht so beeinflussen kann, daß ein Produzent sich bemüßigt fühlte, darauf einzugehen. Schließlich sind gerade die Produktionszweige, in denen langlebige technische Gebrauchsgüter hergestellt werden, inzwischen derart konzentriert, daß Drahtzieher-Vermutungen über Verhinderungsabsprachen nun wirklich nicht mehr so ohne weiteres in das Land der Märchen verwiesen werden können. Mit einem Wort: Langlebigere und reparaturfreundlichere Produkte werden nicht aus den Automatismen der Marktwirtschaft hervorgehen. Wünschenswert, ja geradezu notwendig, wäre diese Umorientierung in der technischen Entwicklung tatsächlich. Ob sie allerdings zustande kommt, wird nicht nur von der technologischen Aufklärung der Verbraucher abhängen, sondern vor allem auch davon, ob sich politische Mehrheiten für eine bedürfnisgerechte Beeinflussung der technischen Entwicklung finden lassen.

Pluralistische Technik

Nach diesen vorsichtigen Vermutungen über die wahrscheinliche Zukunft ausgewählter Technikbereiche dürfte es bereits klargeworden sein, daß ich nicht an eine durchgängige Umorientierung zu einer »alternativen Technik« glaube. Gewiß hat sich die Technik bislang vielfach zu einseitig entwickelt – ich habe zahlreiche Beispiele dafür genannt –, und es gibt gute Gründe, von Fall zu Fall solchen Einseitigkeiten zu begegnen. Doch die Ideologie der »alternativen Technik« läuft darauf hinaus, der einen Einseitigkeit durch eine andere zu begegnen. Tatsächlich aber gibt es keine Alternative *zur* Industriegesellschaft, sondern nur *in* ihr.[4] Wenn die in Gang gekommene Diskussion über Alternativen einen Sinn hat, dann den, darüber aufzuklären, daß es für jede technische Entwicklung mehrere alternative Möglichkeiten gibt. Und worauf es ankommt, ist, aus diesen Alternativen die jeweils am besten angepaßte Technik auszuwählen.

Aber auch das Konzept der »angepaßten Technik« ist natürlich kein Patentrezept. In Wirklichkeit nämlich ist jede Technik angepaßt – es fragt sich nur, an welche Bedürfnisse, welche Interessen und welche Bedingungen! Ich habe von zwei verschiedenen Staudammprojekten in Entwicklungsländern gehört, das eine in einem menschenleeren Bergland, Hunderte Kilometer von den Siedlungszentren entfernt, und das andere in einer dicht besiedelten Region mit beträchtlicher Arbeitslosigkeit. Im ersten Fall hat man den Baubetrieb sehr kapitalintensiv gestaltet, hat Baumaschinen eingesetzt wo immer möglich, um zu vermeiden, daß Hunderte von Arbeitskräften in unwirtlicher Gegend und fernab von ihren Familien monatelang hätten kaserniert werden müssen. Im anderen Fall dagegen hat man sich dem Bedarf an Arbeitsplätzen angepaßt und den Baubetrieb so arbeitsintensiv wie möglich gestaltet. Angepaßte Technik kann also so oder so aussehen, je nach den Bedingungen, denen sie sich anzupassen hat.

Sicher ist es unvernünftig, auf jener berühmten kretischen Hochebene, auf der ständig der Wind weht, die tausend Windmühlen, mit denen früher das Wasser in Speicherbehälter gepumpt wurde, durch lärmende und benzinfressende Verbrennungsmotoren zu ersetzen; hier ist traditionelle Technik tatsächlich angepaßt. Auf einem anderen Blatt dagegen steht es, ob wir unser mitteleuropäisches Landschaftsbild durch unzählige Windrotoren verändern sollten, die uns nur dann ein wenig elektrische Energie liefern, wenn zufällig einmal der richtige Wind weht. Sicher ist es sinnvoll, wenn Entwicklungsländer universelle mechanische Werkstätten zur Herstellung von Ersatzteilen dezentral einrichten. Ob dagegen jeder afrikanische Staat aus Gründen der Dezentralisierung seine eigene Traktorenproduktion aufbauen sollte, ist weniger eindeutig zu beantworten.

Mit einem Wort: Angepaßte Technik ist einmal kapitalintensiv, das andere Mal arbeitsintensiv, das eine Mal traditional und das andere Mal so fortgeschritten wie möglich, das eine Mal dezentralisiert und das andere Mal zentralistisch. Damit ist eingeräumt, daß die »moderne« Technik der Industriegesellschaft nicht unter allen Umständen die beste Lösung darstellt. Aber schließlich sind ja auch Synthesen denkbar. Warum zum Beispiel sollte man nicht die kretischen Windmühlen mit mikroelektronischen Steuerungen ausrüsten, die den Bauern die zeitaufwendigen Rundgänge zum Ein- und Abschalten der Wasserpumpen ersparen? Und warum sollte man nicht für die Entwicklungsländer eine mit Sonnenenergie betriebene Kältetechnik entwickeln, die sich gleichwohl modernster thermodynamischer und elektronischer Mittel bedient? Um es noch einmal zu sagen: Es gibt nicht den »einen besten Weg«; die technische Entwicklung der Zukunft wird sehr vielgestaltig, sie wird pluralistisch sein.

Die Entwicklungsfähigkeit der Technik bedeutet also nicht nur, daß wir auch weiterhin immer mehr und immer neue technische Lösungen erhalten werden, für zweifelhafte Luxuswünsche ebenso wie für reale Lebensbedürfnisse. Entwicklungsfähigkeit bedeutet vor allem, daß im Prinzip die technische Entwicklung für die verschiedensten Orientierungen offen ist. Kein Glaubensbekenntnis sichert uns den Weg zu einer »Technik mit menschlichem Antlitz«. Vielmehr bedarf es in jeder Problemlage erneut der Anstrengung des Denkens und der Kreativität, um technischen Lösungen jene Gestalt zu geben, die im konkreten Fall den ökologischen, den ökonomischen, den psychosozialen und den politischen Bedingungen am besten angepaßt sind.

Freilich ist die Sorge nicht von der Hand zu weisen, daß gegenwärtig manche Entwicklungsprozesse, angeheizt durch die Konkurrenz der Kapitalien und durch den internationalen Wettbewerb, zu schnell verlaufen, als daß sie der erforderlichen Anpassung unterworfen werden könnten. Da liegt es nahe, in besonders dynamischen und problematischen Bereichen wie der Informationstechnik oder der Biotechnik für eine langsamere Gangart zu plädieren und von Fall zu Fall Moratorien, also vorübergehende Innovationsstopps zu befürworten. So verlokkend dieser Gedanke ist, fürchte ich doch, daß man dem entgegenhalten muß, was C. F. von Weizsäcker mit Recht vermerkt hat: »Verzicht auf die fortschreitende Technik ist, auch wo er heilsam wäre, in einer unerleuchteten Menschheit wie der heutigen politisch und ökonomisch nicht durchsetzbar; in einer ihrer Situation bewußteren Menschheit aber wäre er vermutlich überflüssig. Bewußtseinsentwicklung ist die Aufgabe, welche die technische Entwicklung uns stellt.«[5] – Mit dieser Aufgabe will ich mich im nächsten Kapitel beschäftigen.

Achtes Kapitel

Die Technik vervollständigen heißt, ihre Benutzer aufzuklären und mündig zu machen. Das beginnt mit technologischer Allgemeinbildung an den Schulen, die auch in der gewerblichen und akademischen Ausbildung für alle Berufe fortgeführt werden sollte. Arbeitnehmer in der Industrie müssen über die technischen Produkt- und Produktionszusammenhänge und über geplante Produktionsumstellungen viel gründlicher informiert werden. Die Medien, vor allem auch die Tages- und Wochenpresse, sollten sich der *technologischen Aufklärung* mit der gleichen Aufmerksamkeit zuwenden, die sie anderen Bereichen der Kultur seit jeher widmen. Informationen der Verbraucherverbände und des Warentests könnten und müßten noch wirksamer verbreitet werden. Hersteller sollten ihren Kunden zusammen mit dem Produkt erschöpfende Produktinformationen über Wirkungsweise und Aufbau sowie über Möglichkeiten und Grenzen allfälliger Eigenreparatur bereitstellen. Die Ingenieure schließlich sollten sich verstärkt darum bemühen, die Probleme, an denen sie arbeiten, einer interessierten Öffentlichkeit verständlich zu machen und auch publizistisch als verantwortungsbewußte Sachwalter der Technik hervorzutreten.

Im vorangegangenen Kapitel hatten wir gesehen, daß die technische Entwicklung von mehreren Bedingungen abhängt. Wie schon in der Vergangenheit wird sich die Technik auch in Zukunft nicht selbsttätig, von allein, nach »innerer Logik« entfalten. Nicht nur das Wissen, das aus wissenschaftlicher Erkenntnis und technischer Praxis gewonnen wird, auch nicht das Können, das in neuen Erfindungen aufgezeigt wird, reichen aus, um den Gang der weiteren technischen Entwicklung zu bestimmen. Ausschlaggebend ist letzten Endes das menschliche Wollen, das sich in den Bedürfnissen der Individuen, den Interessen der Wirtschaftsunternehmen und anderer Organisationen sowie in den politischen Strategien des Staates ausdrückt; möglicherweise werden in Zukunft weltpolitische Zielvorgaben internationaler Organisationen verstärkt hinzutreten.

Wenn nun die technische Entwicklung demnächst entschiedener beeinflußt werden soll, als das bislang geschah, dann müssen die Menschen zunächst einmal mehr über die Technik wissen. Sie müssen sich ein Bild von den technischen Möglichkeiten machen können, die zur Debatte stehen, und sie müssen verstehen lernen, warum und auf welche Weise bestimmte Entwicklungsrichtungen zu unterstützen sind; dazu gehört natürlich auch die Einsicht, welche Auswirkungen technische Neuerungen für das einzelne Leben und für die Verfassung der Gesellschaft haben werden. Mit einem Wort: Es geht um Orientierungswissen, Urteilsvermögen und Diskussionsfähigkeit bezüglich grundlegender Aufbau- und Ablaufprinzipien technischer Systeme sowie ihrer gesellschaftlichen Entstehungs- und Verwendungszusammenhänge. Das ist es, was ich technologische Aufklärung nenne.

Technologische Allgemeinbildung

Schon im zweiten Kapitel hatte ich darauf hingewiesen, daß unsere Bildungstradition der Technik nicht günstig gesonnen war; das gilt zum Teil noch heute. Es ist nämlich noch längst nicht selbstverständlich geworden, daß an unseren allgemeinbildenden Schulen Technik als Schulfach gelehrt wird. Es hat zwar immer wieder Ansätze dazu gegeben, und gewisse Elemente technischer und technologischer Bildung konnten sich, beispielsweise im technischen Werken oder im anwendungsorientierten Physikunterricht der Realschule, einen bescheidenen Platz sichern. Doch nach allem, was ich in diesem Buch bisher ausgeführt habe, liegt es auf der Hand, daß technologische Aufklärung nicht allein durch Bastelfertigkeiten und angewandte Physik auf den Weg gebracht wird.

Ein Technikunterricht, der diesen Namen verdient, ist wohl inzwischen in fast allen Bundesländern in den Hauptschulen und Realschulen eingeführt worden. Die Kulturhoheit der Länder hat es allerdings mit sich gebracht, daß die Organisationsform von Land zu Land verschieden ist. In einigen Bundesländern wird Technikunterricht als eigenständiges Fach gelehrt, während er in anderen Bundesländern Teil der Arbeitslehre ist und dann mit Wirtschaftslehre und Hauswirtschaftslehre eine Einheit eingeht. Gerade im letztgenannten Fall geschieht es freilich gelegentlich, daß die technologischen Anteile wegen mangelnder Ausbildung der Lehrer zu kurz kommen, und auch sonst ist die Schulwirklichkeit sehr oft noch weit von dem entfernt, was in fortschrittlichen pädagogischen Konzepten geplant ist.[1]

Immerhin ist anzuerkennen, daß es ein Unterrichtsfach Technik an allgemeinbildenden Schulen inzwischen gibt. Allerdings zeigt sich der Pferdefuß sehr schnell, wenn man sieht, daß technologische Bildung immer noch in jenen Bildungsgängen fehlt, die unmittelbar zur Hochschulreife führen. An Gesamtschulen müssen die Schüler, die zur Hochschulreife gelangen wollen, Arbeitslehre und Technikunterricht zugunsten der zweiten Fremdsprache abwählen, und an den Gymnasien bleibt Technikunterricht, bis auf einzelne Modellversuche, überhaupt ausgespart. Hier wehren sich nach wie vor traditionelle Vorstellungen dagegen, die »Kultur« der erhabenen Bildungsgüter von der »Zivilisation« technischer Nützlichkeit trüben zu lassen. Und so lernen jene zwanzig Prozent eines Altersjahrgangs, die sich als Abiturienten für die einflußreicheren Positionen in unserer Gesellschaft vorbereiten, zwar den Unterschied zwischen Lyrik und Epik, auch wohl den zwischen Jamben und Hexametern kennen. Doch die Unterschiede zwischen Fertigungstechnik und Verfahrenstechnik oder auch zwischen Kraftmaschinen und Arbeitsmaschinen – Begriffe, die für allgemeine Bildung ebenso bedeutsam sind wie die vorher genannten Begriffe der schönen Literatur – bleiben der künftigen »Elite der Nation« unbekannt.

Erst der jüngste Modewirbel um die Verbreitung der Kleincomputer – an dem die betreffenden Hersteller gewiß nicht unschuldig sind! – beginnt die Forderung populär zu machen, jetzt müsse ein Schulfach Informatik überall, also auch in den Gymnasien, eingeführt werden. Dabei steht die Informationstechnik längst in den Lehrplänen des Technikunterrichtes, der für die Gymnasien bislang keine Fürsprecher fand, und es ist nun wirklich nicht einzusehen, warum plötzlich für die Informationstechnik ein eigenes Schulfach gefordert wird, während ebenso wichtige Bereiche der Technik wie die Fertigungstechnik oder die Energietechnik weiterhin zu wenig beachtet werden.

Natürlich ist technologische Allgemeinbildung vor allem für alle diejenigen bedeutsam, die keinen technischen Beruf ergreifen. Aber auch in der Ausbildung zu technischen Berufen, von der Berufsschule bis zur technischen Universität, müßte endlich, neben dem berufsspezifischen Fachwissen, auch technologische Allgemeinbildung ihren Platz finden. Auf die besonderen Probleme der Ingenieurausbildung werde ich am Ende dieses Kapitels noch einmal zu sprechen kommen. Hier jedenfalls muß ich ein beliebtes Mißverständnis ausdrücklich zurückweisen: Technologische Allgemeinbildung ist alles andere als Technikerwissen im Westentaschenformat. Was ich nämlich zu Beginn des Kapitels als Inhalt einer technologischen Allgemeinbildung skizziert hatte, besitzt bislang in den Ingenieurfächern überhaupt keine Entsprechung. Eine allgemeine Technologie, also ein Grundlagenfach, in dem zusammenfassend behandelt würde, was allen einzelnen technischen Fächern gemeinsam ist, und in dem überdies die Systemzusammenhänge zwischen Technik, Umwelt und Gesellschaft ausdrücklich mitbedacht würden, hat sich bislang kaum entwickeln können. Auch andere Fachgebiete haben sich in zahlreiche »Bindestrich-Disziplinen« aufgefächert, doch durchweg haben sie die Kontinuität einer allgemeinen, die Teilgebiete verklammernden Theorie bewahrt; so gibt es neben Jugendsoziologie, Religionssoziologie, Industriesoziologie und anderen speziellen Soziologien nach wie vor auch eine allgemeine Soziologie. Die Technikwissenschaften dagegen stellen sich als eine schwer überschaubare Anhäufung spezieller Technologien dar, denen die systematische Verallgemeinerung in Form einer allgemeinen Technologie bis heute fehlt. Solch eine allgemeine Technologie aber wird als Bezugswissenschaft benötigt, wenn man die Inhalte einer technologischen Allgemeinbildung zu bestimmen hat.

So ist es also nicht damit getan, nur einfach ein neues Schulfach zu fordern und in den Stundentafeln der allgemeinbildenden Schulen festzuschreiben. Vielmehr müssen auch auf der Ebene wissenschaftlicher Forschung und Lehre die Voraussetzungen dafür geschaffen werden, daß überzeugende Lehrpläne für technologische Allgemeinbildung aufgestellt werden können, die von einem umfassenden Technikverständnis ausgehen und auf die Bedürfnisse menschlicher Lebenspraxis abgestimmt sind. Die zentrale Bedeutung der Technik für die Lebenspraxis habe ich in diesem Buch schon oft genug betont. Es ist höchste Zeit, im Bildungssystem entsprechende Konsequenzen daraus zu ziehen.

Mehr Information am Arbeitsplatz

Selbstverständlich kann technologische Bildung an den Schulen und Ausbildungsstätten nur das Fundament legen, auf dem gezielte Wissensentfaltung von Fall zu Fall aufzubauen vermag. Zu Recht geht das Konzept des lebenslangen Lernens davon aus, daß berufliche Kompetenz nicht schon in der Ausbildungsphase erschöpfend entwickelt werden kann, um dann für ein ganzes

Arbeitsleben auszureichen. Darum wird heute allgemein anerkannt, wie wichtig berufliche Weiterbildung ist, und Unternehmen und Verbände haben sich dieser Aufgabe längst in beträchtlichem Umfang angenommen.

Schaut man sich allerdings derartige Weiterbildungsangebote genauer an, stellt man fest, daß sie in der Regel fachlich sehr eng angelegt sind. Meist vermitteln sie nur solche Kenntnisse, die in der Berufsarbeit unmittelbar im Sinne der Unternehmensziele verwertet werden können, und sie wenden sich vorwiegend an die mittleren und höheren Ränge der Mitarbeiterhierarchie. Über Fragen, wie ich sie in diesem Buch diskutiere, lassen sich allenfalls die Spitzenmanager ganz gelegentlich auf exklusiven Führungsseminaren informieren. Die große Masse der Arbeitenden hingegen hat nur geringe Chancen, Genaueres über die soziotechnischen Zusammenhänge ihrer täglichen Arbeit zu erfahren.

Die gesamtwirtschaftliche und die innerbetriebliche Arbeitsteilung ist mittlerweile so weit getrieben worden, daß gelegentlich die Arbeiter gar nicht einmal mehr wissen, wofür das bestimmt ist, woran sie arbeiten. Ich gebe zu, daß dieser Extremfall gewiß nicht so oft auftritt, wie das in der technikkritischen Literatur behauptet wird. Wer in einer Automobilfabrik Schaltgetriebe montiert oder in einer Werkzeugmaschinenfabrik eine Schleifmaschine zur Bearbeitung von Schlittenführungen bedient, weiß sehr genau, was mit dem geschieht, woran er arbeitet. Frauen hingegen, die in der Fabrikation informationstechnischer Baugruppen Leiterplatten mit elektronischen Bauelementen zu bestücken haben, wissen meist tatsächlich nicht mehr, welchem Endzweck solche Baugruppen dienen. In all solchen Fällen muß tatsächlich gefordert werden, die Arbeitenden über den Sinn ihrer Arbeit aufzuklären. Man muß wohl keine komplizierten psychologischen Theorien bemühen, um einzusehen, daß es einer Verstümmelung der menschlichen Persönlichkeit gleichkommt, wenn acht Stunden pro Tag eine Arbeitsleistung abverlangt wird, deren letzten Zweck der Arbeitende überhaupt nicht begreift. Und man braucht sich nicht zu wundern, wenn aus solchen Arbeitssituationen ein mehr oder minder bewußtes Unbehagen erwächst, wenn gar unterbewußte Sinnkrisen entstehen, die, weit davon entfernt, durch den Arbeitslohn ausgeglichen zu werden, entweder in psychischem Unwohlsein zum

Ausdruck kommen oder, vermutlich häufiger, körperliche Beschwerden hervorrufen, deren Ursachen dann der Schulmedizin verborgen bleiben.

Was für den Verwendungszusammenhang der Produkte gilt, die der Arbeitende hervorbringt, betrifft natürlich auch die Produktionsmaschinen, die der Arbeitende zu bedienen hat. Für die Mensch-Maschine-Systeme in der Produktion hatte ja schon Karl Marx die Problematik der Entfremdung mit aller Deutlichkeit beschrieben. Und seit die Produktionsmaschinen immer komplizierter und leistungsfähiger geworden sind, kann es den Arbeitenden wohl überhaupt nicht mehr gelingen, ohne fremde Hilfe zu verstehen, was sich grundsätzlich im Aufbau und Ablauf der Produktionsmaschine abspielt. Und es braucht wiederum nicht zu verwundern, wenn dann die Maschinerie als fremde Gewalt erfahren wird, der gegenüber man sich völlig hilflos fühlt. Sehr leicht können ähnliche psycho-physische Krankheitserscheinungen die Folge sein wie bei mangelndem Verständnis der Produktionszusammenhänge. So ist auch hier zu fordern, daß jeder Arbeitende die Chance erhalten soll, über Aufbau und Wirkungsweise der Maschinen, mit denen er täglich umgeht, Bescheid zu wissen.

Besonders lähmend wirkt sich Unwissenheit aus, wenn es um Produktionsumstellungen geht, die zu tiefgreifenden Veränderungen der Arbeitssituation oder gar zu Freisetzungen führen. Dann nämlich fühlt sich der Arbeitende einem völlig ungewissen Schicksal ausgeliefert; er weiß lediglich, daß ihn mehr oder minder einschneidende Veränderungen betreffen werden, aber er hat keine Ahnung, wie diese Veränderungen aussehen werden. Nichts aber verunsichert die Menschen mehr als die Ahnung von lebenswichtigen Veränderungen, die wohl mit hoher Wahrscheinlichkeit eintreten werden, deren Art und Ausmaß man aber überhaupt nicht abschätzen kann. Es ist wohl nicht übertrieben, zu vermuten, daß solche Verunsicherung sich oft bis zu nackter Angst steigert. Angesichts des Ausmaßes und der Geschwindigkeit, die den technischen Wandel in Produktion und Verwaltung und vor allem auch die weitere Automatisierung bestimmen, bleiben nur wenige Arbeitsplätze in den bevorstehenden Jahren davon unberührt. Um so dringlicher ist es, die verständlichen Ängste der Arbeitenden vor den möglichen Auswirkungen der technischen Entwicklung durch rechtzeitige Aufklärung aufzufangen.

Für all das wird bislang viel zu wenig getan. Natürlich müßte man für ausreichende Informationsangebote gegenüber den Mitarbeitern zusätzlichen Aufwand treiben, und alles, was Geld kostet, muß sich der strengen Prüfung stellen, ob es einen zusätzlichen Beitrag zum wirtschaftlichen Erfolg des Unternehmens leistet. Überdies wird häufig noch die Auffassung vertreten, die Mitarbeiter wollten ja gar nicht mehr wissen, als sie für die Erledigung ihrer Aufgaben unmittelbar brauchen, und seien ansonsten lediglich an der finanziellen Vergütung ihrer Arbeitskraft interessiert. Nun wird man sicherlich niemanden zwingen können, zusätzliches Wissen und Verständnis für die Zusammenhänge und die künftigen Entwicklungen der eigenen Arbeit zu erwerben, und es wird wohl tatsächlich Mitarbeiter geben, denen das alles gleichgültig ist. Dessenungeachtet sollten aber wenigstens die Informationsangebote in gut aufbereiteter Form gemacht werden, damit sie jeder Arbeitende benutzen kann, wenn er es will. Ich gebe zu, daß sich für solche Maßnahmen ein Wirtschaftlichkeitsnachweis im üblichen Sinne wohl nicht so ohne weiteres führen lassen wird. Ich bin aber davon überzeugt, daß größeres Verständnis für übergreifende Produkt- und Produktionszusammenhänge bei vielen Mitarbeitern die Arbeitsmotivation und die Arbeitszufriedenheit erhöhen wird. Günstigenfalls ergeben sich daraus positive Auswirkungen auf die Arbeitsleistung und weiterführende Verbesserungen im Rahmen des betrieblichen Vorschlagswesens; auf jeden Fall aber bleiben die Unternehmen eher vor Mißbrauch und Sabotage bewahrt, in denen sich, wie man hört, gerade im Bereich der Computeranwendung zunehmender Unmut über undurchschaubare Technik handgreiflich niederschlägt.

Wie das Computerbeispiel zeigt, ist rechtzeitige Information der Mitarbeiter vor allem bei der Einführung neuer Techniken besonders zweckmäßig. Zwar gibt es rechtliche Regelungen, nach denen die Belegschaftsvertretung in solchen Fällen zu hören ist, doch läuft das in der Praxis meist darauf hinaus, daß das Management mit dem Betriebsrat erst dann redet, wenn die Lastwagen mit den neuen Maschinen bereits anrollen. Statt dessen wäre es erforderlich, die betroffenen Arbeitskräfte von Anfang an in die Planung neuer Technisierungs- und Automatisierungsprojekte einzubeziehen. Man würde dadurch nicht nur die Bereitschaft vergrößern, die neuen Techniken anzunehmen, sondern könnte berechtigte Bedürfnisse und Wünsche der Arbeitenden von vornherein in der Gestaltung der neuen Techniken berücksichtigen. Wie überhaupt so gilt auch hier, daß man sich über die »Akzeptanz« neuer Techniken nicht zu sorgen braucht, wenn man sie für den Betroffenen von vornherein akzeptabel macht. Nur wenn man Menschen mit neuen, hochtechnisierten und gelegentlich eben nicht bedürfnisgerechten Arbeitsbedingungen konfrontiert, ohne sie vorher gefragt oder überhaupt auch nur informiert zu haben, wird man mit Unmut und Widerstand zu rechnen haben. Freilich gehören Information und Aufklärung nicht nur zu den wohlverstandenen Fürsorgepflichten der Arbeitgeberseite. Auch die Gewerkschaften müßten sich verstärkt der technologischen Aufklärung ihrer Mitglieder widmen und begreifen, daß sie auch damit einen eigenen Beitrag zur Humanisierung des Arbeitslebens zu leisten vermögen.[2]

Neue Aufgaben für die Medien

Technologische Aufklärung ist, wie jede Aufklärung, kein Zustand, sondern ein Prozeß. Sie ist nicht schon erreicht, wenn man ein Schul- oder Studienfach erfolgreich absolviert hat. Da uns die technische Entwicklung täglich Neues bringt, muß sich auch die persönliche Kompetenz immer wieder weiterentwickeln. Das ist nicht nur eine Aufgabe für die Institutionen der Erwachsenenbildung, für Volkshochschulen, kirchliche Akademien und andere entsprechende Einrichtungen. Es ist vor allem auch eine Aufgabe der Massenmedien. Da muß man nun leider bemerken, daß sich die Medien dieser Aufgabe bislang nicht systematisch und zum Teil sogar überhaupt nicht gestellt haben.

Im klassischen Medium der öffentlichen Meinung, der Tages- und Wochenzeitung, ist die Technik völlig unterrepräsentiert. Besonders deutlich wird das Mißverhältnis, wenn man einen Vergleich mit der überall vertretenen Rubrik »Feuilleton« zieht: Während der ideellen Kultur, der Kunst und der schönen Literatur, breiteste Aufmerksamkeit zuteil wird, tritt die materielle Kultur der Technik meist nur als »Auto und Motor« in Erscheinung. Selbst wo es eine Rubrik »Aus Wissenschaft und Technik« gibt, werden technische Darstellungen meist von naturwissenschaftlichen Berichten in den Hintergrund gedrängt.

Das Fernsehen, das populäre Sachbuchangebot und einige technisch-wissenschaftliche Wochen- und Monatszeitschriften geben sich demgegenüber einige Mühe, der interessierten Öffentlichkeit technisches Wissen zu vermitteln, und gelegentlich gelingt hier Vorzügliches. Im Durchschnitt jedoch spiegelt sich auch hier das unzureichende Technikverständnis, von dem in diesem Buch immer wieder die Rede sein muß. So erscheint die Themenwahl der Berichte meist zufällig und nicht aus einem umfassenden Zusammenhang heraus begründet. Nur selten gelingt es den Darstellungen, zwischen technizistischer Faktenhuberei und dilettantischer Oberflächlichkeit den goldenen Mittelweg zu finden. Das Grundgesetz des Sensationsjournalismus – »Nur eine schlechte Nachricht ist eine Nachricht!« – gibt problematischen Bereichen der Technik ein unangemessenes Übergewicht. Schließlich bleibt häufig der ökonomische, gesellschaftliche und politische Zusammenhang der Technik unreflektiert, so daß technischer Fortschritt als schicksalhafte Eigengesetzlichkeit erscheint.

Fast ist es ein Teufelskreis: Die Medien sollten technologische Aufklärung fördern, doch fällt ihnen das bis heute so schwer, weil es an technologischer Allgemeinbildung fehlt. Das gilt zum einen für die Journalisten, die in der Regel eine eher geistes- und sozialwissenschaftlich orientierte Vorbildung haben und dann auf große Schwierigkeiten stoßen, sich selbst das erforderliche technologische Hintergrundwissen anzueignen; nur selten geschieht es umgekehrt, daß ausgebildete Ingenieure später zur Publizistik überwechseln. Andererseits wird die Berichterstattung auch dadurch erschwert, daß der Journalist zunächst beim Leser keinerlei technologische Allgemeinbildung voraussetzen kann, an die er bei seinen Darstellungen anknüpfen könnte. Während der Feuilleton-Redakteur davon ausgehen kann, daß seine Leser gewisse Grundkenntnisse über literarische und künstlerische Kategorien und Stilrichtungen besitzen, ist das für die technische Publizistik keinesfalls selbstverständlich.

Wenn aber immer wieder, und gewiß nicht zu Unrecht, über die Undurchschaubarkeit der Technik geklagt wird, so äußert sich darin letztlich das wachsende Bedürfnis immer breiterer Kreise, technologisches Grund- und Orientierungswissen zu gewinnen. Denn tatsächlich gibt es auch in der Technik kaum etwas, was die Menschen nicht prinzipiell durchschauen könnten; es gibt nur zuwenig Leute, die das klar und verständlich darstellen. Das aber ist in der Tat eine Herausforderung für die Medien.[3]

Die technologische Unwissenheit, die bislang auch von den Medien nicht abgebaut werden konnte, ist überdies zu einem politischen Risikofaktor geworden. Mangelndes Technikverständnis und mangelnde Einsicht in die ökonomischen, sozialen und politischen Zusammenhänge der Technik sind, wie gesagt, ein wesentlicher Grund für die beiden Fehlhaltungen, die ich immer wieder anprangern muß: kritiklose Technikgläubigkeit ebenso wie pauschale Technikfeindlichkeit. Beide Fehlhaltungen sind nicht dazu angetan, die Zukunftsprobleme der Industriegesellschaft auf demokratische Weise zu bewältigen. Solange Ankläger und Verteidiger bestimmter technischer Entwicklungen einander in unversöhnlichen Lagern gegenüberstehen, werden mehrheitsfähige Kompromisse in technopolitischen Fragen kaum zu erzielen sein. Gegenwärtig jedoch spiegelt sich diese Polarisierung auch in den Medien, die sich, je nach Herkunft und Standort, zu schnell der einen oder der anderen Verzerrung anschließen.

Mit gutem Recht ist die Öffentlichkeit gegenüber der technischen Entwicklung sensibel genug geworden, um sich nicht länger mit technizistischen Erfolgsmeldungen nach der Devise »noch größer – noch schneller – noch genauer« zufriedenzugeben. Man beginnt zu begreifen, daß es in der Technik nicht »den einen besten Weg« gibt und daß unter den verfügbaren Alternativen nicht allein nach den Gesichtspunkten technischer Perfektion und wirtschaftlicher Sparsamkeit zu entscheiden ist. Das aber bedeutet für die technische Publizistik, in ihren Darstellungen und Berichten den technischen Entwicklungen den falschen Schein von Zwangsläufigkeit und Unwiderleglichkeit zu nehmen und die grundsätzliche Diskussionsbedürftigkeit jeder Innovation ins öffentliche Bewußtsein zu rücken. Für den politischen Meinungsjournalismus, aber auch für die Literaturkritik, für die Musikkritik und für die Kunstkritik ist dieser Grundsatz längst eine Selbstverständlichkeit. So müßte denn eine wohlverstandene »Technikkritik« auch zur festen journalistischen Einrichtung werden, eine Kritik – wie gesagt – im guten alten Sinne, die nicht schlechthin verurteilt, sondern Alternativen in der technischen Entwicklung sachkompetent beschreibt, analysiert, vergleicht und abwägend beurteilt. Eine derartige Technikkritik in den Medien zu verankern, gehört zu den vordringlichen Aufgaben der technischen Publizistik.

Natürlich sollen die Medien nicht nur über die großen technischen Neuerungen aufklären, sondern auch das Wissen und die Urteilsfähigkeit vermitteln, die heute jedermann braucht, wenn er sich ein Auto, eine Waschmaschine oder eine Kamera zulegen will. Dazu können die Medien auf die Ergebnisse des Warentests zurückgreifen, und im Fernsehen ebenso wie in vielen Tageszeitungen geschieht das ja auch. Inzwischen ist der Warentest zu einer Selbstverständlichkeit geworden. Wenige erinnern sich noch daran, daß es bis Anfang der sechziger Jahre in der Bundesrepublik nichts Derartiges gab. Man hatte zwar bei der Gründung der Bundesrepublik auf das Prinzip der sozialen Marktwirtschaft gesetzt, aber eigenartigerweise übersehen, daß Märkte nur dann richtig funktionieren, wenn alle Beteiligten möglichst viel Information über das Marktgeschehen haben. Was nun für einen mazedonischen Paprikamarkt durchaus noch zutreffen mag, stellt sich in einer modernen Industriegesellschaft mit ihrer verwirrenden Vielfalt an technischen Gebrauchsgütern und fortwährenden Innovationen keineswegs von allein ein: Das Wissen, das man für eine wohlbegründete Kaufentscheidung benötigt, kann man als einzelner kaum noch mit vertretbarem Aufwand gewinnen; eigene Erfahrungen aus früheren Jahren sind nicht mehr tragfähig, weil längst ganz neue Produkte angeboten werden, und die Erfahrungen der Freunde und Nachbarn, obwohl häufig überschätzt, sind auch nicht unbedingt aussagefähig genug.

So mußte es naheliegen, dem Verbraucher Informations- und Entscheidungshilfen zu geben. Aber dies einzuführen, war alles andere als eine Selbstverständlichkeit. Die private Initiative eines Verlegers war es, Anfang der sechziger Jahre eine Zeitschrift zu gründen, die sich dieser Verbraucherbedürfnisse annehmen wollte. Ich habe selbst miterlebt, wie im Keller einer Stuttgarter Vorstadt die Vorformen des ersten deutschen Instituts für Warentest entstanden und wie mit Engagement, Kreativität und Improvisation die ersten Testinstrumente entwickelt wurden, um die Gebrauchstauglichkeit technischer Konsumgüter im Vergleich zu prüfen. Und jedesmal, wenn ich die Mitarbeiter dieses Testinstituts traf, erfuhr ich von neuen Prozessen, die von jenen Herstellern gegen die Testzeitschrift angestrengt wurden, die sich durch ungünstige Urteile des vergleichenden Warentests benachteiligt fühlten. Immer wieder wurde das Geschäftsinteresse der Produzenten gegen die Informationsbedürfnisse der Verbraucher geltend gemacht, und das juristische Kesseltreiben, das Teile der Industrie gegen jene Zeitschrift angestrengt haben, führte den Verleger an den Rand des Konkurses. Jahre hat es gebraucht, bis die Industrie schließlich eingesehen hat, daß sie sich dieser Form der Verbraucheraufklärung zu fügen hat und schlechte Produkte nicht durch fragwürdige Gerichtsprozesse verteidigen, sondern durch konstruktive Ingenieurarbeit verbessern muß.

Zu diesem Umdenken hat freilich ganz wesentlich beigetragen, daß das Programm des vergleichenden Warentests von der damaligen Bundesregierung akzeptiert und in einer öffentlich-rechtlichen Einrichtung, der Stiftung Warentest, fest verankert wurde. Seitdem haben sich die Hersteller daran gewöhnt, daß ihre Erzeugnisse kritischen Vergleichsuntersuchungen unterzogen werden, und sie haben inzwischen begriffen, daß sie besser daran tun, die Ergebnisse solcher Untersuchungen in ihre eigene Entwicklungsarbeit einzuspeisen, als die Kritik an mangelhaften Produkten um jeden Preis unterdrücken zu wollen. Diese Entwicklung ist gewiß erfreulich, doch genau besehen ist das Ganze auf halbem Wege stehengeblieben. Ich will hier gar nicht über die vielfältigen methodischen Schwierigkeiten sprechen, gegen die viel mehr getan werden müßte. Nur zwei Dinge will ich hier erwähnen, weil sie mir besonders wichtig erscheinen: den Horizont der Testplanung und die Zugänglichkeit der Testergebnisse.

Mit dem Horizont der Testplanung meine ich, welche Gesichtspunkte bei der Beurteilung technischer Gebrauchsgüter überhaupt in Betracht gezogen werden. In den Testberichten wird das betreffende Produkt durchweg als gegeben hingenommen, und man beurteilt dann in diesem begrenzten Rahmen lediglich die vorliegenden Produkteigenschaften. Um den Testern, die sich gewiß redliche Mühe geben, nicht allzusehr auf die Füße zu treten, wähle ich bewußt ein abstruses Beispiel. Nehmen wir an, es gehe um die vergleichende Beurteilung von elektrisch betriebenen Nasenbohrgeräten. Da entwickelt der beflissene Tester flugs einen Kriterienplan, in dem Prüfgesichtspunkte wie Bohrleistung pro Minute, Nasenschleimhaut-Verträglichkeit, Bedienungsfreundlichkeit, elektrische Sicherheit und dergleichen aufgelistet werden. Wenn dann alle konkurrierenden Nasenbohrgeräte nach diesen Kriterien untersucht worden sind, verkündet das Testinstitut guten Gewissens, daß zwei der getesteten Erzeugnisse sehr empfehlenswert, einige nur bedingt empfehlenswert und andere nicht empfehlenswert sind. Niemand im Testinstitut ist jedoch auf den Gedanken gekommen, die ganze Produktidee zu verwerfen, weil das altbewährte Taschentuch – oder im unbeobachteten Notfall vielleicht ja auch der Zeigefinger – die gleiche Funktion mit mindestens der gleichen Zuverlässigkeit, aber sehr viel geringerem Aufwand leisten könnte. Auch werden die Testingenieure versäumt haben, über die Auswirkungen auf das menschliche Körpergefühl nachzudenken, wenn physische Entäußerungszwänge nicht mehr mit körpereigenen Mitteln, sondern nur noch mit technischen Gerätschaften bewältigt werden können. Und der Testbericht wird sich auch nicht über die neue Abhängigkeit auslassen, die der erleidet, der sich eines nasalen Völlegefühls angesichts fehlenden Netzanschlusses oder erschöpfter Batterien nicht mehr entledigen kann. Mit einem Wort: Der Warentest läßt sich die Bewertungsgesichtspunkte von den vorgegebenen Produkten diktieren, statt von einer angemessenen Theorie menschlicher Bedürfnisse und Handlungsformen auszugehen. Ich gebe natürlich sofort zu, daß eine solche Theorie alltäglicher Technikverwendung noch fehlt, doch ist es immerhin erstaunlich, daß die zwanzigjährige Praxis des vergleichenden Warentests bislang zu dieser Einsicht nicht geführt hat.

Außerdem leidet die Verbraucheraufklärung auch darunter, daß die Ergebnisse des Warentests selten dann und dort zur Verfügung stehen, wo die Kaufentscheidung fällt. Gewiß werden alle Testresultate in Zeitschriften der Stiftung Warentest und anderen Publikumsblättern regelmäßig veröffentlicht, und ein Teil der Tageszeitungen übernimmt diese Informationen und sorgt für weitere Verbreitung. Doch was nutzt es mir, wenn gerade Empfehlungen über Sofortbild-Kameras gegeben werden, ich jedoch gar nicht daran denke, ein derartiges Produkt zu erwerben, sondern mit der Frage beschäftigt bin, welche Schreibmaschine ich mir zulegen soll. Ich kann dann zwar, sofern ich auf eine der Testzeitschriften abonniert bin, in alten Ausgaben nachblättern, ich kann eines der zusammenfassenden Test-Jahrbücher befragen, sofern es für mich greifbar ist, ich kann auch, wenn ich in einer größeren Stadt lebe, eine Beratungsstelle der Verbraucherverbände aufsuchen. All das aber bedeutet, daß ich mich durch regelmäßige Materialsammlung auf dem laufenden halten muß und dadurch fast schon zum »Berufs-Verbraucher« werde, oder doch zumindest für eine bestimmte Kaufentscheidung spürbaren Zeitaufwand für Information und Beratung treiben muß. So ist es zu erklären, daß tatsächlich die Angebote des Warentests nur von einer Minderheit der Verbraucher für ihr konkretes Marktverhalten genutzt werden.[4]

Dabei gäbe es ein ganz einfaches Mittel, diese Unzulänglichkeiten aus der Welt zu schaffen. Man brauchte lediglich den Einzelhandel, der ja ohnehin immer wieder seine Informations- und Beratungsfunktion hervorhebt, zu verpflichten, für jedes Produkt, das er anbietet, die verfügbaren Testberichte im Ladenlokal in leicht zugänglicher Weise aufzulegen. Gelegentlich werben ja bereits die Hersteller mit den Ergebnissen des Warentests, natürlich nur dann, wenn ihre eigenen Produkte gut dabei weggekommen sind. Vereinzelt praktizieren renommierte Einzelhändler auch schon, was ich hier vorschlage. Leider aber ist das noch längst nicht zur Regel geworden. So fällt ein großer Teil der Kaufentscheidungen, die ja im Grunde auch immer Entscheidungen für bestimmte Handlungsformen darstellen, immer noch, ohne daß die Informationen, die eigens für diesen Zweck erarbeitet und aufbereitet wurden, auch wirklich genutzt werden.

Gewiß spielt der Warentest eine wichtige Rolle für die Entwicklungspolitik der Hersteller, die schlechte Testergebnisse heute wohl kaum noch durch Gerichtsprozesse zu vertuschen, sondern durch gezielte Produktverbesserungen zu überwinden suchen. Und für den kleinen Teil der »Berufs-Verbraucher« ist der Warentest ebenfalls eine ständig gegenwärtige Hilfe. Volle Wirksamkeit könnte der Warentest aber erst dann entfalten, wenn seine Ergebnisse, wie vorgeschlagen, in dem Augenblick ohne zusätzliche Mühe zu Rate gezogen werden könnten, wo man sich tatsächlich für das eine oder andere Produkt entscheiden muß. An den zusätzlichen Kosten brauchte dieser Vorschlag kaum zu scheitern; für nichtssagende Werbung wird viel mehr ausgegeben. So kann man natürlich auf den Gedanken verfallen, Hersteller und Händler seien nicht daran interessiert, den Verbrauchern mehr Information bereitzustellen. Und gewiß wird sogar geltend gemacht, eine derartige Maßnahme verzerre den Wettbewerb auf dem freien Markt. Doch wer solches für sich in Anspruch nimmt, übersieht bloß die gegenwärtigen Verzerrungen zwischen Produzentenfreiheit und Konsumentenfreiheit[5], die nicht zuletzt in der ungleichmäßigen Verteilung von Information zum Ausdruck kommen.

Bessere Produktinformation

Es gäbe noch ein weiteres wirksames Mittel, mit dem sich die Hersteller technischer Gegenstände an der technologischen Aufklärung der Bevölkerung beteiligen könnten. Ich meine die Bedienungsanleitungen, die ja nahezu jedem technischen Gebrauchsgegenstand beigegeben werden. Leider werden diese Waschzettel und Broschüren häufig immer noch dazu mißbraucht, um nichtssagende Sympathiewerbung fortzusetzen und dem Verwender die letzten Zweifel an der Richtigkeit seiner Kaufentscheidung zu nehmen. Die Handhabung und Bedienung des Gerätes wird dann wohl erläutert, aber leider immer noch gelegentlich in einer Art und Weise, die den technisch nicht versierten Laien vor erhebliche Verständnisschwierigkeiten stellt. Hier gebe ich sofort zu, daß solches gewiß kein böser Wille ist, sondern meist daher rührt, daß Ingenieure sich mit gemeinverständlicher Sprache so schwertun, und sprachlich gewandtere Autoren in den Vertriebsabteilungen wiederum zu wenig technisches Verständnis besitzen, um die Bedienungsanleitung wirklich glasklar zu formulieren.

Doch selbst, wenn die Bedienungsanleitung in dieser Hinsicht nichts zu wünschen übrigläßt, erfüllt sie doch eine Aufgabe fast nie, die ihr ebenfalls zukommen sollte: nämlich dem Laien erschöpfende Produktinformationen zu vermitteln. Erschöpfend aber ist es eben nicht, wenn der Verwender den technischen Gegenstand nur als »schwarzen Kasten« kennenlernt, der auf Knopfdruck in bestimmter Weise funktioniert. Vielmehr sollte die Bedienungsanleitung auch ein Stück technologischer Allgemeinbildung vermitteln. Sie sollte dem Benutzer in groben Zügen erklären, nach welchen Prinzipien das Produkt überhaupt arbeitet. Sie sollte ferner ein Aufbauschema mitgeben, aus dem auch der Laie entnehmen kann, aus welchen Hauptbestandteilen sich das Erzeugnis zusammensetzt. Es sollte neben den simpelsten Bedienungsregeln auch einiges über Sicherheitsanforderungen und Mißbrauchsgefahren gesagt werden. Es wäre beispielsweise gar nicht überflüssig, wenn in einer Bedienungsanleitung für Fernsehgeräte ausdrücklich, im Fettdruck und auffallend eingerahmt, die Warnung angebracht würde, Kleinkinder vor übermäßigem Fernsehkonsum zu schützen. Denn Gefahren, die aus dem Mißbrauch technischer Gegenstände erwachsen, unterliegen auch der Verantwortung des Herstellers, solange er den möglichen Mißbrauch weder mit technischen Mitteln verhindert noch den Verwender wenigstens ausdrücklich davor warnt.

Würden die Bedienungsanleitungen zu wirklichen Produktinformationen weiterentwickelt, könnten die Angaben über Wirkungsweise und Aufbau des Produkts dem Benutzer auch helfen, das Erzeugnis mit größerem Sachverstand zu behandeln und zu pflegen und im Versagensfall besser Bescheid zu wissen, was zu tun ist. Manche Bedienungsanleitungen geben dafür wohl ein paar simple Regeln an. So heißt es beispielsweise, wenn ein elektrisches Gerät nicht funktioniere, möge man überprüfen, ob der Netzstecker auch wirklich in der Steckdose steckt. Sind aber diese und ähnliche Selbstverständlichkeiten erfüllt, und das Produkt funktioniert trotzdem nicht, folgt dann sogleich die Empfehlung, den Kundendienst in Anspruch zu nehmen. Gewiß gibt es dafür ein paar gute Gründe. Da ist erstens das Gewinninteresse der Hersteller und Händler zu nennen, die an jeder Reparatur selbstverständlich auch verdienen; es wäre interessant zu wissen, welchen Gewinnanteil die Reparaturdienste zur Gesamtbilanz jener Unternehmen beitragen, die ihre eigenen Kundendienstnetze unterhalten. Zweitens sind die Erzeugnisse, nicht zuletzt zur Verringerung der Herstellkosten, heute oft so gestaltet, daß man sie kaum – und der Laie schon gar nicht – ohne Spezialwerkzeuge zerlegen kann. Drittens gibt es natürlich sehr viele Reparaturarbeiten, die der Laie wegen fehlender Spezialkenntnisse und aus Sicherheitsgründen wirklich nicht selbst erledigen kann.

Doch ein gut Teil des erforderlichen Sachverstandes könnte dem Benutzer in der Bedienungsanleitung vermittelt werden. Viele Produkte könnten so konstruiert werden, daß sie sich mit einfachen Mitteln zerlegen und wieder zusammensetzen lassen; ich erinnere an das Waschmaschinenbeispiel aus der Einleitung. Auch machen es die neuen Entwicklungen in der Informationstechnik in vielen Fällen möglich, eine selbsttätige Einrichtung zur Fehlererkennung von vornherein in das Erzeugnis einzubauen; am Aufleuchten oder Nicht-Aufleuchten kleiner Kontrollampen könnte sofort erkannt werden, welche Baugruppe defekt ist; die könnte man dann ohne große Schwierigkeit gegen das entsprechende Ersatzteil, das man sich bei der Niederlassung des Herstellers besorgt, austauschen. Konstruktionsformen wie das Baukastenprinzip oder die modulare Bauweise sind ohnehin aus Gründen der Fertigungsrationalisierung im Vormarsch, und es wäre ein leichtes, gewisse Vorzüge dieser Konstruktionsprinzipien auch dem Verwender zu erschließen.

Selbstverständlich ist es unerläßlich, bei weitergehenden Anleitungen zur Selbstreparatur rechtzeitig die entsprechenden Warntafeln aufzubauen. Natürlich muß man bei Reparaturanleitungen narrensichere Regeln angeben, die eine Gefährdung nach menschlichem Ermessen ausschließen. Und natürlich muß man sehr präzise Hinweise geben, wann die eigene Reparatur durch den Verwender aus Sicherheitsgründen nicht mehr zulässig ist; nennt man dann noch die Art und das Ausmaß der Gefährdung, wird man auch bastelwütige Zeitgenossen davon überzeugen, daß in bestimmten Fällen tatsächlich Fachleute hinzugezogen werden müssen. Doch sollten die Grenzen für die Eigenreparatur wirklich nur von ernstzunehmenden Sicherheitserwägungen gezogen werden und nicht von den Interessen eines fragwürdigen Zunftmonopols. Würde man die Produkte reparaturfreundlicher gestalten und dem Verwender mehr Information über Nutzung und Reparatur der Produkte geben, könnte man ein gut Teil jener Entfremdung ausgleichen, von der im fünften Kapitel die Rede war. Es ist höchste Zeit, daß die Industrie begreift, ihre soziale Verantwortung für die Technik auch in besseren Produktinformationen einzulösen.

Bringeschuld der Ingenieure

Ich habe in diesem Kapitel eine Reihe von konkreten Vorschlägen gemacht, auf welche Weise die technologische Aufklärung der Gesellschaft auf den Weg gebracht werden kann. Freilich bin ich dabei stillschweigend immer von der Voraussetzung ausgegangen, daß diejenigen, die über technologisches Wissen verfügen, auch bereit und in der Lage sind, dieses Wissen entsprechend aufzubereiten und gegenüber der Öffentlichkeit verständlich darzustellen. Mehr noch: Im Grunde habe ich sogar vorausgesetzt, daß die Zusammenhänge, die ich in diesem Buch entwickele, längst Gemeingut der Experten sind und in der Wissenschaft bereits viel gründlicher erforscht sind, als das in diesem knappen

Text vermittelt werden kann. Leider muß ich jedoch zugeben, daß beide Voraussetzungen kaum oder doch sehr schlecht erfüllt sind.

Ganz allgemein bestehen ja überall Verständigungsschwierigkeiten zwischen der Wissenschaft und dem Publikum. Die wissenschaftlichen Disziplinen haben sich außerordentlich schnell entwickelt, stark spezialisiert und sich nicht nur in den theoretischen Konzepten, sondern auch in den jeweiligen Fachsprachen aufs äußerste verfeinert. Skeptiker haben bereits die Befürchtung geäußert, bald werde jeder Forscher seine eigene Privatsprache benutzen, die nicht einmal mehr vom Kollegen des gleichen Fachs verstanden wird. Tatsächlich hört man von hochspezialisierten Weltkonferenzen mit weniger als einhundert Teilnehmern, bei denen der eine Experte nicht mehr versteht, worum es dem anderen geht, obwohl alle als hochkarätige Fachleute des gleichen Spezialgebietes gelten. Doch neben solchen Auswüchsen gibt es in vielen Wissenschaftszweigen auch immer wieder ernsthafte und gelungene Versuche, die neuesten Entwicklungen in übersichtlichen populärwissenschaftlichen Darstellungen dem breiten Publikum nahezubringen.

Ich will nun keine Noten verteilen, welche Wissenschaften sich da besonders hervortun, doch drängt sich mir der Eindruck auf, daß die Technikwissenschaften besonders wenig Neigung zur Popularisierung haben. Man kann das zum Beispiel an der Tatsache ablesen, daß es, ganz im Gegensatz zu den meisten anderen Disziplinen, für die Technikwissenschaften kaum brauchbare Nachschlagewerke gibt, die dem Laien einführende Orientierungen ermöglichen würden. Man mag das auch an dem erstaunlichen Ereignis ablesen, daß jüngst ein bundesweit organisiertes akademisches Gremium einer ingenieurwissenschaftlichen Disziplin ausdrücklich den Technikunterricht an allgemeinbildenden Schulen für überflüssig erklärt hat; es muß allerdings angemerkt werden, daß der größte deutsche Ingenieurverband, der Verein Deutscher Ingenieure, in dieser Frage erfreulicherweise eine ganz andere Auffassung vertritt und schon seit Jahren die Einführung des Technikunterrichtes in allen Schularten und auf allen Schulstufen fordert. Doch vor allem die Technikwissenschaftler an den Universitäten und Hochschulen – diesen Eindruck habe ich auch aus vielen persönlichen Gesprächen gewonnen – gefallen sich durchweg in der Vorstellung, Technologie sei viel zu schwierig, als daß man sie popularisieren könne.

In der Tat gibt es hier Sprachprobleme. Anders als in den Geisteswissenschaften, den Humanwissenschaften oder den Gesellschaftswissenschaften spielt die begrifflich-verbale Sprache in den Technikwissenschaften eine untergeordnete Rolle. Wohl hat beispielsweise auch ein Soziologe seine spezifische Fachsprache, doch die Fachausdrücke, manchmal sogar der Umgangssprache entnommen, stehen jedenfalls in umgangssprachlichen Sprachverbindungen, so daß auch der Laie häufig gewisse allgemeine Zusammenhänge versteht und manche Sonderbedeutung von Fachausdrücken aus dem Sprachzusammenhang erschließen kann. In den Technikwissenschaften dagegen überwiegen graphische und formale Zeichnungs- und Symbolsprachen, die man, wie eine Fremdsprache, erst erlernen und einüben muß, ehe man etwas damit anfangen kann.

Ich will gar nicht bestreiten, daß diese künstlichen Fachsprachen in der technikwissenschaftlichen Forschung und in vielen Sparten der Ingenieurpraxis unentbehrlich sind. Trotzdem bin ich davon überzeugt – und einige Beispiele hatte ich in früheren Kapiteln ja bereits gegeben –, daß technologisches Orientierungs- und Überblickswissen durchaus in einer Art und Weise dargestellt werden könnte, die auch den Laien zugänglich ist.

Wenn das heute so selten geschieht, liegt das vor allem daran, daß Technikwissenschaftler und Ingenieure allzu häufig mit der natürlichen Sprache auf Kriegsfuß stehen. Es beginnt mit Einseitigkeiten in den Begabungsschwerpunkten: Es ist festgestellt worden, daß Technikstudenten durchweg auf der Schule sehr mittelmäßige Zensuren in den Sprachfächern hatten und durch gute Noten in Mathematik und Physik zum Studium des technikwissenschaftlichen Fachs veranlaßt wurden. Während des Ingenieurstudiums gibt es dann auch kaum Gelegenheit, die Ausdrucksfähigkeit in der natürlichen Sprache zu entwickeln; anders als in geistes- und gesellschaftswissenschaftlichen Fächern kommen Seminare, in denen die Studierenden selbständig Referate über ausgewählte Themen zu halten haben, so gut wie gar nicht vor. Und in der Berufspraxis verkriechen sich dann die Ingenieure am liebsten hinter dem Reißbrett oder im Versuchsfeld und überlassen das Reden den Kaufleuten.

Nun darf man den Ingenieuren natürlich nicht vorwerfen, sie

vernachlässigten ihre Bringeschuld an technologischer Aufklärung, solange sie in ihrer Ausbildung gar nicht darauf vorbereitet worden sind. Es wäre unbillig, den Menschen, die in der Technik arbeiten, ein persönliches Versäumnis anzulasten, das doch in Wirklichkeit ein Versäumnis der Ausbildungsinstitutionen ist. Daher vertrete ich seit Jahren mit allem Nachdruck die Forderung, daß die Ingenieurausbildung in dieser Hinsicht reformiert werden muß. Erste Ansätze zeichnen sich glücklicherweise inzwischen auch ab, doch werden noch viele Hochschullehrer der technologischen Fächer davon überzeugt werden müssen, daß verbalsprachliche Ausdrucksfähigkeit in der Technik alles andere ist als fachwidriges Gefasel.

Freilich kann es sich nicht nur darum handeln, daß Techniker und Ingenieure überhaupt zu sprechen lernen. Sie müssen sich auch ein erweitertes Technikverständnis aneignen, um den Zusammenhang ihrer fachlichen Arbeit mit ökologischen und gesellschaftlichen Problemen zu begreifen. Mit einem Wort: Sie müssen das verstehen lernen, was ich in diesem Buch zu entwikkeln versuche, die Einsicht nämlich, daß die Technik höchst unvollkommen bleibt, solange man sich allein um die Maschinen, Apparate und Geräte kümmert. Auch das gehört zur Entwicklungsbedürftigkeit der Technik, daß diejenigen, die technische Projekte betreiben, die ganze Tragweite ihres Handelns begreifen lernen.

Es ist in den letzten Jahren sehr viel von der gesellschaftlichen Verantwortung der Ingenieure die Rede gewesen, und immer wieder wird eine Berufsethik für den Ingenieur gefordert. Das ist gewiß ein wichtiges Programm, das allerdings sorgfältiger Überlegungen bedarf. Jedenfalls bin ich nicht der Ansicht, daß man die Verantwortung für die technische Entwicklung ausschließlich dem einzelnen Ingenieur überlassen kann. Vor allem werden technische Projekte heute kaum noch von Einzelpersonen, sondern durchweg im Team durchgeführt, und angesichts weitgetriebener Arbeitsteilung sind häufig auch mehrere Unternehmen und Organisationen beteiligt; die Handlungsmacht des einzelnen und die Fähigkeit, die Auswirkungen des Handelns zu überblicken, sind aus diesen Gründen selbstverständlich begrenzt. Ferner arbeiten die meisten Ingenieure als weisungsgebundene Angestellte, und sie würden in schwere Berufskonflikte geraten, wenn sie sich den Planungen ihrer Auftraggeber wegen ökologischer oder gesellschaftlicher Bedenken entgegenstellen würden. Und schließlich liefe es tatsächlich ja auf ein Stück Technokratie hinaus, wenn man allein den Ingenieuren die Entscheidung überlassen würde, welche Art von Technik für Umwelt und Gesellschaft am besten ist.

Meines Erachtens liegt die Verantwortung des Ingenieurs vor allem in folgendem: Erstens muß er seine fachliche Arbeit so gut und so gewissenhaft wie möglich ausführen. Zweitens muß er sich Gedanken darüber machen, welche Folgen und Nebenfolgen von dem Projekt, an dem er arbeitet, zu erwarten sind; da manches seine eigene Fachkompetenz überschreiten wird, muß er auch fähig sein, mit den jeweils zuständigen Experten ins Gespräch zu kommen und deren Vorstellungen ernsthaft zu prüfen. Drittens muß er versuchen, im Rahmen seiner Möglichkeiten schädliche Nebenfolgen zu verhindern und erwünschte Nebenfolgen zu fördern. Und viertens schließlich muß er sich mit seinen Einsichten an alle Interessierten und Betroffenen wenden können, um in Gesprächen und Diskussionen abzuklären, welche technischen Lösungen wirklich wünschenswert sind und welche organisatorischen und gesellschaftlichen Rahmenbedingungen für neue technische Lösungen geschaffen werden müssen.

In gleichem Maße also, in dem ich für Nichttechniker technologische Allgemeinbildung fordere, setze ich mich für ökologische und sozialwissenschaftliche Allgemeinbildung bei den Ingenieuren ein. Da solche Allgemeinbildung nicht unverbunden neben dem technischen Fachwissen stehen darf, müssen die zu fördernden neuen Inhalte der Ingenieurausbildung in einer interdisziplinären Technikforschung[6] wurzeln. Im Grunde geht es darum, über den mannigfaltig zersplitterten speziellen Technikwissenschaften ein gemeinsames Dach allgemeinen technologischen Wissens zu errichten, das nicht nur aus natur- und technikwissenschaftlichen Elementen, sondern auch aus ökologischen und sozialwissenschaftlichen Elementen besteht. Nur so – das habe ich in den vorausgegangenen Kapiteln dieses Buches ja ausführlich begründet – läßt sich die Technik angemessen verstehen und erfolgreich bewältigen.

So sind denn also die Technikwissenschaften aufgerufen, in Verbindung mit den Sozialwissenschaften und wohl auch der Philosophie so etwas wie eine allgemeine Technologie zu entfalten und an Universitäten und Hochschulen zu einer festen Einrichtung in Forschung und Lehre zu machen. All jene konkreten Maßnahmen der technologischen Aufklärung, die ich in diesem Kapitel besprochen habe, können erst dann wirklich gelingen, wenn sie sich auf eine allgemeine Technologie zu stützen vermögen. Erst wenn auch mit wissenschaftlichen Mitteln darangegangen wird, in der verwirrenden Vielfalt technischer Erscheinungen, ihrer Bedingungen und Folgen die übergreifenden Gemeinsamkeiten herauszudestillieren, erst wenn man in viel größerem Umfang theoretische und empirische Forschung treibt, um die Wirkkräfte der technischen Entwicklung zu erkennen und ihre Auswirkungen zu systematisieren – erst dann wird es technologischer Aufklärung gelingen können, der Technosphäre jene Undurchschaubarkeit zu nehmen, die heute zu Recht beklagt wird.

Neuntes Kapitel

Die Entwicklungsfähigkeit der Technik schließt die fortschreitende Ergänzung um entsprechende gesellschaftliche Einrichtungen ein. Einerseits bedürfen die vorhandenen politischen und gesellschaftlichen Institutionen zusätzlicher technopolitischer Planungs- und Steuerungskompetenz. Andererseits sind *neue Institutionen* wie Institute für Technikforschung und Ämter für Technikbewertung, wie betriebliche Mitbestimmung, überbetriebliche Investitionskoordination, kommunale und regionale Bürgerpartizipation und technische Jurisdiktion für diesen Zweck zu entwickeln und auszubauen. Solche Stellen müssen in dezentralen und pluralistischen Aktivitäten zusammenwirken, um die technische Entwicklung ihrer Naturwüchsigkeit zu entheben und einer demokratischen Kontrolle zu unterwerfen, ohne bürokratischer Erstarrung zu verfallen. Eine dementsprechende politisch-ökonomische Ordnung wird die Scheinalternative von Markt und Plan hinter sich lassen und rationale Koordination mit individueller Kreativität zu verbinden wissen, damit die technische Entwicklung an gesamtgesellschaftliche Wertvorstellungen angebunden werden kann, ohne persönliche Bedürfnisse zu vergewaltigen.

Die technologische Aufklärung, für die ich im letzten Kapitel zahlreiche Anregungen gegeben habe, ist gewiß eine vordringliche Aufgabe. Doch bin ich mir selbstverständlich darüber klar, daß Aufklärung allein die wirklichen Mängel der Technik weder beseitigen noch verhindern kann. Indem technologische Aufklärung persönliche Kompetenz schafft, wirkt sie der anthropotechnischen Unvollständigkeit der Technik entgegen und hilft sicherlich den einzelnen Menschen, vernünftiger und bewußter mit der Technik umzugehen. Aber die soziotechnische Unvollständigkeit der Technik, von der im sechsten Kapitel die Rede war, kann nur durch neue gesellschaftliche Institutionen überwunden werden.

Es ist ja ein alter Streit in der politischen Philosophie und in der politischen Praxis, worauf es vor allem ankomme: auf die Bewußtseinsentwicklung der einzelnen Menschen oder auf die Gestaltung der gesellschaftlichen Verfassung. Ohne hier das Für und Wider im einzelnen abwägen zu können, scheint mir die salomonische Lösung darin zu liegen, daß man beides zugleich in Angriff nehmen muß. Gesellschaftliche Verhältnisse ergeben sich aus den Einstellungen und Handlungen einzelner Menschen, gewinnen dann aber einen Einfluß auf alle Menschen, der aus individueller Sicht gleichsam als verselbständigte Macht erfahren wird. Freilich hat das wenig mit schicksalhafter Notwendigkeit zu tun, sobald die einzelnen Menschen begreifen, daß sie im Verein miteinander durch politisches Handeln wiederum Einfluß auf die Verhältnisse nehmen können. Also ist Bewußtseinsentwicklung erforderlich, damit die Menschen begreifen, was sie im gemeinsamen politischen Handeln erreichen wollen und können; und eine Umgestaltung gesellschaftlicher Institutionen folgt nicht nur daraus, sondern ist zugleich Voraussetzung dafür, daß immer mehr Menschen das Notwendige begreifen und das Richtige tun.

Im Grunde stand das ja auch im letzten Kapitel zwischen den Zeilen. Die verschiedenen Wege, technologische Aufklärung ins Werk zu setzen, sind durchweg darauf angewiesen, daß sich organisierte Einrichtungen der Gesellschaft dieser Aufgabe annehmen. Öffentliche Technikkritik, die in sachkompetenter und differenzierter Form das Für und Wider technischer Neuerungen gegeneinander abwägt, braucht nicht nur Veröffentlichungsorgane, sondern auch Bildungseinrichtungen, in denen beispielsweise Journalisten die erforderlichen Fähigkeiten erwerben können, und schließlich nicht nur eine rechtlich garantierte Informations- und Meinungsfreiheit, sondern auch eine publizistische Kultur, in der sich solche Freiheit uneingeschränkt praktisch verwirklichen läßt. Technologische Aufklärung über neue Produkte verfehlt die, die es angeht, solange nicht Warentest-Institutionen und Verbrauchervereinigungen dafür sorgen, daß die erforderlichen Informationen gewonnen, aufbereitet und verbreitet werden, und es wären ergänzende rechtliche Regelungen notwendig, die den Einzelhandel verpflichten würden, Warentest-Ergebnisse über alle angebotenen Produkte bereitzuhalten. Und Ingenieure können auch erst dann ihrer Verantwortung gerecht werden, über die nichttechnischen Folgen ihrer Arbeit nachzudenken und die Öffentlichkeit darüber zu informieren, wenn die Institutionen der Ingenieurausbildung die Vermittlung fachübergreifender Fähigkeiten und Kenntnisse in die Studienpläne aufgenommen und in Forschung und Lehre institutionell verankert haben.

Die einzelnen Menschen stehen immer wieder vor der Notwendigkeit, in neuen Situationen neue Verhaltensweisen zu entwikkeln, um sich an veränderte Umweltbedingungen anzupassen; genau dies ist es, was man, in einem weiten Sinne, als Lernen bezeichnet. Aber auch Gesellschaften müssen sich, wenn sich die Umweltbedingungen verändern, an neue Situationen anpassen, indem sie überindividuelle Verhältnisse umstellen, abbauen oder weiterentwickeln. In einem übertragenen Sinn müssen also auch Gesellschaften lernen, und sie lernen, indem sie ihre Institutionen verändern oder neue Institutionen schaffen.[1]

Tatsächlich hat unsere Gesellschaft seit über hundert Jahren bereits einige Lernschritte gemacht, um sich auf die technische Entwicklung und deren Folgen einzustellen. Ich betone gleich jetzt, daß die Gesellschaft bislang nicht gelernt hat, die Bedingungen der technischen Entwicklung, die ja letztlich auch gesellschaftlichen Charakter haben, hinreichend zu beeinflussen; so lief es bislang fast immer darauf hinaus, den Brunnen erst dann abzudecken, wenn das erste Kind bereits hineingefallen war – anstatt den Brunnen von vornherein so zu bauen, daß dies gar nicht passieren kann. Aber davon wird später noch zu sprechen sein; hier möchte ich zunächst in Erinnerung rufen, daß einige Institutionen zur Bewältigung der technischen Entwicklung auch in der Vergangenheit bereits gebildet worden sind.

Bewährte Institutionen

So wurden schon vor mehr als hundert Jahren die ersten Technischen Überwachungsvereine gegründet, nachdem es einige spektakuläre Dampfkessel-Explosionen mit erheblichen Sach- und Personenschäden gegeben hatte. Man hatte begriffen, daß diese Technik zusätzliche Gefahren für die Menschen mit sich bringt und daß die Gefahren zu groß waren, als daß man es allein den Herstellern und Betreibern der Dampfkessel hätte überlassen dürfen, für die erforderliche Betriebssicherheit zu sorgen. Man brauchte also unabhängige Sachverständige, die sich regelmäßig, unter Umständen auch im Konflikt mit kurzsichtigen Interessen der Betreiber, darum kümmerten, daß diese technischen Anlagen den Sicherheitsanforderungen genügten. Nach und nach kamen weitere Aufgaben hinzu, darunter vor allem die Sicherheitsüberwachung bei Kraftfahrzeugen. Jeder Autobesitzer weiß, daß er sein Fahrzeug alle zwei Jahre vom Technischen Überwachungsverein daraufhin überprüfen lassen muß, ob die sicherheitsempfindlichen Teile des Autos noch den Anforderungen entsprechen. Weniger bekannt ist die Tatsache, daß jedes neue Automodell von einem Technischen Überwachungsverein daraufhin überprüft werden muß, ob die Konstruktion in allen Punkten den geltenden Sicherheitsstandards genügt; nur wenn das Ergebnis positiv ausfällt, darf das neue Modell auf den Markt gebracht werden. Den Sicherheitsinteressen der Gesellschaft wird also in diesem Fall der Vorrang gegenüber der Produzentenfreiheit gegeben. Und es ist außerdem bemerkenswert, daß diese Sicherheitsinteressen nicht von einer staatlichen Bürokratie, sondern von einem eingetragenen Verein wahrgenommen werden, einer Organisation nach bürgerlichem Recht also, der freilich vom Staat sozusagen Hoheitsaufgaben übertragen werden. Ich betone das ausdrücklich, weil ich von vornherein dem Irrtum begegnen möchte, neue Institutionen müßten notwendigerweise auf mehr Staat hinauslaufen. Das ist keineswegs der Fall, denn, wie das Beispiel zeigt, gibt es eine Fülle von gesellschaftlichen Organisationsformen, die sehr wirkungsvoll arbeiten, ohne staatlicher Lenkung unterworfen zu sein.

Das gilt in gleicher Weise für die Ausarbeitung von technischen Normen und Richtlinien. Die Organisationen, die sich darum kümmern, vor allem das Deutsche Institut für Normung (DIN), der Verein Deutscher Ingenieure (VDI), der Verband Deutscher Elektrotechniker (VDE) und viele andere, sind durchweg eingetragene Vereine und unterliegen mithin nicht der staatlichen Hoheitsgewalt, sondern verdanken sich privater Initiative und sind heute als Institutionen gesellschaftlicher Selbstverwaltung anzusehen.

Gewiß ging und geht es bei der Normungsarbeit zunächst um die technischen und wirtschaftlichen Vorzüge der Vereinheitlichung. Doch schon in einem sehr frühen Stadium wurden auch technische Regeln genormt, die ausschließlich oder doch vorwiegend der Unfallsicherheit dienten; so arbeitete der VDE bereits um die Jahrhundertwende Sicherheitsbestimmungen für elektrische Geräte und Anlagen aus und vergibt bis heute das VDE-Prüfzeichen für solche elektrotechnische Produkte, die seinen Sicherheitsstandards genügen. Mit der zunehmenden Technisierung der Gesellschaft sind immer mehr Normen und Richtlinien aufgestellt worden, die sich nicht nur mit der Sicherheit, sondern auch mit anderen Werten der Lebensqualität beschäftigen; vor allem Gesundheit und Umweltschutz tauchen immer häufiger als erklärtes Ziel technischer Regeln auf, und die sich mehrenden

Normen zur menschengerechten Gestaltung der Arbeit beginnen sich am Wert der Persönlichkeitsentfaltung zu orientieren.[2] Zwar sind die technischen Regeln, die aus der technisch-wissenschaftlichen Gemeinschaftsarbeit hervorgehen, nur dann zwingend, wenn sie durch staatliche Gesetze oder Verordnungen bekräftigt werden; doch auch sonst wird den Normen und Richtlinien in der technischen Praxis große Beachtung geschenkt. Das technische Regelwerk ist also eine anerkannte gesellschaftliche Institution, die sich zunehmend auch der menschengerechten Gestaltung der Technik widmet.

Längst ist auch von der Politik die soziotechnische Ergänzungsbedürftigkeit der Technik erkannt worden, und das hat sich ebenfalls in neuen Institutionen niedergeschlagen. In der Bundesrepublik war es das großangelegte Forschungs- und Entwicklungsprojekt, die Kernenergie einer friedlichen Nutzung zuzuführen, das 1955 zur Gründung eines eigenen Bundesministeriums führte. Zunächst nur mit »Atomfragen« befaßt, weitete sich die Zuständigkeit dieses Ministeriums mehr und mehr auf die gesamte technische Entwicklung aus, so daß es denn heute »Bundesministerium für Forschung und Technologie« heißt. Doch ist dieses Bundesministerium nur der sichtbarste Ausdruck technopolitischer Staatstätigkeit. Die Liste technopolitischer Institutionen reicht von jenen Bundesministerien, die traditionell mit Teilbereichen der Technik beschäftigt sind wie etwa dem Post- und Fernmeldeministerium, über die Technikressorts der Wirtschaftsministerien der Länder bis hin zu den Baubehörden der Gemeinden. Manche dieser Institutionen wie die zuletzt genannten Baubehörden blicken auf eine lange Tradition zurück, doch ist nicht zu verkennen, daß technopolitische Maßnahmen und Einrichtungen vor allem in den letzten fünfundzwanzig Jahren beträchtlich zugenommen haben. Die Industriegesellschaft hat also mit dem Lernen schon begonnen; bestehende Institutionen haben neue technopolitische Aufgaben übernommen und neue Institutionen sind geschaffen worden. Doch was bisher geschehen ist, scheint nicht auszureichen; man kann sich kaum vorstellen, wie die ökologische und die gesellschaftliche Einbettung der Technik ohne weitere technopolitische Institutionen zu meistern wäre.

Immerhin ist festzuhalten, daß mit den bereits vollzogenen technopolitischen Neuerungen eine technikphilosophische Streitfrage praktisch längst entschieden worden ist. Verliefe nämlich die technische Entwicklung eigengesetzlich und automatisch, wie das ja in der techniktheoretischen und technikkritischen Diskussion immer wieder behauptet wird, dann gäbe es überhaupt keinen Ansatzpunkt für technopolitisches Handeln. All jene technopolitischen Aktivitäten haben ja nur dann Sinn, wenn man von der Voraussetzung ausgeht, daß die technische Entwicklung beeinflußt werden kann und soll. Freilich gibt es dann verschiedene Wege, und welche Institutionen man braucht, hängt natürlich davon ab, in welcher Weise und in welcher Richtung man die technische Entwicklung beeinflussen will. In sehr skizzenhafter Stilisierung will ich im folgenden zwei Arten von Technopolitik einander gegenüberstellen.

Permissive Technopolitik

Die eine Form – und es ist die gegenwärtig herrschende – möchte ich als permissive Technopolitik bezeichnen, weil sie die technische Entwicklung nach Art und Richtung frei gewähren läßt und nur dafür sorgt, daß möglichst viel und möglichst schnell entwickelt wird. Es geht dieser Politik um Innovationsförderung schlechthin; zu diesem Zweck soll vor allem der sogenannte Technologie-Transfer, die Übertragung neuer wissenschaftlicher Erkenntnisse in die technische Praxis, beschleunigt werden. Diese Innovationspolitik wird vor allem mit wirtschaftlichen Überlegungen begründet. Die Begründungen haben den technischen Fortschritt als Wirtschaftsfaktor erkannt und begreifen ihn heute als entscheidende Quelle des Wohlstandes vor allem in Ländern wie der Bundesrepublik, die mit natürlichen Hilfsquellen wie Rohstoffen, Energieträgern usw. nicht allzu reich gesegnet sind. Alles, was wir aus anderen Ländern einführen, müssen wir bezahlen, und die Zahlungsmittel können wir nur dadurch gewinnen, daß wir hochentwickelte Technik an andere Länder verkaufen. Da andere Industrienationen die gleichen Ziele verfolgen, ist weltweit ein heftiger Konkurrenzkampf entbrannt, der vor allem auf dem Feld der neuen Techniken ausgetragen wird.

So leben unsere Wirtschaftspolitiker und unsere Unternehmensleitungen seit Jahren in der Furcht, wir könnten in der technischen Entwicklung nachhinken oder hätten gar bereits den Anschluß an die internationale Konkurrenz verloren. Schon in den sechziger Jahren ging das Schlagwort vom »Technological Gap« um, dem technischen Rückstand der Bundesrepublik gegenüber den USA; seit Ende der siebziger Jahre ist es nun die »Japanische Herausforderung«, die unserer Technopolitik schlaflose Nächte bereitet. So werden denn auch alle Debatten über problematische neue Techniken mit dem Argument bedacht, wir müßten diese Techniken schon der internationalen Konkurrenzfähigkeit wegen weiterentwickeln, ganz gleich, ob wir selbst sie wollen oder nicht. Wenn dann außerdem noch geltend gemacht wird, daß diese Entwicklungen auch Arbeitsplätze in unserem Lande sichern, hat die permissive Technopolitik schon fast gewonnen.

Nun will ich keineswegs dafür plädieren, wir sollten auf die internationale Konkurrenzfähigkeit unseres Landes verzichten. Auch will ich nicht von einer neuen Weltwirtschaftsordnung träumen, die den nationalen Eigennutz bändigen und verhindern könnte, daß sich die technische Entwicklung im Konkurrenzkampf der Industriestaaten hoffnungslos überschlägt. Ich frage mich jedoch, ob nicht bei dieser Art von Technopolitik das Konkurrenzprinzip zu kurzschlüssig und zu platt verstanden wird. Gewiß müssen wir Leistungen anzubieten haben, die andere Nationen uns abzunehmen bereit sind; aber das muß ja nicht genau das sein, was auch die Amerikaner oder Japaner anzubieten haben. Konkurrenz muß ja nicht heißen, das zu machen, was auch alle anderen machen; konkurrenzfähig kann man vor allem auch dadurch bleiben, daß man ganz neue Qualitäten entwickelt, die bis dahin überhaupt nicht angeboten wurden. Technik mit besserer ökologischer und gesellschaftlicher Einbettung aber wäre eine solche neue Qualität, für die auch in anderen Ländern der Markt allmählich reif ist.

Reaktive Technikbewertung

Zu einem großen Teil ist die technische Entwicklung bisher ungeplant und wildwüchsig aus dem Konkurrenzstreben der Erfinder und Unternehmer hervorgegangen; seitdem private Aktivitäten nicht mehr ausreichen, hat eine Technopolitik eingegriffen, die Innovationen um jeden Preis förderte, ganz gleich, welche Nebenfolgen für Umwelt und Gesellschaft zu erwarten waren. Gegen diesen Wildwuchs hat sich seit eineinhalb Jahrzehnten eine reaktive Technikbewertung erhoben, die problematische

Innovationen verhindern will.[3] In den USA entstand dieses Konzept um 1970 als »Technology Assessment«; in der Bundesrepublik traten wenig später entsprechende Aktivitäten als Technikfolgen-Abschätzung, als sozialwissenschaftliche Begleitforschung, als Wirkungsforschung, als Risikoforschung oder als Akzeptanzforschung auf. Doch am treffendsten spricht man sicher von Technikbewertung, denn der Versuch, die Folgen einer bestimmten Technik abzuschätzen, ihre Wirkungen und Risiken zu analysieren, die gesellschaftlichen Nebenwirkungen bei der Einführung zu untersuchen und der Frage nachzugehen, warum bestimmte Innovationen von Teilen der Bevölkerung nicht angenommen werden – all diese Versuche laufen ja darauf hinaus, die betreffende Technik zu bewerten und eine Entscheidung darüber herbeizuführen, ob man sie weitertreiben soll oder nicht.

Zu diesem Zweck sind Ablaufpläne entwickelt worden, denen Untersuchungen zur Bewertung folgen sollen. Zunächst muß die technische Neuerung oder der Teilbereich der technischen Entwicklung, der in Frage kommt, abgegrenzt und beschrieben werden; dazu gehört es auch, alternative technische Lösungsmöglichkeiten miteinzubeziehen. Der zukünftige Weg, den die betreffende technische Entwicklung vermutlich nehmen wird, ist vorausschauend möglichst genau zu bestimmen. Dann sind die Folgen abzuschätzen, die sich aus den technischen Neuerungen für die Wirtschaft, für die natürliche Umwelt, für Gesellschaft und Politik ergeben. Diese Folgen müssen schließlich bewertet werden, so daß man zwischen erwünschten, gleichgültigen und unerwünschten Folgen unterscheiden kann. Diese Bewertung soll in einer Gesamtbilanz zusammengefaßt werden, aus der dann eindeutig zu folgern ist, ob die betreffende neue Technik zu fördern oder zu verhindern ist. Beispielsweise haben in den USA derartige Untersuchungen zu der Entscheidung geführt, die Entwicklung des Überschall-Passagierflugzeuges abzubrechen, weil man nicht nur die wirtschaftlichen Risiken für unvertretbar hielt, sondern vor allem auch die ökologischen Belastungen nicht akzeptieren wollte.

Freilich ist das eines der wenigen Beispiele, in denen eine Technikbewertung die Einführung einer neuen Technik teilweise verhindert hat; teilweise, weil diese Entscheidung natürlich nur in den USA durchgesetzt werden konnte und ein Landeverbot für ausländische Flugzeuge dieses Typs auf Dauer nicht durchzuhalten war, so daß dann Überschall-Passagierflugzeuge aus einer britisch-französischen Entwicklung trotzdem zugelassen werden mußten. Doch abgesehen von den Problemen der internationalen Konkurrenz stecken in der Methodik dieser Art von Technikbewertung zahlreiche weitere Schwierigkeiten. Es beginnt mit der Frage, wie man die zu untersuchende Technik abgrenzen und welche Alternativen man in Betracht ziehen soll. Darf man sich beispielsweise auf eine Bewertung der Wärmepumpe für die Hausheizung beschränken, oder muß man Alternativen wie die Solarheizung, die Heizung durch Fernwärme und die Vervollkommnung der Wärmeisolierung von vornherein miteinbeziehen? Dann gibt es große Schwierigkeiten bei der Analyse der Folgen. Gewisse ökonomische und ökologische Effekte können wohl mit einiger Zuverlässigkeit beschrieben werden, doch bei den psychosozialen Nebenfolgen tappt man oft genug im dunkeln.

Selbst eine seit Jahrzehnten bekannte und inzwischen durchgängig verbreitete Technik wie das Fernsehen wird, trotz aller Medienforschung, die inzwischen angestellt wurde, in seinen diesbezüglichen Wirkungen immer noch widersprüchlich beurteilt. Zu Gewaltdarstellungen im Fernsehen – jedenfalls soweit sie nicht ins Perverse ausarten – meinen beispielsweise die einen, vorhandene Aggressionsgefühle könnten dadurch abgebaut werden, während andere darauf bestehen, es würden zusätzliche Aggressionsgefühle geweckt und es würden negative Vorbilder geschaffen, denen dann sittlich nicht gefestigte Charaktere in der Praxis nachzueifern versuchten. So ist diese Streitfrage, ebenso wie zahlreiche andere Hypothesen der Medienforschung, bislang unentschieden; einigermaßen gesichert scheint lediglich die Erkenntnis, daß ausufernder Fernsehkonsum gleich welcher Art die psychosoziale und geistige Entwicklung von kleinen Kindern nachdrücklich gefährdet. Sonst aber – dafür könnte eine Fülle weiterer Beispiele angeführt werden – wissen wir von den Auswirkungen der Technik auf unser Leben noch herzlich wenig. Noch einmal muß ich daran erinnern, daß eine interdisziplinäre Technikforschung bislang erst in den Anfängen steckt. Studien zur Technikbewertung sind daher zu oft gezwungen, mit Annahmen zu arbeiten, die vielleicht plausibel erscheinen, aber nicht durch wissenschaftliche Grundlagenforschung gesichert sind. So gesehen ist die Technikbewertung ein Unternehmen, daß den zweiten Schritt vor dem ersten zu tun versucht.

Zu diesen Analyseproblemen kommen dann die Prognoseprobleme. Einmal sind die technischen Entwicklungen selbst nur innerhalb enger Grenzen vorherzusagen; davon war ja im vorletzten Kapitel bereits die Rede. Niemand kann sagen, ob nicht in den nächsten fünf oder zehn Jahren auf einem bestimmten Gebiet eine grundlegend neue Erfindung gemacht wird, die alle bisherigen Erwartungen überholt. Es liegt im Wesen derartiger Erfindungen, daß man sie nicht vorhersehen kann; denn sonst hätte man sie im Grunde ja bereits gemacht und müßte nur noch schätzen, wie lange es dauert, die Erfindung in die Tat umzusetzen und zur Produktionsreife zu führen. So können sich denn technische Prognosen nur mit solchen Neuerungen beschäftigen, die im Prinzip bereits absehbar sind. Noch schwieriger ist es, die Folgen und Nebenwirkungen für die Zukunft vorherzusagen. Solange es an der entsprechenden Technikforschung fehlt, die gesetzmäßige Zusammenhänge zwischen sachtechnischen Gegenständen und deren nichttechnischen Wirkungsfeldern zu beschreiben und zu erklären hätte, stehen ja gar keine Theorien zur Verfügung, aus denen man Prognosen gewinnen könnte.

Es kommt hinzu, daß in volkswirtschaftlichen und gesellschaftlichen Wirkungsfeldern allzuoft Trendbrüche eintreten, die auch mit höchst entwickelter Forschung nicht vorauszusehen wären. Die Auswirkungen der Automatisierung auf den Arbeitsmarkt beispielsweise stehen und fallen mit dem Wirtschaftswachstum; zwar hält das heute niemand für wahrscheinlich, doch könnte ja aus irgendwelchen noch nicht erkennbaren Gründen in den nächsten Jahren plötzlich doch wieder ein Wirtschaftswunder ausbrechen, und dann wäre die technische Freisetzung von Arbeitskräften gar nicht mehr unerwünscht, da es dann wieder mehr als genug Arbeitsplätze gäbe. Schließlich sind manche Folgen einer Technik solange nicht angemessen zu beurteilen, wie man sie unabhängig von den Folgen anderer Technik sieht. Betrachtet man beispielsweise lediglich die Schadstoffbelastungen durch Autos, so mögen diese Nebenwirkungen ökologisch vielleicht gerade noch vertretbar sein; sieht man sie jedoch im Zusammenhang mit den Schadstoffbelastungen durch Kraftwerke und häusliche Ölheizungen, ergibt sich ein ganz anderes Bild. Hält man also am Ausgangspunkt des Ablaufplanes fest, wo man ja eine ganz bestimmte Technik ausgewählt und abgegrenzt hatte, vermag man die ermittelten Folgen unter Umständen gar nicht richtig einzuschätzen.

Noch schwieriger ist der nächste Schritt, die eigentliche Bewertung der Folgen. Schon mehrfach war in diesem Buch davon die Rede, daß es ein durchgängig verbindliches Wertsystem unserer Gesellschaft kaum noch gibt. Materieller Wohlstand ist gewiß für die meisten Menschen immer noch ein hoher Wert, aber manche sind auch schon bereit, Abstriche am Wohlstand hinzunehmen, wenn sie dann größere Chancen zur Persönlichkeitsentfaltung sehen; man verzichtet beispielsweise auf höchstmögliches Einkommen, wenn man dafür mehr freie Zeit gewinnt. Welche Wertmaßstäbe aber soll nun die Arbeitsgruppe, die eine bestimmte Technikbewertung vornimmt, der Folgenbewertung zugrunde legen? Soll sie dem materiellen Wohlstand höchste Priorität geben, oder soll sie, einen auskömmlichen Lebensstandard vorausgesetzt, das Schwergewicht auf die Persönlichkeitsentfaltung legen? Selbst wenn es den Fachleuten der Technikbewertung gelingt, ihre persönlichen Wertungen aus dem Spiel zu halten, müssen sie sich doch für eine bestimmte Wertrangfolge entscheiden und damit jene Teile unserer Gesellschaft vernachlässigen, die einem anderen Wertsystem anhängen. Man hat zwar eine Weile lang geglaubt, man könnte mit mathematischen Methoden die höchst verschiedenartigen Wunschlisten aller Bürger derart ausmitteln, daß das Resultat allen Betroffenen als annehmbarer Kompromiß erschiene. Inzwischen ist jedoch diese naive Vorstellung theoretisch überzeugend widerlegt worden, und man weiß heute, daß solche Kompromisse nicht am grünen Tisch errechnet, sondern nur in politischer Praxis ausgehandelt werden können.

Das gilt dann ohnehin für die Resultate einer Technikbewertung, ganz gleich, wie zuverlässig sie erscheinen mögen. Denn solange die Technikbewertung von Fachleuten in einem wissenschaftlichen Institut vorgenommen wird, ist das Ergebnis ja nichts anderes als eine politische Handlungsempfehlung. Ob die verantwortlichen Politiker dieser Empfehlung folgen, ist damit überhaupt nicht gesagt. Die Annahme oder Ablehnung einer technischen Neuerung aber ist letztlich eine politische Entscheidung, und je nachdem, zu welchem Ergebnis eine Technikbewertung gelangt, wird sie von der einen Fraktion aufgenommen und von der anderen Fraktion bekämpft. Es steckt also ein gehöriges Stück unpolitischer Wissenschaftsgläubigkeit darin, von dieser

Art von Technikbewertung eine verbindliche und unumstößliche Anleitung zum technopolitischen Handeln zu erwarten.

Zwar ist die reaktive Technikbewertung angetreten, um der permissiven Technopolitik Schranken zu setzen und dafür zu sorgen, daß nur solche technischen Neuerungen eingeführt werden, die keine unerwünschten Nebenwirkungen haben. Dennoch ist beiden Ansätzen das Versäumnis gemeinsam, das gesellschaftlich Wünschenswerte bereits bei der Entstehung technischer Neuerungen geltend zu machen; denn auch die reaktive Technikbewertung läßt den Strom der technischen Entwicklung zunächst unkontrolliert anschwellen, um dann gewisse Verunreinigungen herauszufiltern. Sie wartet zunächst, bis bestimmte technische Entwicklungen bereits eine gewisse Gestalt angenommen haben, und untersucht erst dann, ob sie wünschenswert sind oder nicht. Statt dessen käme es darauf an, an den Quellen jenes Stromes anzusetzen und daraufhinzuwirken, daß nur erwünschte Gewässer in den Strom einmünden. Statt also nachträglich das eine oder andere zu verhindern, müßte die technische Entwicklung so beeinflußt werden, daß sie unerwünschte Neuerungen gar nicht erst hervorbringt, sondern zielstrebig auf das gesellschaftlich Erwünschte hinarbeitet.

Normative Technopolitik

Einen solchen Ansatz, der freilich in der Praxis bislang kaum zu finden ist, möchte ich als normative Technopolitik bezeichnen, weil diese Politik nicht geschehen läßt, sondern aufgrund entschiedener Zielvorstellungen aktiv gestaltet. Damit setzt sich natürlich auch die normative Technopolitik dem Widerstreit gesellschaftlicher Wertsysteme und Interessen aus. Doch sie könnte immerhin einen Konflikt überwinden, der in der gegenwärtig praktizierten Technopolitik unvermeidlich ist: den Konflikt zwischen ungelenkter Innovationsförderung und nachträglicher Kontrolle durch reaktive Technikbewertung. Normative Technopolitik nämlich bedeutet nicht nur, sozial nützliche Entwicklungen in der Technik gezielt zu fördern, sondern umfaßt zugleich dynamische Technikbewertung als fortlaufenden Prozeß. Man überwindet mit diesem Konzept nicht nur die künstliche Zweiteilung zwischen einem Entwicklungsprozeß, der sich selbst überlassen bleibt, und einem Kontrollprozeß, der bereits vollzogene Entwicklungen nachträglich annimmt oder ablehnt, sondern geht auch manchen Schwierigkeiten aus dem Wege, die bei der reaktiven Technikbewertung notwendigerweise auftreten.

Der charakteristische Unterschied zwischen beiden Konzepten kommt zunächst vor allem darin zum Ausdruck, daß man nicht damit beginnt, eine bereits vorgegebene Technik auszuwählen, sondern daß man von einer bestimmten individuellen Bedürfnisorientierung oder einer bestimmten gesellschaftlichen Bedarfslage ausgeht. Statt angebotene Mittel daraufhin zu untersuchen, ob sie menschlichen Zwecken entsprechen, definiert man zunächst menschliche Zwecke und leitet daraus Aufträge für die Entwicklung entsprechender Mittel ab.

Man beginnt beispielsweise nicht mit der Wärmepumpe, um unerwünschte Nebenfolgen den erwünschten Wirkungen gegenüberzustellen, sondern geht von der gesellschaftlichen Bedarfslage aus, in Wohnhäusern angesichts mitteleuropäischer Klimaverhältnisse behagliche Innentemperaturen mit Hilfe regenerativer Energieformen aufrechtzuerhalten; zusätzlich wird man von Anfang an bestimmte Nebenziele wie Wirtschaftlichkeit, Benutzerfreundlichkeit und ähnliches formulieren. Mit diesem gezielten Entwicklungsauftrag durchmustert man dann das Möglichkeitsfeld, das durch den Stand und die Perspektiven naturwissenschaftlicher und technologischer Forschung gegeben ist, und sucht planmäßig nach technischen Mitteln für den vorgegebenen gesellschaftlichen Zweck. Ich räume ein, daß man das Verhältnis zwischen den Zwecken und Mitteln nicht so holzschnittartig begreifen darf, wie sich das in den letzten Sätzen anhörte; selbstverständlich kann und darf es vorkommen, daß neue Erkenntnisse über mögliche Mittel auf die Definition der Zwecke zurückwirken und sie erweitern oder verändern. Das aber ist eine Einsicht, die in der Methodenlehre der Systemtechnik und der Konstruktionswissenschaft längst geläufig ist. Was ich hier normative Technopolitik nenne, bedeutet nichts anderes, als Methoden, die in den Entwicklungsabteilungen großer Industrieunternehmen inzwischen selbstverständlich sind, gesellschaftlich und politisch zu verallgemeinern.

Freilich hat man dann die gefundenen technischen Lösungsalternativen einer umfassenden Folgenanalyse zu unterziehen, wobei man gewiß nicht umhinkommt, auch Vorhersagen über wahrscheinliche zukünftige Auswirkungen zu machen. Interdisziplinäre Technikforschung, deren gesicherte Ergebnisse für die Analyse und Prognose von Technikfolgen unabdingbar sind, nimmt also auch in diesem Konzept einen zentralen Platz ein, zumal solche Technikforschung überdies auch die besten Wege aufzuzeigen hat, auf denen gesellschaftliche Zwecksetzungen erfolgreich in die Erfindungs- und Entwicklungspraxis einzuspeisen sind.

Technikbewertung als fortgesetzter Lernprozeß

Da jedoch die vorher geschilderten Tücken der Prognostik so grundsätzlich sind, daß sie durch keine Forschung völlig beseitigt werden können, müssen Entwicklung und Bewertung technischer Neuerungen als ein fortlaufender Lernprozeß angelegt sein, in dem irrtümliche Annahmen, unbefriedigende Teillösungen und unerwartete Nebenfolgen ohne größeren Schaden revidiert und korrigiert werden können. Auch dieses Prinzip ist in der Planungstheorie längst bekannt, und für die technische Entwicklung versucht man es in Form sogenannter Pilotprojekte zu verwirklichen. Allerdings drängt sich der Eindruck auf, daß man solche Pilotprojekte bislang nicht ernsthaft als Werkzeuge dynamischer Technikbewertung versteht, sondern eher als verlängertes Versuchsfeld der Entwicklungsingenieure einsetzt oder gelegentlich gar als Feigenblatt permissiver Technopolitik mißbraucht. So jedenfalls sieht es bei gewissen Pilotprojekten für neue Medien aus: Noch ehe die sozialwissenschaftliche Begleitforschung zu den Bildschirmtext-Versuchen in Berlin und Düsseldorf ausgewertet war, wurde von politischer Seite bereits die flächendeckende Einführung dieses neuen Informationsmediums beschlossen. In dem Bestreben, die neue Technik so schnell wie möglich einzuführen, hat man also der Technikbewertung gar nicht genügend Zeit gelassen, die Chancen und Risiken in Ruhe abzuwägen und die endgültige Entscheidung von einem breitangelegten demokratischen Diskussionsprozeß abhängig zu machen.

Das aber ist die einzige Möglichkeit, mit den eigentlichen Bewertungsproblemen fertig zu werden. Schon in der ersten Phase normativer Technopolitik, in der individuelle Bedürfnisse und gesellschaftliche Bedarfslagen zu ermitteln sind, kann es keinesfalls angehen, daß Experten über die Köpfe der Betroffenen hinweg bestimmen, was die Menschen brauchen sollen. Vielmehr ist systematisch zu erkunden, welche Bedürfnisse und Wünsche den Menschen bewußt sind oder doch bewußt werden, wenn man sie über neue technische Möglichkeiten informiert. Wahrscheinlich werden schon in dieser Phase Konflikte zwischen unterschiedlichen Bedürfnisorientierungen und Wertsystemen spürbar, und es sind angemessene Verfahren zu entwickeln, diejenigen Zwecke herauszufiltern, die auf die geringste Ablehnung und die größte Zustimmung stoßen. Auch die weitere Entwicklung und Ausarbeitung entsprechender technischer Lösungen muß von andauernden technopolitischen Diskussionen begleitet werden, damit sich immer klarer herausschält, was die Mehrheit der Bürger wirklich will – unter den Voraussetzungen freilich, daß sie erstens wissen, was es kostet, wenn ihre Bedürfnisse befriedigt und ihre Wünsche erfüllt werden, und zweitens, daß abweichende Minderheiten nicht ohne Not gezwungen werden, bestimmte technische Entwicklungen mitzumachen. So ist es – was leider tatsächlich bereits geschieht – ein Unding, wenn Bürger in Neubaugebieten durch ein Antennenverbot der Bauordnung gezwungen werden, sich dem Kabelfernsehen anzuschließen, auch wenn sie es aus grundsätzlichen Erwägungen heraus gar nicht wollen. Prinzipiell kann Technikbewertung nicht vom grünen Tisch aus verordnet werden, sondern muß allen, die sich angesprochen und betroffen fühlen, die Chance geben, ihre eigenen Vorstellungen geltend zu machen, sofern sie sich genügend Wissen haben aneignen können, um die betreffenden Entwicklungen sachverständig zu beurteilen. Technikbewertung muß also als partizipatorisches Unternehmen organisiert werden.

Noch einmal muß ich betonen, daß die Technikbewertung im Rahmen der normativen Technopolitik ein fortlaufender Prozeß sein muß, der immer wieder Korrekturen und Revisionen zuläßt. Das ist nicht nur darum wichtig, weil sich die technischen Möglichkeiten ständig, und gewiß manchmal auch in überraschender Weise, verändern. Es ist vor allem auch darum notwendig, weil ungeheuer viel von der Organisation der Nutzungsbedingungen abhängt, für die es ebenfalls einen sehr großen Gestaltungsspielraum gibt. Es kommt ja nicht allein auf die technischen Systeme an; entscheidend ist die Optimierung der soziotechnischen Systeme, und da spielt die gesellschaftliche Organisation oft eine ebenso große Rolle wie die technische Konstruktion. Bei bestimmten Techniken ist die Art der Nutzung durch die Konstruktion bereits weitgehend vorgeprägt. Andere Techniken dagegen sind so universell, daß erst die organisatorische und politische Ausgestaltung ihrer Nutzungsbedingungen darüber entscheidet, welcher Gebrauch davon gemacht wird. Ganz sicher gilt das beispielsweise für die neuen Medien. Lassen wir einmal die Kostenfrage, die volkswirtschaftlich angesichts konkurrierender Aufgaben gewiß auch nicht unerheblich ist, außer Betracht, so spricht eigentlich wenig dagegen, die Bundesrepublik flächendeckend mit einem integrierten Digitalnetz in Glasfasertechnik zu überziehen. Es hat sicherlich viele Vorteile, an die Stelle der heute üblichen unterschiedlichen Netze ein einziges zu setzen, in dem alle Kommunikationsdienste vereinigt werden können. Hier wird in der Tat ein völlig zweckneutrales Mittel bereitgestellt, das dann den unterschiedlichsten Zwecken dienen kann.

Für welche Zwecke aber das neue Netz dann benutzt wird, ist vor allem eine organisatorische und politische Frage. Die Ingenieurtechnik ist hier gegenüber jedem beliebigen Gebrauch – und Mißbrauch! – offen. Es wäre daher unsinnig, in einer einmaligen Technikbewertung entscheiden zu wollen, ob ein solches integriertes digitales Glasfasernetz realisiert werden soll oder nicht. Vielmehr muß man die unterschiedlichen soziotechnischen Nutzungsbedingungen voraussehend untersuchen und in hinreichend aussagefähigen Probeläufen sorgfältig studieren, um beim Auftreten unerwünschter Nebenwirkungen bestimmte Nutzungsformen soweit wie möglich unterbinden zu können. Technikbewertung darf also nicht als einmaliger Vorgang verstanden werden, sondern muß als fortlaufender Prozeß organisiert werden, der jede technische Entwicklung kontinuierlich begleitet: von jenem ersten Augenblick an, wo im Wechselspiel zwischen Bedürfnisorientierungen und wissenschaftlich-technischen Lösungsangeboten die Erfindung entsteht, bis zur problemlosen Breitennutzung.

Institutionen der dynamischen Technikbewertung

Damit ist die Aufgabe einer normativen Technopolitik in groben Zügen umrissen. Wenn diese Aufgabe bewältigt werden soll, müssen entsprechende Institutionen geschaffen werden. In den Anfangsphasen der reaktiven Technikbewertung hat man es sich entschieden zu einfach gemacht, als man glaubte, all dies könne durch ein einziges »Amt für Technikbewertung« bewältigt werden. In den USA hat man am Anfang der siebziger Jahre ein solches Amt beim Kongreß, dem amerikanischen Parlament, eingerichtet, und die Erfahrungen, die man seither gemacht hat, bestätigen, daß dies nicht ausreicht. Auch in der Bundesrepublik hat man zunächst einen ähnlichen Weg beschreiten wollen, doch der Vorschlag, eine solche Stelle beim Deutschen Bundestag einzurichten, ist bislang nicht verwirklicht worden. Statt dessen hat der Bundestag Anfang 1985 beschlossen, zunächst erst einmal eine sogenannte Enquete-Kommission einzusetzen, in der einige Abgeordnete und Sachverständige darüber zu beraten haben, wie man technopolitische Entscheidungsgrundlagen am besten erarbeiten und der politischen Praxis zur Verfügung stellen kann.

Dafür gibt es die verschiedensten Möglichkeiten, und von einigen hat man bisher auch schon Gebrauch gemacht. So hat der Bundestag bereits Enquete-Kommissionen zur Kernenergie, zu den neuen Medien und zur Gentechnik beauftragt, einen umfassenden Überblick über das Für und Wider dieser technischen Entwicklungen zusammenzustellen; leider gehen derartige Aktivitäten nur schleppend voran, sobald die politischen und wirtschaftlichen Interessenkonflikte greifbar werden. Auch haben Bundesministerien, allen voran das Forschungsministerium, Studien zur Technikbewertung bei Forschungs- und Beratungsinstituten in Auftrag gegeben und die Ergebnisse meist der Öffentlichkeit zur Verfügung gestellt. Will man die Technikbewertung auf eine breitere Basis stellen, kann man an ein entsprechendes Institut für Technik, Umwelt, Arbeit und Gesellschaft denken. Auch ist davon die Rede, ein »Netzwerk« all jener Einrichtungen zu schaffen, die schon jetzt in der fachübergreifenden Technikforschung und Technikbewertung arbeiten oder auch noch zu gründen sind. Dazu würden vor allem die Großforschungseinrichtungen, einschlägige Universitätsinstitute, Organisationen der technisch-wissenschaftlichen Gemeinschaftsarbeit und ähnliches gehören; aber auch die ökologisch orientierten Forschungseinrichtungen, die mittlerweile, meist aus privater Initiative, entstanden sind, sollten mit einbezogen werden. Doch die Technikbewertung darf nicht allein unter Fachleuten verhandelt werden. Wenn menschliche Bedürfnisse und die Auswirkungen neuer Techniken auf die Bedürfnisbefriedigung der Beteiligten und

Betroffenen zur Diskussion stehen, müssen die Bürger selbst zu Wort kommen. In Form vielfältiger Bürgerinitiativen tun sie das ja auch bereits seit einiger Zeit, und neben manchen Einseitigkeiten sind auch recht bemerkenswerte Beiträge zur Technopolitik daraus hervorgegangen. Noch immer jedoch müssen Bürgerinitiativen in einer verfassungsrechtlichen Grauzone operieren, da unmittelbare Bürgerbeteiligung in unserer repräsentativen Demokratie kaum vorgesehen ist. Hier ist das Staats- und Verwaltungsrecht aufgerufen, neue Modelle der Anhörung und Beteiligung zu entwickeln, die eine Demokratisierung der Technopolitik ermöglichen, ohne daß überaktive Minderheiten und eigensüchtige Interessenagitation nach dem St.-Florians-Prinzip unangemessenen Einfluß erhalten würden.

Vor allem aber müssen auch die Menschen in der Arbeitswelt viel stärker in technische Neuplanungen einbezogen werden. Der betrieblichen Mitbestimmung wachsen hier neue Aufgaben zu, und die Arbeitnehmerorganisationen müssen durch Aufklärung und Beratung dafür sorgen, daß ihre Mitglieder diese Aufgaben auch wirklich wahrnehmen können; die Innovationsberatungsstellen der Industriegewerkschaft Metall sind als erste Schritte in dieser Richtung anzusehen.[4] Bislang freilich gehen technische Umstellungen in der Industrie in der Mehrzahl der Fälle über die Betroffenen hinweg; eines Tages stehen dann die neuen Anlagen und Geräte im Betrieb, und die Arbeitenden haben sich nach der Devise »Vogel friß oder stirb« damit abzufinden. Würden aufgeschlossene Manager über die Regelungen des Betriebsverfassungsrechts hinaus die Arbeitenden viel früher und intensiver in die Planung und Entwicklung technischer Neuerungen einbeziehen, leisteten sie damit nicht nur einen wirkungsvollen Beitrag zum sozialen Frieden im Unternehmen, sondern könnten sich überdies all den praktischen Sachverstand zunutze machen, der in vielfältiger Arbeitserfahrung angesammelt wurde.

Bis jetzt hat sich die Technikbewertung vorwiegend mit spektakulären und sehr weitreichenden Techniken beschäftigt; und vorhandene Institutionen des Rechtsstaates können sich mit den jeweiligen Konsequenzen nur dann befassen, wenn die technischen Anlagen in die Verantwortung des Staates fallen oder jedenfalls genehmigungspflichtig sind. Nun liegen aber viele und oft auch schwerwiegende Mängel der gegenwärtigen Technik bei Geräten der Alltagsnutzung, für deren durchgreifende soziotechnische Optimierung bislang keine Instanz eindeutig verantwortlich ist. Meint man zum Beispiel, man könne den Mißbrauch des Fernsehens bei kleinen Kindern dadurch wirkungsvoll einschränken, daß man alle Fernsehgeräte mit abschließbaren Schaltern versieht, so wüßte ich im Augenblick nicht, welche Institution eine solche, wie mir scheint, berechtigte Forderung durchsetzen sollte.

Was die Technischen Überwachungsvereine und andere Organisationen im Hinblick auf die Sicherheit bestimmter technischer Gegenstände leisten, das müßte für die Gesundheit im weitesten Sinne, für die Umweltqualität, die Gesellschaftsqualität und die Persönlichkeitsentfaltung in ähnlicher Weise betrieben werden. Keine Produktionsanlage dürfte errichtet, kein Produkt auf den Markt gebracht werden, bevor nicht entsprechende Prüf- und Freigabeinstitutionen die ökologische und psychosoziale Unbedenklichkeit bestätigt haben; und da mir bewußt ist, daß gerade in diesen Bereichen unerwünschte Nebenwirkungen nicht immer sogleich erkennbar und oft schwer vorhersehbar sind, schränke ich die Forderung dahingehend ein, daß bei unvollständiger Information eine Freigabe unter Vorbehalt möglich sein soll, die jedoch erforderlichenfalls zu widerrufen ist.

Selbstverständlich werden Industrieunternehmen dann gut daran tun, für alle geplanten Produkte und Produktionsanlagen in eigener Regie eine vorsorgliche Technikbewertung vorzunehmen. Wenn die Unternehmen nur solche Innovationen vorantreiben, deren ökologische und psychosoziale Unbedenklichkeit sie nach anerkannten Regeln vorausschauend selbst geprüft haben, werden sie kaum noch Gefahr laufen, teure Entwicklungen später wegen öffentlicher Einsprüche abschreiben zu müssen. Nimmt man mögliche Einwände vorweg, indem man das Projekt von vornherein auch in ökologischer und psychosozialer Hinsicht optimiert, verringert man das Risiko einer Fehlinvestition außerordentlich. Übrigens bedeutet auch dieser Vorschlag nichts anderes, als Planungs- und Entwicklungsmethoden, die in der Industrie längst verbreitet sind, lediglich in ihrem Horizont auszuweiten. So gibt es seit längerem die sogenannte Wertanalyse, die schon 1973 in einem Normblatt DIN 69910 beschrieben und zum Standard erhoben worden ist. Zu den Zielen der Wertanalyse rechnet dieses Normblatt, neben Produktivitätssteigerung und Qualitätsverbesserung, ausdrücklich auch die »Nutzensteigerung (für Hersteller, Anwender, Allgemeinheit)«. Man braucht dann lediglich den Begriff des Nutzens im Sinne der Lebensqualität zu erweitern und die Vermeidung ökologischer und psychosozialer Schäden einzubeziehen, um die dynamische Technikbewertung auch in der unternehmerischen Entwicklungspolitik zu verankern.

Bei Produktionsanlagen sollte in diesem Zusammenhang auch die volkswirtschaftliche Verträglichkeit, beispielsweise im Hinblick auf Arbeitsmarkt, regionale Wirtschaftsstruktur oder gesamtwirtschaftliches Kapazitätsangebot geprüft werden. Dafür allerdings bedürfen die Unternehmen gesellschaftlicher Unterstützung. Ich will hier mit gutem Grund das Reizwort »Investitionskontrolle« vermeiden. Wenn ich von Investitionskoordination spreche, dann denke ich an Einrichtungen, die den Unternehmen solche Informationen rechtzeitig zur Verfügung stellen würden, die sonst über den Markt erst zu spät zu gewinnen wären. Beispielsweise kann man sich vorstellen, daß eine entsprechende Institution – die nicht unbedingt vom Staat, sondern auch in gesellschaftlicher Eigenverantwortung von Verbänden und Gewerkschaften organisiert werden könnte – alle Investitionspläne von einer bestimmten Größenordnung an sammelt und Rückmeldungen gibt, sobald das geplante Gesamtvolumen volkswirtschaftlich vertretbare Grenzen zu überschreiten droht. Mit derartigen Maßnahmen würde die Entscheidungsfreiheit konkurrierender Unternehmen keineswegs beseitigt; doch die Unternehmen könnten Informationen, die ihnen das Marktgeschehen erst dann vermittelt, wenn die Fehlinvestition schon geschehen ist, bereits zu einem Zeitpunkt erhalten, wenn Fehlinvestitionen noch zu vermeiden sind.

Selbstverständlich sind für die neuen Organisationsformen und die erweiterte Wertbasis bei technopolitischen Entscheidungen auch die entsprechenden Rechtsgrundlagen zu schaffen. Angesichts der überragenden Bedeutung der Technik in modernen Industriegesellschaften muß es ohnehin verwundern, daß die Rechtspflege für diesen so wichtigen Bereich menschlicher Praxis bislang keine eigenen Instanzen eingerichtet hat. Längst hat sich, neben den klassischen Bereichen des Privatrechts, des Strafrechts und des Verwaltungsrechts, wegen entsprechender gesellschaftlicher Bedeutung eine eigene Arbeitsgerichtsbarkeit und eine eigene Sozialgerichtsbarkeit entwickelt. Problematische Techniken dagegen sind bis heute nur auf Umwegen, privatrechtlich oder verwaltungsrechtlich, justiziabel zu machen. Inzwischen haben einige Juristen die Diskussion über das Verhältnis von Technik und Recht aufgenommen. Die Probleme, die beispielsweise im Zusammenhang von allgemeinen Rechtsvorschriften und speziellem technischem Sachverstand zutage treten, zeigen meines Erachtens überdeutlich, daß hier eine rechtspolitische Lücke besteht. Als Nichtjurist kann ich natürlich keine konkreten Vorschläge machen. Immerhin scheint es mir unausweichlich, daß bestimmte Grundsätze der Technikbewertung letzten Endes auch rechtlich normiert und damit einklagbar werden müssen, wenn sie mehr sein sollen als wohlgemeinte Deklamationen auf bedrucktem Papier. In diesem Sinne scheint es mir in der Tat höchst bemerkenswert, daß kürzlich der Umweltschutz erstmals in einer Landesverfassung verankert worden ist. Dann aber wird der Verfassungsgrundsatz durch ökologisch-technische Gesetzgebung zu konkretisieren sein, und eine technische Jurisdiktion wird über die Einhaltung der gesetzten Rechtsnormen zu wachen haben.

Eine andere Republik?

Die Überlegungen und Beispiele, die ich zur Erweiterung bestehender und zur Einrichtung neuer soziotechnischer Institutionen dargelegt habe, werden bei manchem Leser den Eindruck erweckt haben, ich wünschte mir eine andere Republik. Dieser Eindruck – das muß ich angesichts unerfreulicher ideologischer Zuspitzungen in unserer politischen Kultur wohl doch ausdrücklich betonen – ist falsch, wenn damit ein radikaler Umsturz unserer gesellschaftlichen Ordnung gemeint wäre. Richtig ist dagegen, daß sich die gesellschaftliche Verfassung selbstverständlich in dem Maße weiterentwickeln muß, in dem sie den Herausforderungen der technischen Entwicklung zu begegnen hat. Tatsächlich vollzieht sich ja auch fortlaufend gesellschaftlicher und institutioneller Wandel. Die soziale Marktwirtschaft unserer Tage ist schon etwas völlig anderes als jener Manchesterkapitalismus, gegen den Marx mit seiner Kritik der politischen Ökonomie zu Felde zog. Ein erheblicher Teil jener Forderungen, die Marx und Engels im Kommunistischen Manifest erhoben hatten, sind im sogenannten Spätkapitalismus der Bundesrepublik längst erfüllt.

Überhaupt wird es höchste Zeit, von jener ideologischen Schwarzweißmalerei Abschied zu nehmen, die immer noch so tut, als könne man reine Ausprägungen von kapitalistischer Marktwirtschaft und sozialistischer Planwirtschaft gegeneinander ausspielen. In der Bundesrepublik jedenfalls steht weder das eine noch das andere ernsthaft zur Debatte. Was sich bei uns entwickelt hat, ist eine sogenannte gemischte Wirtschaftsordnung, in der private Initiativen, gesellschaftliche Aktivitäten und staatliche Eingriffe schon längst auf das engste miteinander verknüpft sind. So geht es ernstlich gar nicht mehr darum, unserer Wirtschaftsordnung die eine oder die andere reine Lehre aufzuzwängen; worauf es ankommt, ist das bestmögliche Mischungsverhältnis zwischen privater, gesellschaftlicher und staatlicher Wirtschaftsgestaltung.

Welches Mischungsverhältnis das beste ist, muß natürlich in jeder geschichtlichen Situation aufgrund wissenschaftlicher Analysen und politischer Diskussionen neu entschieden werden. Solche Neubesinnung steht aber heute wieder an, wenn unsere Gesellschaft mit den Herausforderungen der technischen Entwicklung fertig werden will, vor allem, wenn sie aufhören will, auf die technische Entwicklung bloß zu reagieren, statt sie aktiv zu gestalten. Ich will nicht leugnen, daß in vielen Bereichen der Bedarfsdeckung marktwirtschaftliche Elemente nach wie vor jeder anderen Form von Wirtschaftsgestaltung überlegen sind. Das gilt vor allem auch für die Innovationsbereitschaft, die unter marktwirtschaftlichen Bedingungen zweifellos größer ist und keinesfalls in bürokratischer Erstarrung ersticken darf, solange sie nicht zu gefährlichem Wildwuchs führt.

Bei aller planmäßigen Systematisierung, die heute in den Entwicklungsteams der Großinstitute und der Unternehmen anzutreffen ist, beruhen Erfindungen und Innovationen letztendlich doch auf der Kreativität einzelner Menschen. Nach allem, was man heute über die Kreativität weiß, wächst sie mit freizügigen Arbeitsbedingungen sowie der Aussicht auf persönliche Belohnungen und auf Vorsprünge gegenüber Wettbewerbern. Solche Anreize aber sind in dezentralen Wirtschaftseinheiten bei marktwirtschaftlicher Organisation viel eher gegeben als in planabhängigen bürokratisierten Großorganisationen; die jüngste Industriegeschichte der Mikroelektronik beweist das durch die Tatsache, daß immer wieder besonders kreative und unternehmungsfreudige Menschen die Großunternehmen verlassen und mit Erfolg neue Unternehmen gegründet haben. So weit also die technische Entwicklung in erwünschten Richtungen vorangehen soll, darf man auf die dezentralen Organisationsformen einer konkurrenzorientierten Marktwirtschaft nicht verzichten. Das verträgt sich übrigens durchaus mit bestimmten Phasen der normativen Technopolitik: Man muß nur dafür sorgen, daß Bedürfnisorientierungen und Bedarfslagen, wo sie über den Markt nicht wirksam geltend gemacht werden, auf geeignete Art und Weise den Erfindern und Entwicklungsteams als Aufgaben bewußtgemacht werden; man kann kreative Menschen zwar nicht dazu zwingen, neue Ideen zu haben, aber man kann sie dazu anregen, ihre Kreativität auf ganz bestimmte Aufgaben zu verwenden.

Wenn es dann freilich darum geht, aus der Fülle des Erfundenen und technisch Machbaren jene Lösungen herauszufiltern, die nicht nur den erstrebten Nutzen, sondern auch möglichst wenig ökologische und psychosoziale Schadwirkungen aufweisen, dann wird man um zentralisierte Organisationsformen nicht herumkommen. Unter Konkurrenzbedingungen nutzt es gar nichts, wenn das eine Unternehmen aus ökologischer und gesellschaftlicher Rücksichtnahme auf ein bestimmtes Produkt verzichtet und wenn dann der Wettbewerber das gleiche Produkt eben doch auf den Markt bringt. In den Phasen der Prüfung, Zulassung und Kontrolle muß die normative Technopolitik die Entscheidungsfreiheit privater Wirtschaftseinheiten fallweise über das bisher übliche Maß hinaus einschränken. Was sich aus dem systemhaften Zusammenwirken der Einzeltätigkeiten schließlich auf gesamtwirtschaftlicher und gesamtgesellschaftlicher Ebene ergibt oder zu ergeben droht, kann auch nur auf gesamtgesellschaftlicher Ebene, und das heißt zentral, beeinflußt bzw. verhindert werden.

Diese Vorstellung steht zu unserer demokratischen Verfassung keineswegs im Gegensatz. Man muß nicht einmal von der im Grundgesetz eingeräumten Möglichkeit der Verstaatlichung Gebrauch machen, sondern braucht lediglich die ebenfalls vom Grundgesetz gebotene Sozialpflichtigkeit des Eigentums anzuerkennen. Meines Erachtens folgt aus dem Gebot der Sozialpflichtigkeit zwingend, daß Privatkapital nicht so eingesetzt werden darf, daß eine lebensbedrohende Zerstörung der natürlichen Umwelt oder eine unerträgliche Zerrüttung psychosozialer Verhältnisse als Nebenfolge aufträte.[5] Damit wird der Grundsatz des Privateigentums überhaupt nicht aufgehoben; bei ungeschmälertem Besitz und Nießbrauch wären lediglich unter festgelegten Bedingungen legale Einschränkungen der Verfügungsberechtigung vorzusehen. Solche Einschränkungen gibt es ja auch heute schon: Wenn es Kapitaleigentümern verwehrt ist, in die Produktion von Rauschgift zu investieren, weil die Drogenherstellung aus sozialhygienischen Gründen gesetzlich verboten ist, beklagt sich ja auch niemand über »kalte Enteignung«. Es geht also lediglich darum, Gebots- und Verbotsmöglichkeiten durch Gesetz oder aufgrund von Gesetzen behutsam dahingehend auszuweiten, daß wirkliche und unbestreitbare Mängel technischer Entwicklungen im Keim erstickt werden können.

Wenn man die technische Entwicklung gesellschaftlich bewältigen will, muß man selbstverständlich über Einschränkungen der Produzentenfreiheit nachdenken. Doch wie angedeutet, muß das nicht auf einen Umsturz unserer Wirtschaftsordnung hinauslaufen, sondern läßt sich durchaus als institutionelle Ergänzung im Rahmen der gegebenen Ordnung vorstellen. Vor allem muß man sich auch von dem naiven Zerrbild freimachen, die einzige Alternative zu schrankenloser Produzentenfreiheit wäre der staatliche Dirigismus. Vielmehr gibt es eine breite Palette persönlicher, institutioneller und rechtlicher Einflußmöglichkeiten, die von aufgeklärter Konsumentennachfrage – hier spielt der so oft geforderte Bewußtseinswandel selbstverständlich auch eine Rolle – über marktkonforme Vorgaben, technisch-wissenschaftliche Gemeinschaftsarbeit, gewerkschaftliche Interessenvertretung und öffentlich-rechtliche Aufsichtsmaßnahmen bis hin zur staatlichen Gesetzgebung reichen. All diese Möglichkeiten sind sorgfältig zu analysieren, zu entwickeln und zu erproben. Nur dadurch werden wir lernen, mit den Problemen der technischen Entwicklung fertig zu werden, daß wir neben persönlicher Kompetenz die erforderlichen gesellschaftlichen Institutionen schaffen.

Nachwort

> Auch wenn die Technik ihre gegenwärtigen Mängel hinter sich gelassen hat, wird sie kein Paradies auf Erden schaffen. Die *Grenzen der Hoffnung* liegen in der natürlichen Vergänglichkeit des menschlichen Körpers und in der immer noch ungebändigten Aggressivität gesellschaftlicher Großgruppen und Staatsverbände, denen eine kriegstechnische Vernichtungsmaschinerie gigantischen Ausmaßes zur Verfügung steht. Der individuelle Tod ist ein unentrinnbares Schicksal, das durch keinen Fortschrittsoptimismus verdrängt werden kann. Der kollektive Tod der Menschheit dagegen läßt sich nur verhindern, wenn Krieg, Gewalt und Waffentechnik weltweit geächtet und abgeschafft werden. Doch darauf zu hoffen, ist für einen nüchternen Wirklichkeitssinn nicht einfach!

Zu Beginn des 18. Jahrhunderts hat der Aufklärungsphilosoph Leibniz den Versuch unternommen, diese Welt als die beste aller möglichen zu rechtfertigen. Zwar kann und wird sich die Welt zum Besseren weiterentwickeln, doch ist ihre gegenwärtige Verfassung, trotz ihrer Mängel und Übel, so gut wie es nur geht.[1] Diese Idee der frühen Aufklärung, die sich ihrer Herkunft nach mit der Rechtfertigung Gottes verbindet, ist noch heute in dem unkritischen Optimismus erkennbar, mit dem so viele den tatsächlichen Gang der technischen Entwicklung fraglos akzeptieren. Alles, was zustande gekommen ist, so lautet die unausgesprochene Überzeugung, könnte gar nicht besser sein, als es ist, doch natürlich geht es weiter, und alles Neue wird besser sein als das Bestehende.

In diesem Buch habe ich den Versuch gemacht, dieser Auffassung energisch entgegenzutreten: Die technische Entwicklung, wie wir sie bis heute kennen, ist keineswegs die beste aller möglichen, denn sie ist von fehlbaren Menschen gemacht. Viele Mängel unserer heutigen Technik brauchten nicht zu sein, wenn die Menschen besser begreifen würden, welche Bedingungen und Folgen die technische Entwicklung hat, und wenn sie bessere gesellschaftliche Einrichtungen besäßen, um auf die technische Entwicklung Einfluß zu nehmen.

Damit will ich nicht sagen, daß wir eine ganz andere Technik haben könnten. In vielen Einzelfällen hätten andere Alternativen verwirklicht werden können, und mancher Mangel wäre uns erspart geblieben. Aber die Vorstellung von der ganz anderen Technik, die dann das Paradies auf Erden schaffen kann, ist ein romantischer Wunschtraum, der unerfüllt bleiben muß. Da es aber dieser Wunschtraum ist, der ausdrücklich oder unausdrücklich hinter aller pauschalen Technikkritik steht, habe ich die kulturkritischen Argumente gegen die Technik in ihren logischen und ideologischen Schwächen so ausführlich kritisieren müssen. Dem habe ich die Kernthese dieses Buches entgegengestellt, daß die Technik nicht an sich schlecht, wohl aber verbesserungsbedürftig, ergänzungsbedürftig und entwicklungsfähig ist.

Dabei geht es mir – ich muß das immer wieder betonen – nur teilweise um die technischen Gegenstände. Viel wichtiger erscheint mir die Schlußfolgerung aus dem umfassenden Technikverständnis, das ich hier dargestellt habe: die Schlußfolgerung nämlich, daß die Ingenieurtechnik vor allem um ökologische Einbettung, menschliche Kompetenz und gesellschaftliche Institutionen ergänzt werden muß, weil die ingenieurtechnischen Hervorbringungen sonst unvollständig blieben.

Was die technische Entwicklung, ihre ökologische und ihre psychosoziale Einbettung angeht, habe ich in diesem Buch einen gedämpften Optimismus vertreten. Natürlich bin ich nicht der Ansicht, Verbesserungen der soziotechnischen Situation folgten sozusagen von alleine aus der technischen Entwicklung. Da dieses Mißverständnis in der Technikdebatte immer wieder auftritt[2], muß ich dem noch einmal ausdrücklich entgegentreten: Ich halte nichts von einem wie auch immer gearteten technologischen Determinismus; die Vermehrung und Verbesserung technischer Gegenstände vermag allein aus sich heraus die soziotechnische Situation weder zu verschlechtern noch zu verbessern. Alles hängt davon ab, wie die Menschen die weitere technische Entwicklung gestalten.

Dazu aber sind individuelle und gesellschaftliche Anstrengungen erforderlich, die sozusagen in zwei Phasen ablaufen müssen. In der ersten Phase müssen die Menschen auf den technischen Entwicklungsstand, der bereits erreicht ist, reagieren, indem sie ihren kulturellen Rückstand aufholen. Dieser Nachhol- und Aufarbeitungsprozeß ist mit Nachdruck zu betreiben, damit dann die zweite Phase erreicht werden kann, in der die Menschen von vornherein neuen technischen Entwicklungen gewachsen sind und sie zielstrebig und planmäßig für eine fortschreitende Verbesserung der Lebensbedingungen zu beherrschen vermögen.

Aus diesen Vorstellungen und Forderungen spricht wie gesagt gedämpfter Optimismus. Wenn die Menschen begreifen, welche Schwierigkeiten sie sich mit einer ungezügelten technischen Entwicklung eingehandelt haben, werden sie die Bereitschaft und die Fähigkeit gewinnen, den Fehlentwicklungen zu begegnen. Selbstverständlich können Bewußtseinsentfaltung und technopolitische Reform nicht von heute auf morgen vor sich gehen. Auch hier gilt das berühmte Wort von Max Weber: »Die Politik bedeutet ein starkes langsames Bohren von harten Brettern mit Leidenschaft und Augenmaß zugleich.«[3] Wenn man das beherzigt, wird man nicht zu resignieren brauchen, zumal bei nüchterner Betrachtung ja bereits seit zwei Jahrzehnten manche Tendenzen erkennbar sind, die in die richtige Richtung weisen.

Unabänderlichkeiten der menschlichen Lebenslage

Wenn ich in diesem Nachwort trotz allem auf die Grenzen der Hoffnung aufmerksam machen muß, dann meine ich höchst bedeutsame Tatbestände der menschlichen Lebenslage, auf die ich in diesem Buch nur am Rande eingehen konnte. Zum Schluß aber ist es jetzt wohl doch erforderlich, einem falschen Optimismus entgegenzuwirken, der jene Tatbestände zu verdrängen suchte.

Da sind zunächst, und unwiderruflich, die Tatbestände, daß wir ohne unser Zutun zur Welt kommen, daß uns während des Lebens zu vieles widerfährt, was wir nicht wollen und nur schwer ertragen können, daß wir schließlich, nach Ablauf einer grundsätzlich endlichen Zeitspanne, ohne unseren Willen diese Welt wieder zu verlassen haben. Es sind dies Tatbestände, gegen die, so unwiderruflich sie sind, die Menschen sich immer wieder aufzulehnen versucht haben, soweit sie es nicht vorzogen, in religiösen Sinndeutungen Trost zu finden. Schon der Mythos vom Prometheus erklärt die Technik als ein Auflehnungsmanöver der Menschen gegen übermächtiges Schicksal, und auch heute noch werden technikphilosophische Deutungen vorgelegt, die das technische Handeln der Menschen aus der Sehnsucht nach Sinngebung und Erlösung zu verstehen suchen, einer Sehnsucht freilich, die Erfüllung nicht mehr in einer jenseitigen Welt, sondern im irdischen Diesseits sucht.[4]

Nun hat die Technik fraglos viel dazu beigetragen, die Menschen von materieller Not und körperlichem Elend zu befreien. Zu einem erheblichen Teil ist es auch der Technik zuzuschreiben, wenn die Menschen heute im Durchschnitt mit einem sehr viel längeren Leben rechnen können. Doch wie weit sich die Technik auch immer entfalten und vervollkommnen wird, so wird sie doch dieses nie zuwege bringen: dem Menschenleben Sinn zu geben und es unsterblich zu machen. Was immer man unter dem Sinn des Lebens verstehen mag, die Rechtfertigung der eigenen Existenz, die Erfahrung des Zusammenhalts mit anderen Menschen oder das letzte Ziel des Lebens, immer ist es der einzelne, der mit seinem Denken und Fühlen solchen Sinn entdecken und gestalten muß. Sich selbst als einen wenn schon nicht notwendigen, so doch bedeutsamen Teil eines Lebensganzen zu erfahren, ist diejenige menschliche Leistung, die nun wirklich und grundsätzlich nie von technischen Gegenständen übernommen werden kann. Technische Gegenstände und technisches Handeln mögen sich von Fall zu Fall fruchtbar in die menschliche Sinngestaltung einfügen, doch nie und nimmer ist Technik ein Ersatz für Sinn.

Auch ist nicht damit zu rechnen, daß Technik, im Verein mit der Medizin, die grundsätzliche Begrenztheit des menschlichen Lebens aufheben könnte. Zwar weiß uns die Science-fiction von Zeitmaschinen zu berichten, mit denen Menschen künftige Jahrhunderte erleben können, und einige Zeitgenossen verfügen bereits, daß ihre Leichen in Tiefkühlbehältern aufbewahrt werden sollen, bis medizinisch-technisches Können soweit sein wird, sie zu neuem Leben zu erwecken. Auch fabuliert man von einer perfektionierten medizinischen Ersatzteiltechnik, die jedes natürlich verschlissene Organ Zug um Zug durch künstliche Aggregate ersetzt; was aber bleibt von der Persönlichkeit übrig, wenn dann schließlich auch das Gehirn gegen einen Mikrocomputer ausgetauscht worden ist?

All diese Vorstellungen, so scheint mir, sind technizistisch gewendete Unsterblichkeitsträume, in denen sich lediglich die mangelnde Bereitschaft spiegelt, die Begrenztheit des menschlichen Lebens anzuerkennen. Doch selbst wenn sich eines Tages zeigen sollte, daß derartige biotechnische Utopien zu verwirklichen sind, bliebe immer noch die Frage, ob das der Gattung Mensch überhaupt dienlich wäre. Geburtenbeschränkung – ich sprach darüber im vierten Kapitel – ist schon heute unausweichlich; wenn denn nun eines Tages niemand mehr sterben würde, hieße das, eine konstante Weltbevölkerung vorausgesetzt, daß auch keine neuen Menschen mehr geboren werden dürften: Die Menschheit würde vergreisen.

Da scheint es mir wesentlich menschlicher zu sein, den Tatbestand des Todes endlich anzuerkennen und sich ohne Resignation damit abzufinden, daß die Spanne unseres Daseins beizeiten zu Ende geht. Es gibt Tiergattungen, bei denen sich das todgeweihte Lebewesen selber von den anderen absondert und einen Sterbeplatz aufsucht. Es muß also gar nicht einmal biologischer Instinkt sein, wenn sich die meisten Menschen heute so krampfhaft gegen den Tod wehren und ihn zu verdrängen suchen. Statt technizistischen Neuauflagen des Unsterblichkeitsmythos anzuhängen, täten die Menschen besser daran, den bewältigten Tod als ein Stück des gelungenen Lebens zu verstehen.

Absurdität der Kriegstechnik

Sowenig es Sache der Technik ist, den individuellen Tod aufzuheben, so Gewaltiges hat die Technik hervorgebracht, um den kollektiven Tod der Menschheit möglich zu machen. Zum Schluß muß ich nun doch auf jene durch und durch finstere Seite der Technik zu sprechen kommen, auch wenn es wohl eines eigenen Buches bedürfte, um dieser Bedrohung wirklich gerecht zu werden. Doch aller gedämpfte Optimismus, die Menschen könnten mit den ökologischen und psychosozialen Problemen der Technik noch fertig werden, wird fragwürdig, wenn wir uns bewußt werden, daß technische Ingeniosität eben auch ein Waffenarsenal geschaffen hat, mit dem heute so gut wie morgen alles Leben auf diesem Planeten ausgelöscht werden kann.

»Der Krieg ist der Vater aller Dinge«, hat vor zweieinhalbtausend Jahren schon der griechische Philosoph Heraklit gesagt, und eine »kriegswissenschaftliche« Technikgeschichte, die der Wahrheit dieses Satzes in der technischen Entwicklung nachzugehen hätte, ist wohl erst noch zu schreiben. Doch auch ohnedem ist hinlänglich bekannt, daß sehr viele Erfindungen zunächst für die kriegstechnische Nutzung gemacht wurden und erst später auch zivile Anwendung fanden. Das gilt, wie man weiß, auch für die

Kernspaltung: Jahre, bevor das erste friedlich genutzte Kernkraftwerk seinen Betrieb aufnehmen konnte, waren über Hiroshima und Nagasaki schon die Atombomben explodiert. Und während die Diskussion über Chancen und Risiken der Kernkraftwerke noch keineswegs zum Abschluß gekommen ist, haben Rüstungstechniker und Militärs in Ost und West Kernwaffenvorräte für den Einsatz bereitgestellt, die den jeweiligen Gegner nicht nur einfach, sondern gleich zigfach vernichten könnten. In dem Bestreben, sich gegen einen möglichen Angreifer zu verteidigen, hat man Waffen entwickelt, die nicht nur den Angreifer, sondern schließlich auch den Verteidiger völlig auslöschen würden. Es ist dies wohl das krasseste Beispiel dafür, daß begrenzte Rationalität in hemmungslose Unvernunft umschlagen kann.

Natürlich muß man diesen Wahnwitz zur Kenntnis nehmen und den Menschen immer wieder vor Augen halten. Natürlich muß man die fortgesetzte Aufrüstung, die auch vor chemischen und biologischen Waffen nicht haltmacht und dabei ist, selbst den Weltraum in die strategischen Planungen einzubeziehen, immer wieder als das anprangern, was es in Wirklichkeit ist: die skrupellose Vorbereitung des kollektiven Selbstmords der Menschheit. Aber alle Einsicht bei den sensibleren Teilen der Bevölkerung, alle Menschenketten, Schweigestunden und Fastenopfer schaffen nicht so einfach aus der Welt, was sich aus Machtstreben, Unterdrückungsangst und Aggressivität entwickelt und in militärisch-industriellen Komplexen verhärtet hat. »Stell Dir vor, es ist Krieg, und keiner geht hin«, propagiert die Friedensbewegung in sympathischer Naivität, doch bislang sind immer wieder Menschen bereit gewesen, hinzugehen. Und während ich dies schreibe, sind zigtausende von Menschen in einen nationalen Krieg und in Bürgerkriegs- und Guerillakämpfe verwickelt. Solange all dies möglich ist, helfen wohlgemeinte Appelle auch hier nichts. Vielmehr wird eine umfassende Friedens- und Konfliktforschung die tieferen Ursachen aufzudecken haben, die Menschen immer wieder zu den Waffen greifen lassen, und es werden auch hier institutionelle Lösungen zu erfinden sein, mit deren Hilfe Gewaltanwendung bei der Lösung von Konflikten zu vermeiden ist.

Es gehört zu den widrigen Tatbeständen der menschlichen Lebenslage, daß andere häufig wollen, was ich nicht will, daß sie, wenn ein Kuchen zu verteilen ist, für sich größere Stücke beansprüchen, als sie mir zuzugestehen bereit sind, und daß sie, wenn sie aufgrund körperlicher Vorzüge oder gesellschaftlicher Vorrechte die Macht dazu haben, ihren Willen auch durchsetzen. Die Verschiedenartigkeit und Gegenläufigkeit menschlicher Interessen ist wohl unvermeidlich, und der utopische Wunschtraum von der paradiesischen Eintracht heiler Gemeinschaften wird, so verständlich er ist, doch immer unerfüllt bleiben.

Was aber nicht utopisch ist, ist die Vorstellung, durch geeignete Maßnahmen und Einrichtungen im Interessenkonflikt zu vermitteln, Macht durch Gegenmacht zu begrenzen und Formen der Konfliktlösung zu entwickeln, die auf die handfeste Anwendung von Gewalt verzichten können. Man darf schließlich nicht vergessen, daß es Zeiten gegeben hat, in denen schon der nachbarliche Streit um eine Flurgrenze von dem für sich entschieden wurde, der kräftiger zuschlagen konnte. Und es hat Zeiten gegeben, in denen Kleinstaaten vom Ausmaß eines Landkreises aus den nichtigsten Anlässen heraus einander mit Krieg überzogen. Innerhalb moderner, rechtsstaatlich verfaßter Nationalstaaten gehört all dies der Vergangenheit an, weil für die Bewältigung von Konflikten die Institution des Rechts in Kraft gesetzt und das Gewaltmonopol dem Staat übertragen wurde; kein einzelner, und sei er auch im Recht, darf selber, um einen Konflikt zu seinen Gunsten zu entscheiden, zur Gewalt greifen, denn jede private Gewaltanwendung ist kriminalisiert. Theoretisch kann man sich nun leicht vorstellen, daß sich ähnliches auf höherer Ebene erneut abspielen könnte: Wie die einzelnen Gewaltverzicht zugunsten des Staates geübt haben, so müßten im nächsten Schritt auch die Nationalstaaten auf Gewaltanwendung verzichten und einer internationalen Instanz das Weltgewaltmonopol überlassen. Theoretisch kann man sich das, wie gesagt, leicht vorstellen, und die Programme des früheren Völkerbundes und der heutigen Vereinten Nationen haben in der Tat dies Ziel im Auge. Doch tatsächlich verhalten sich die Nationalstaaten, so gesittet ihre Rechtsordnung auch im Inneren bereits sein mag, nach außen doch noch allzu häufig wie Räuber- und Mörderbanden. Und da ist ihnen selbstverständlich jede technische Neuerung recht, die es ihnen gestattet, mit noch wirkungsvolleren Gewaltmitteln drohen und abschrecken zu können.

Die weltweiten Konflikte sind zu gut bekannt, als daß sie hier des näheren beschrieben werden müßten. Ost und West konkurrieren miteinander in ihren unterschiedlichen Wirtschafts- und Gesellschaftssystemen, und jede Seite macht die Furcht geltend, die andere Seite beabsichtige ihr die fremde Verfassung mit Gewalt aufzuzwingen – was die andere Seite selbstverständlich energisch bestreitet. Es ist zwar in den Abrüstungsbemühungen seit einigen Jahren viel von vertrauensbildenden Maßnahmen die Rede, aber tatsächlich ist das wechselseitige Mißtrauen nach wie vor so groß, daß man, statt endlich alle Angriffswaffen abzuschaffen, die Aufrüstungsspirale immer weitertreibt. Solange dieser Teufelskreis nicht durchbrochen wird, leben wir in der ständigen Gefahr, daß, wenn schon nicht durch menschliche Absicht, so doch durch menschliches oder technisches Versagen die atomare Selbstvernichtung der Menschheit ausgelöst wird.

Überdeutlich ist auch inzwischen der zweite große Weltkonflikt geworden, der Konflikt zwischen den reichen und den armen Ländern. Ich hatte in diesem Buch genug damit zu tun, die Probleme der Technik in den Industrieländern zu untersuchen, doch es wäre ein sträfliches Versäumnis, wenn ich nicht wenigstens erwähnen würde, daß sich die ökotechnischen und soziotechnischen Probleme in den Entwicklungsländern ebenfalls und zum Teil mit noch größerer Dringlichkeit stellen. Vor allem aber können wir kaum erwarten, daß sich die Länder der Dritten Welt mit der zunehmenden Verelendung weiter Teile ihrer Bevölkerung abfinden werden, wenn sie zugleich mit ansehen müssen, wie die reichen Industrieländer in Saus und Braus leben. Dauerhafter Frieden ist nicht ohne Gerechtigkeit möglich, doch die weltwirtschaftlich ungleiche Verteilung des Reichtums wird von den Armen kaum als gerecht empfunden werden können. Auch hier liegt es auf der Hand, daß neue internationale Ordnungen erforderlich wären, doch auch hier fällt es, angesichts ungebrochener nationaler Egoismen, schwer, optimistisch zu sein.

Schlimm ist, daß beide Konflikte in fataler Weise miteinander zusammenhängen. Ich meine das nicht nur in dem Sinne, daß die Großmächte in Ost und West keine Gelegenheit ungenutzt verstreichen lassen, Entwicklungsländer in den einen oder anderen Machtblock hineinzuziehen. Viel schlimmer noch ist es, daß die Großmächte und ihre jeweiligen Satelliten Unmengen gesellschaftlichen Reichtums für aberwitziges Wettrüsten verschwenden, statt mit diesen Geldern den Entwicklungsländern auf die Beine zu helfen. Ließe sich also der Ost-West-Konflikt bewältigen, würden zugleich die Mittel verfügbar, auch dem Nord-Süd-Konflikt die Spitze zu nehmen.

Weltinnenpolitik – nur eine Utopie?

Doch der skeptische Beobachter muß befürchten, daß die Menschheit als Ganzes nicht schnell genug lernen wird. Die Menschen in den Industrieländern haben die Bildungsvoraussetzungen, sich jenes Können, Wissen und Wollen zu eigen zu machen, das sie brauchen, um sich der fortschreitenden Technik gewachsen zu zeigen. Auch glaube ich, daß es den Industriegesellschaften gelingen wird, im Rahmen ihrer nationalen Grenzen ihre Lernfähigkeit durch die Entwicklung neuer Institutionen zu beweisen. Insoweit braucht man, davon bin ich überzeugt, nicht pessimistisch zu sein. Fraglich jedoch ist, ob die Menschheit schnell genug begreift, daß sie auf diesem »Raumschiff Erde« schleunigst vom »Kampf aller gegen alle« (Th. Hobbes)[5] zu einer zivilisierten Weltinnenpolitik überzugehen hat. Weltinnenpolitik, also die Verlagerung nationaler Hoheitsbefugnisse auf eine Art von Weltregierung, scheint mir ohnehin der einzige Weg zu sein, die normative Technopolitik, von der im letzten Kapitel die Rede war, wirklich erfolgreich zu betreiben. All jene Planungs-, Steuerungs- und Kontrolleinrichtungen, die für eine bessere ökologische und psychosoziale Einbettung neuer technischer Entwicklungen unabdingbar sind, können auf nationaler Ebene nur begrenzten Einfluß haben, solange sie nicht auch auf internationaler Ebene abgesichert werden. Was nutzen uns die besten Filteranlagen bei deutschen Kohlekraftwerken, wenn der saure Regen nach wie vor von nicht modernisierten Kraftwerken der Nachbarstaaten zu uns herübergetragen wird? Was hat es den USA genutzt, die Entwicklung des Überschall-Passagierflugzeuges zu unterbinden, wenn nun europäische Flugzeuge dieser Bauart dennoch die amerikanischen Flughäfen anfliegen? Und was würde es uns nutzen, die Automatisierung der Produktion mit Rücksicht auf bessere arbeitsorganisatorische Anpassung zu verlangsamen, wenn andere Industrieländer weiterhin beschleunigt automatisieren und durch den Rationalisierungsvorsprung unsere Industrie vom Weltmarkt verdrängen würden?

Einer weltumspannenden technischen Entwicklung wird nur eine globale Technopolitik Paroli bieten können, die weltweit den schädlichen Nebenfolgen der Technik zu begegnen hätte und die Chancen der Technik für menschliche Selbsterhaltung und Selbstentfaltung allen Erdenbewohnern zugänglich machen könnte.

Muß denn wirklich Utopie bleiben, was nüchternem Denken als der einzige Ausweg erscheint?

Anmerkungen

Um die Lektüre nicht durch ein Übermaß von Anmerkungen zu belasten, werden hier nur besonders wichtige Hinweise und Belege gegeben; weitere Angaben sowie ergänzende und weiterführende Bücher sind dem alphabetischen Literaturverzeichnis zu entnehmen.

Einleitung

1 Duve, F.: Was kostet das Industriesystem? Technologie und Politik Bd. 1. Reinbek 1975, S. 47-57. Bis Mitte 1984 sind 20 Bände dieses Taschenbuchmagazins erschienen.
2 Meadows 1972.
3 Jünger 1980, S. 171.
4 Jünger 1980, S. 125.
5 Jünger 1980, S. 123.
6 Schelsky 1979, S. 456.
7 Schelsky 1979, S. 471.
8 Schelsky 1979, S. 473.
9 Marcuse 1967, S. 57.
10 Marcuse 1967, S. 173.
11 Ullrich, O.: Der Charakter des Fortschritts moderner Technologien. Technologie und Politik Bd. 16. Reinbek 1980, S. 23-51, bes. S. 32 f.

Erstes Kapitel

1 Zit. nach Dijksterhuis 1956, S. 85. Die Geringschätzung von Arbeit und Technik in der Antike wird auch von Hannah Arendt (1956) sehr eindrucksvoll beschrieben.
2 Zit. nach Popitz u.a. 1957, S. 2.
3 Hehlmann, W.: Wörterbuch der Pädagogik. Stuttgart 1971, S. 60.
4 Jünger 1980, S. 176 f.
5 Spengler 1931, S. 69 f.
6 Dolch, H.: Moderne Technik als Erfüllung des Schöpfungsauftrages an den Menschen. In Spitaler/Schieb 1964, S. 86.
7 Gestrich, W.: Diskussionsbeitrag in: Darmstädter Gespräch Mensch und Technik. Darmstadt 1952, S. 36 ff.
8 Vgl. Wollgast/Banse 1979, S. 280, Anm. 166. Dieses Buch gibt ebenso wie die Arbeiten von Popitz u.a. (1957, S. 1-26), und von Bohring (1976) einen vorzüglichen Überblick über die traditionelle Technikkritik.
9 Dvorak, R.: Technik, Macht und Tod. Hamburg 1948, S. 13.
10 Spengler 1931, S. 78 f.
11 Jünger 1980, S. 74 f.
12 Jünger 1980, S. 122.

13 Jünger 1980, S. 28.
14 Bloch 1978, S. 783. Wichtiger freilich als diese kritische Bemerkung scheinen die gründlichen Darstellungen der technischen Utopien, S. 729-817.
15 Spaemann, R.: Technische Eingriffe in die Natur als Problem der politischen Ethik. In Birnbacher 1980, S. 180-206.
16 Meyer-Abich 1979, S. 36.
17 Spengler 1931, S. 34 f.
18 Marx/Engels MEW 3, S. 33.
19 Illich 1975, S. 99.
20 1 Mose 3, 17-19.
21 Rousseau 1978, S. 279 f.
22 Jünger 1980, S. 23.
23 Jünger 1980, S. 80-82.
24 Illich 1975, S. 61.
25 Ullrich 1979, S. 143 (Hervorhebung von mir).
26 Spengler 1931, S. 61.
27 Jünger 1980, S. 131 f.
28 Jaspers 1947, S. 30.
29 Jaspers 1952, S. 145.
30 Illich 1975, S. 12.
31 Spengler 1931, S. 75.
32 Jünger 1980, S. 110-112.
33 Schelsky 1979, S. 462.
34 Schelsky 1979, S. 461.
35 Schelsky 1979, S. 465.
36 Schelsky 1979, S. 469.
37 Schelsky 1979, S. 461; mit dem Begriff des »universalen Arbeitsplans« zitiert Schelsky ausdrücklich F. G. Jünger (1980, S. 90), von dem er, trotz dieser Kritik, offensichtlich vieles übernommen hat.
38 Vgl. z. B. Lenk 1973.
39 Illich 1975, S. 85.
40 Illich 1975, S. 30.
41 Rousseau 1978, S. 275.
42 Spengler 1931, S. 72 f.
43 Jünger 1980, S. 17 f.
44 Jünger 1980, S. 28.
45 Jünger 1980, S. 13 ff.
46 Illich 1975, S. 27.
47 Schumacher 1980.
48 Ullrich 1979, S. 150.
49 Ullrich 1979, S. 143.
50 Ullrich 1979, S. 442.
51 Ullrich 1979, S. 434.

52 So z.B. Traube 1978, S. 122 f. und Kieffer 1979, S. 75; kritisch hierzu Wiesenthal, H.: Alternative Technologie und gesellschaftliche Alternativen. In: Technik und Gesellschaft, Jahrbuch 1, Frankfurt/New York 1982, S. 48-78.

53 Zur Kritik vgl. a. Renn 1980.

Zweites Kapitel

1 Zu den verschiedenen Wesensbestimmungen der Technik vgl. Lenk, H.: Zu neueren Ansätzen der Technikphilosophie. In Lenk/Moser 1973, S. 198-231, bes. S. 202 ff.

2 Ausführlich hierzu Seibicke 1968.

3 Gottl-Ottlilienfeld 1923, S. 9.

4 Mumford 1977, S. 219 ff.

5 Sachsse 1978.

6 Traube 1978, passim.

7 Weizenbaum 1978, passim.

8 Hortleder 1970, bes. S. 156 ff.

9 Verein Deutscher Ingenieure. Zukünftige Aufgaben. Düsseldorf 1980.

10 Gehlen 1956, S. 56 ff. u. passim.

11 Bossel 1978, passim.

12 Kant, I.: Zur Beantwortung der Frage: Was ist Aufklärung? In: Kant, I.: Werke, hg. v. W. Weischedel, Bd. XI, Frankfurt 1964, S. 59; zum Prinzip der kritischen Prüfung vgl. a. Albert 1968.

13 Büchel 1981, S. 7 ff.

14 Eppler 1981, S. 34 ff.

15 Greiffenhagen 1977, passim.

16 Illich 1975, S. 106 ff.

17 Tönnies, F.: Gemeinschaft und Gesellschaft (1887). 8. Aufl., Leipzig 1935.

18 Knospe, H.: Ergänzung zum Stichwort »Gemeinschaft« in: Wörterbuch der Soziologie, hg. v. W. Bernsdorf, Frankfurt 1972, S. 279.

19 Mumford 1977, S. 185 ff. (»Archaische Dorfkultur«) u. S. 487 ff. (»Das polytechnische Erbe«)

20 Illich 1975, S. 92.

21 Eppler 1981, S. 35.

22 Marx/Engels MEW 3, S. 28.

23 Marx, K.: Kritik des Gothaer Programms. In Marx/Engels: Ausgewählte Schriften, Bd. II. Berlin 1966, S. 17.

24 Röglin, H.-C.: Zur Technikakzeptanz. Vortragsmanuskript Düsseldorf 1981.

25 Blockaden des technischen Fortschritts analysiert. VDI-Nachrichten v. 21. August 1981. Leider hat die Fachgesellschaft Energietechnik im VDI diese Anregung aufgegriffen und seit 1983 wöchentliche Werbe-

spots im Zweiten Deutschen Fernsehen plaziert, die vor allem gefühlsbetonte Sympathiewerbung verbreiten. Vgl. Der Umgang mit der Technik ist lernbar. VDI-Nachrichten v. 17. Mai 1985.

26 Zu dieser Einteilung der Technikkritik vgl. Sachsse 1984, S. 46 ff.

Drittes Kapitel

1 Vgl. beispielsweise Kmieciak 1976, Klages/Kmieciak 1979 und Stachowiak/Ellwein/Herrmann/Stapf 1982.

2 Diese Annahmen stützen sich auf das Forschungsprojekt Langzeitauto der Firma Porsche AG; zit. nach Röper 1976, S. 215 ff.

3 Vgl. Röper 1976, passim, der sich zwar große Mühe gibt, den geplanten Verschleiß zu bagatellisieren, doch dessenungeachtet zahlreiche Tatsachen nennen muß, die seiner Untersuchungsabsicht widersprechen; s. z. B. S. 173, Fußnote 1, wo sich der Autor sogar von einem Hersteller korrosionsfester PKW-Auspuffanlagen korrigieren lassen muß!

4 Angaben des Bundesministers für Arbeit und Sozialordnung, zit. nach: Zahlen zur wirtschaftlichen Entwicklung der Bundesrepublik Deutschland, hg. v. Institut der Deutschen Wirtschaft, Köln 1984, Tabelle 38b.

5 von Weizsäcker 1981, S. 36.

6 Diese wichtige Wendung stammt aus reformfreudigeren Tagen und hat leider nie die gebührende Aufmerksamkeit gefunden: Kreuznacher Hochschulkonzept, hg. v. d. Bundesassistentenkonferenz, Bonn 1968, S. 14.

Viertes Kapitel

1 Vgl. beispielsweise Bossel 1978.

2 Horkheimer 1974.

3 Lübbe, H.: Mensch und Technik. In Biedenkopf 1982, S. 39-48.

4 Näheres hierzu und zum Folgenden bei Ropohl, G.: Technik als Gegennatur. In Großklaus/Oldemeyer 1983, S. 87-100.

5 Honoré 1969.

6 Gehlen 1957, S. 8 ff.

7 Ortega y Gasset 1949, S. 27 ff.

8 Mesarović/Pestel 1977, S. 70 ff.

9 Vgl. Sachsse 1984.

10 Global 2000, S. 57 f.

11 Vgl. hierzu und zum Folgenden Global 2000, passim.

12 Vgl. hierzu die instruktiven Übersichten im Fischer Öko-Almanach 84/85.

13 Vgl. Enquete-Kommission 1980.

14 Vgl. hierzu Moscovici 1982.

Fünftes Kapitel

1 Bergler, R.: Die Technik zwischen Selbstverständnis, Skepsis und Notwendigkeit. Siemens-Zeitschrift 55 (1981) 3, S. 2-5.
2 Marx 1858, S. 12.
3 Vgl. beispielsweise Lenk/Ropohl 1978.
4 Marx 1858, S. 584 ff.
5 Marx, K.: Zur Kritik der politischen Ökonomie (Manuskript 1861-1863). In Marx/Engels: Gesamtausgabe (MEGA²), II. Abt., Bd. 3, Teil 6, Berlin 1982, S. 2059 (Hervorhebung und Randanstreichung im Marx'schen Manuskript).
6 Ullrich, O.: Diskussionsbeitrag in Fornallaz 1982, S. 94 f.
7 Jetter, U.: Technik und Ingenieure in der öffentlichen Meinung. Kelkheim 1977, S. 15 (im Auftrag des VDI erstellte Dokumentation von Archivmaterialien des Institut für Demoskopie Allensbach).
8 Zur Problematik der »wahren« Bedürfnisse vgl. Moser/Ropohl/Zimmerli 1978.

Sechstes Kapitel

1 Smith 1814, S. 13.
2 Vgl. etwa die ausgezeichneten Untersuchungen über die kulturgeschichtlichen Auswirkungen der Eisenbahntechnik und der Beleuchtungstechnik bei Schivelbusch 1977 u. 1983.
3 Ortega y Gasset 1949, S. 42.
4 Gesellschaftliche Daten 1973, hg. v. Presse- und Informationsamt der Bundesregierung. 2. Aufl., o. O. (Bonn) 1974, S. 176.
5 Bauer, R. u. R. Becks: Zukunftsaspekte der Arbeit; vom Wandel der sektoralen Beschäftigungsstruktur. Politische Didaktik (1979) 4, S. 22-70.
6 Marx, K.: Rede auf der Jahresfeier des »People's Paper« am 14. April 1856 in London. In Marx/Engels: Ausgewählte Schriften, Bd. I., Berlin 1966, S. 331-333.
7 Vgl. beispielsweise Becker 1982.
8 Marx/Engels MEW 3, S. 33 f.
9 Dieser Wertkatalog wird in einer Richtlinie »Empfehlungen zur Technikbewertung« des Vereins Deutscher Ingenieure vorgeschlagen werden; zum bisherigen Stand dieser Arbeit vgl. Rapp 1982, S. 186 ff.

Siebtes Kapitel

1 Vgl. beispielsweise Helmer/Gordon 1967.
2 Vgl. Rumpf u. a. 1976 sowie Krupp, H.: Werden wir's erleben? Mitteilungen aus der Arbeitsmarkt- und Berufsforschung 17 (1984) 1, S. 5-18.
3 Dolezalek, C. M.: Was ist Automatisierung? Werkstattstechnik 56 (1966), S. 217.

4 Huber 1982, S. 10; vgl. auch die bemerkenswerten Zukunftsprojektionen in diesem Buch, bes. S. 48-110.
5 von Weizsäcker 1981, S. 54 f.

Achtes Kapitel

1 Vgl. hierzu die Buchreihe »Technik als Schulfach« von Traebert 1976 ff.
2 Ein gutes Beispiel hierfür ist das Projekt zur Aufklärung über »gesicherte arbeitswissenschaftliche Erkenntnisse«, das der Deutsche Gewerkschaftsbund durchgeführt hat; dessen Ergebnisse stehen inzwischen als fünfbändige Taschenbuchausgabe zur Verfügung, vgl. Zimmermann 1982.
3 Vgl. hierzu Biedenkopf 1983.
4 Vgl. Fleischmann 1981.
5 Zur Unterscheidung von Produzenten- und Konsumentenfreiheiten und deren Asymmetrie vgl. Becker 1982, S. 148 ff.
6 Ropohl 1981.

Neuntes Kapitel

1 Deutsch, K. W.: Über die Lernfähigkeit politischer Systeme. In Lenk/Ropohl 1978, S. 202-220.
2 Vgl. Ropohl/Schuchardt/Lauruschkat 1984.
3 Zur Technikbewertung vgl. Ropohl 1978 und Rapp 1982, vor allem aber die kritische und mit einer gründlichen Bibliographie versehene Übersicht bei Huisinga 1985.
4 Hinz, H.: Innovations- und Technologiepolitik aus gewerkschaftlicher Sicht. In Staudt 1980, S. 67-78.
5 Die nachträgliche Produktbewertung durch den Markt, die Becker (1982, S. 220 ff.) aus liberaler Sicht betont, kommt eben oft genug zu spät oder vermag überhaupt nicht zu greifen. Auch der Bundesbericht Forschung 1984, hg. vom Bundesminister für Forschung und Technologie (Bonn 1984), läßt, obwohl er erfreulicherweise die Bedeutung der Technikfolgenabschätzung hervorhebt (bes. S. 17 ff.), die Frage offen, wie Innovationen, die mit hoher Wahrscheinlichkeit umwelt- oder gesellschaftsschädliche Nebenwirkungen haben, vom Markt ferngehalten werden können; der Appell an die freiwillige Selbstkontrolle der Wirtschaft (S. 20, Zif. 3) dürfte, wie die Dinge nun einmal liegen, kaum ausreichen!

Nachwort

1 Vgl. Holz 1983, S. 62 ff.
2 Schon Popitz u. a. (1957, S. 8 ff.) haben sowohl die optimistischen wie auch die pessimistischen Varianten des technologischen Determinismus dargestellt und kritisiert; vgl. a. Ropohl, G.: Zur Kritik des

technologischen Determinismus. In Rapp/Durbin 1982, S. 3-17; dieser Band enthält mehrere wichtige Beiträge zur Technikbewertung.

3 Weber, M.: Der Beruf zur Politik. In ders.: Soziologie, Universalgeschichtliche Analysen, Politik. Stuttgart 1973, S. 167-185, bes. S. 185.

4 Vgl. hierzu Moser, S.: Kritik der traditionellen Technikphilosophie. In Lenk/Moser 1973, S. 11-81, bes. S. 18 ff., wo derartige Auffassungen am Beispiel des Technikphilosophen Donald Brinkmann dargestellt und kritisiert werden.

5 Soeben bekomme ich das Buch von W. Becker: Der Streit um den Frieden, München/Zürich 1984, in die Hand, wo die verschiedenen Positionen zur Philosophie des Friedens und deren Geschichte erfreulich knapp und klar abgehandelt werden; freilich vermag ich aus den zuvor angedeuteten Gründen Beckers Folgerung, der Abschreckungsstrategie zuzustimmen, nicht nachzuvollziehen.

Literaturverzeichnis

ALBERT, H.: Traktat über kritische Vernunft. Tübingen 1968
ARENDT, H.: Vita activa (1956). Neuausgabe München 1981
BECKER, W.: Die Freiheit, die wir meinen. München 1982
BIEDENKOPF, G. (Hg.): Technik interdisziplinär. Düsseldorf 1982
BIEDENKOPF, G. (Hg.): Technik und Ingenieure in der Öffentlichkeit. Düsseldorf 1983
BIRNBACHER, D. (Hg.): Ökologie und Ethik. Stuttgart 1980
BLOCH, E.: Das Prinzip Hoffnung. 5. Aufl., Frankfurt 1978
BOHRING, G.: Technik im Kampf der Weltanschauungen. Berlin 1976
BOSSEL, H.: Bürgerinitiativen entwerfen die Zukunft. Frankfurt 1978
BÜCHEL, W.: Die Macht des Fortschritts. München 1981
DER FISCHER ÖKO-ALMANACH 84/85, hg. v. G. Michelsen und dem Öko-Institut Freiburg. Frankfurt 1984
DESSAUER, F.: Streit um die Technik. Frankfurt 1956
DIJKSTERHUIS, E. J.: Die Mechanisierung des Weltbildes (1956). Reprint Berlin/Heidelberg/New York 1983
ENQUETE-KOMMISSION des Deutschen Bundestages: Zukünftige Kernenergie-Politik. 2 Bde., Bonn 1980
EPPLER, E.: Ende oder Wende. 4. Aufl., München 1981
FLEISCHMANN, G. (Hg.): Der kritische Verbraucher. Frankfurt/New York 1981
FORNALLAZ, P. (Hg.): Ganzheitliche Ingenieurausbildung. Karlsruhe 1982
GEHLEN, A.: Urmensch und Spätkultur (1956). 2. Aufl., Bonn 1964
GEHLEN, A.: Die Seele im technischen Zeitalter. Hamburg 1957
GLOBAL 2000. Der Bericht an den Präsidenten. Frankfurt 1980
GOTTL-OTTLILIENFELD, F. VON: Wirtschaft und Technik. Grundriß der Sozialökonomik, II. Abt., II. Teil. 2. Aufl., Tübingen 1923
GREIFFENHAGEN, M.: Das Dilemma des Konservatismus in Deutschland (1971). Neuausgabe München 1977
GROSSKLAUS, G. u. E. OLDEMEYER (Hg.): Natur als Gegenwelt. Karlsruhe 1983
HELMER, O. u. TH. GORDON: 50 Jahre Zukunft. Hamburg 1967
HOLZ, H. H.: Gottfried Wilhelm Leibniz. Leipzig 1983
HONORÉ, P.: Es begann mit der Technik. Stuttgart 1969
HORKHEIMER, M.: Zur Kritik der instrumentellen Vernunft. Frankfurt 1974
HORKHEIMER, M. u. TH. W. ADORNO: Dialektik der Aufklärung. Frankfurt 1969
HORTLEDER, G.: Das Gesellschaftsbild des Ingenieurs. Frankfurt 1970
HUBER, J.: Die verlorene Unschuld der Ökologie. Frankfurt 1982

HUISINGA, R.: Technikfolgen-Bewertung. Frankfurt 1985
HUNING, A.: Das Schaffen des Ingenieurs. Düsseldorf 1974
ILLICH, I.: Selbstbegrenzung. Reinbek 1975
JASPERS, K.: Die geistige Situation der Zeit (1931). 5. Aufl., Berlin 1947
JASPERS, K.: Vom Ursprung und Ziel der Geschichte. 3. Aufl., München 1952
JÜNGER, F. G.: Die Perfektion der Technik (1946). 6. Aufl., Frankfurt 1980 (!)
KAPP, E.: Grundlinien einer Philosophie der Technik (1877). Nachdruck Düsseldorf 1978
KIEFFER, K. W. (Hg.): Perspektiven Mittlerer Technologie. Karlsruhe 1979
KLAGES, H. u. P. KMIECIAK (Hg.): Wertwandel und gesellschaftlicher Wandel. Frankfurt/New York 1979
KMIECIAK, P.: Wertstrukturen und Wertwandel in der Bundesrepublik Deutschland. Göttingen 1976
LENK, H. (Hg.): Technokratie als Ideologie. Stuttgart 1973
LENK, H.: Zur Sozialphilosophie der Technik. Frankfurt 1982
LENK, H. u. S. MOSER (Hg.): Techne – Technik – Technologie. Pullach 1973
LENK, H. u. G. ROPOHL (Hg.): Systemtheorie als Wissenschaftsprogramm. Königstein 1978
LILJE, H.: Das technische Zeitalter. Berlin 1928
LINDE, H.: Sachdominanz in Sozialstrukturen. Tübingen 1972
MARCUSE, H.: Der eindimensionale Mensch. Neuwied/Berlin 1967
MARX, K.: Grundrisse der Kritik der politischen Ökonomie (1858). 2. Aufl., Berlin 1974
MARX, K. u. F. ENGELS: Die deutsche Ideologie (1845/46). MEW, Bd. 3, Berlin 1958
MEADOWS, D. u. a.: Die Grenzen des Wachstums. Stuttgart 1972
MESAROVIC, M. u. E. PESTEL: Menschheit am Wendepunkt (1974). Taschenbuchausgabe Reinbek 1977
MEYER-ABICH, K. M. (Hg.): Frieden mit der Natur. Freiburg/Basel/Wien 1979
MOSCOVICI, S.: Versuch über die menschliche Geschichte der Natur. Frankfurt 1982
MOSER, S., G. ROPOHL u. W. CH. ZIMMERLI (Hg.): Die »wahren« Bedürfnisse oder: wissen wir, was wir brauchen. Basel/Stuttgart 1978
MUMFORD, L.: Mythos der Maschine (1964/66). Deutsche Taschenbuchausgabe Frankfurt 1977
OGBURN, W. F.: Die Theorie des »Cultural Lag«. In DREITZEL, H. P. (Hg.): Sozialer Wandel, 2. Aufl., Neuwied/Berlin 1972, S. 328-338
ORTEGA Y GASSET, J.: Betrachtungen über die Technik. Stuttgart 1949

POPITZ, H., H. P. BAHRDT, E. A. JÜRES u. H. KESTING: Technik und Industriearbeit (1957). 3. Aufl., Tübingen 1976
RAPP, F.: Analytische Technikphilosophie. Freiburg/München 1978
RAPP, F. (Hg.): Ideal und Wirklichkeit der Techniksteuerung. Düsseldorf 1982
RAPP, F. u. P. T. DURBIN (Hg.): Technikphilosophie in der Diskussion. Braunschweig/Wiesbaden 1982
RENN, O.: Die sanfte Revolution. Essen 1980
RÖPER, B.: Gibt es geplanten Verschleiß? Göttingen 1976
ROPOHL, G. (Hg.): Maßstäbe der Technikbewertung. Düsseldorf 1978
ROPOHL, G.: Eine Systemtheorie der Technik. Zur Grundlegung der Allgemeinen Technologie. München/Wien 1979
ROPOHL, G. (Hg.): Interdisziplinäre Technikforschung. Berlin 1981
ROPOHL, G., W. SCHUCHARDT u. H. LAURUSCHKAT: Technische Regeln und Lebensqualität. Düsseldorf 1984
ROUSSEAU, J.-J.: Schriften, Bd. I. München/Wien 1978
RUMPF, H. u. a.: Technologische Entwicklung. 3 Bde., Göttingen 1976
SACHSSE, H.: Anthropologie der Technik. Braunschweig 1978
SACHSSE, H.: Ökologische Philosophie. Darmstadt 1984
SCHELSKY, H.: Der Mensch in der wissenschaftlichen Zivilisation (1961). In SCHELSKY, H.: Auf der Suche nach Wirklichkeit. Neuauflage München 1979, S. 449-499
SCHIVELBUSCH, W.: Geschichte der Eisenbahnreise. München/Wien 1977
SCHIVELBUSCH, W.: Lichtblicke. München/Wien 1983
SCHUMACHER, E. F.: Das Ende unserer Epoche. Reinbek 1980
SEIBICKE, W.: Technik. Versuch einer Geschichte der Wortfamilie um »techne« in Deutschland vom 16. Jahrhundert bis etwa 1830. Düsseldorf 1968
SMITH, A.: Untersuchung über die Natur und die Ursachen des National-Reichtums. Erster Band, Wien 1814
SNOW, C. P.: Die zwei Kulturen. Stuttgart 1967
SPENGLER, O.: Der Mensch und die Technik. München 1931
SPITALER, A. u. A. SCHIEB (Hg.): Wissen und Gewissen in der Technik. Graz/Wien/Köln 1964
STACHOWIAK, H., TH. ELLWEIN, TH. HERRMANN u. K. STAPF (Hg.): Bedürfnisse, Werte und Normen im Wandel. 2 Bde., München/Paderborn/Wien/Zürich 1982
STAUDT, E. (Hg.): Innovationsförderung und Technologietransfer. Berlin 1980
STEINBUCH, K.: Diese verdammte Technik. München/Berlin 1980
STRASSER, J. u. K. TRAUBE: Die Zukunft des Fortschritts. Bonn 1981
TRAEBERT, W. (Bd. 1 m. H.-R. SPIEGEL) (Hg.): Technik als Schulfach. Düsseldorf. Bd. 1: Zielsetzung und Situation des Technikunterrichts an allgemeinbildenden Schulen, 2. Aufl., 1979; Bd. 2: Technikunter-

richt im Spannungsfeld allgemeiner und beruflicher Bildung, 1979; Bd. 3: Lehren und Lernen im Technikunterricht, 1980; Bd. 4: Naturwissenschaft und Technik im Unterricht, 1981; Bd. 5: Soziale und ökonomische Dimensionen der Technik im Unterricht, im Druck

TRAUBE, K.: Müssen wir umschalten? Reinbek 1978

ULLRICH, O.: Technik und Herrschaft. Frankfurt 1979

WEIZENBAUM, J.: Die Macht der Computer und die Ohnmacht der Vernunft. Frankfurt 1978

WEIZSÄCKER, C. F. VON: Deutlichkeit. Taschenbuchausgabe München 1981

WOLLGAST, S. u. G. BANSE: Philosophie und Technik. Berlin 1979

ZIMMERLI, W. CH. (Hg.): Technik oder: wissen wir, was wir tun. Basel/Stuttgart 1976

ZIMMERMANN, L. (Hg.): Humane Arbeit – Leitfaden für Arbeitnehmer. 5 Bde., Reinbek 1982

Verzeichnis der suhrkamp taschenbücher

Eine Auswahl

2/1/6.84

2/2/6.84

2/3/6.84

2/4/6.84

2/5/6.84

2/6/6.84

Suhrkamp Taschenbücher Materialien

»Der Suhrkamp Verlag hat der älteren Idee, rund um einen gewichtigen Autor biographische und essayistische Texte zusammenzustellen, mit seiner Reihe ›suhrkamp taschenbücher materialien‹ neuen Schwung verliehen.«

(Frankfurter Allgemeine Zeitung)

Herbert Achternbusch. Hg. J. Drews. st 2015
Samuel Beckett. Hg. H. Engelhardt. st 2044
Thomas Bernhard, Werkgeschichte. Hg. J. Dittmar. st 2002
Brasilianische Literatur. Hg. M. Strausfeld. st 2024
Brechts ›Aufhaltsamer Aufstieg des Arturo Ui‹. Hg. R. Gerz. st 2029
Brechts ›Gewehre der Frau Carrar‹. Hg. K. Bohnen. st 2017
Brechts ›Guter Mensch von Sezuan‹. Hg. J. Knopf. st 2021
Brechts ›Leben des Galilei‹. Hg. W. Hecht. st 2001
Brechts ›Mann ist Mann‹. Hg. C. Wege. st 2023
Brechts ›Mutter Courage und ihre Kinder‹. Hg. D. Müller. st 2016
Brechts Romane. Hg. W. Jeske. st 2042
Brechts ›Tage der Commune‹. Hg. W. Siegert. st 2031
Brochs ›Verzauberung‹. Hg. P. M. Lützeler. st 2039
Die deutsche Kalendergeschichte. Ein Arbeitsbuch von Jan Knopf. st 2030
Hans Magnus Enzensberger. Hg. R. Grimm. st 2040
Frischs ›Homo faber‹. Hg. W. Schmitz. st 2028
Frischs ›Andorra‹. Hg. E. Wendt u. W. Schmitz. st 2053
Geschichte als Schauspiel. Hg. W. Hinck. st 2006
Hesses ›Siddhartha‹. Hg. V. Michels. 2 Bände. st 2048/2049
Hermann Hesse. Rezeption 1978-1983. Hg. V. Michels. st 2045
Ludwig Hohl. Hg. J. Beringer. st 2007
Ödön von Horváth. Hg. T. Krischke. st 2005
Ödön von Horváth. Der Fall E. oder Die Lehrerin von Regensburg. Hg. J. Schröder. st 2014
Horváths ›Geschichten aus dem Wiener Wald‹. Hg. T. Krischke. st 2019
Horváths ›Jugend ohne Gott‹. Hg. T. Krischke. st 2027
Kafka: Der Schaffensprozeß. Hg. H. Binder. st 2026
Der junge Kafka. Hg. G. Kurz. st 2035
Alexander Kluge. Hg. T. Böhm-Christl. st 2033
Franz Xaver Kroetz. Hg. O. Riewoldt. st 2034
Literarische Utopie-Entwürfe. Hg. H. Gnüg. st 2012
Karl May. Hg. H. Schmiedt. st 2025
Friederike Mayröcker. Hg. S. J. Schmidt. st 2043
E. Y. Meyer. Hg. B. von Matt. st 2022

55/1/8.84

Suhrkamp Taschenbücher Materialien

Plenzdorfs ›Die neuen Leiden des jungen W.‹ Hg. P. J. Brenner. st 2013

Rilkes ›Duineser Elegien‹. Drei Bände. Hg. U. Fülleborn. st 2009/2010/2011

Schillers Briefe über die ästhetische Erziehung. Hg. J. Bolten. st 2037

Spectaculum. Deutsches Theater 1945-1975. Hg. M. Ortmann. st 2050

Martin Walser. Hg. K. Siblewski. st 2003

Weimars Ende. Im Urteil der zeitgenössischen Literatur und Publizistik. Hg. T. Koebner. st 2018

Ernst Weiß. Hg. P. Engel. st 2020

Peter Weiss. Hg. R. Gerlach. st 2036

Peter Weiss: ›Ästhetik des Widerstands‹. Hg. A. Stephan. st 2032

55/2/8.84